증모학

Understanding the Application of
Hair Increasing Techniques

증모학

펴낸날 2023년 5월 25일 초판 1쇄
지은이 김호
펴낸이 이영남
펴낸곳 스마트인
등록 2012년 6월 14일(제2012-000192호)
주소 서울시 마포구 상암동 월드컵북로 402번지 KGIT 925D호
전화 02-338-4935(편집), 070-4253-4935(영업)
팩스 02-3153-1300
메일 01msn@naver.com
디자인 디.마인
ISBN 978-89-97943-84-5 93590

*스마트인은 스마트주니어의 브랜드입니다.

증모학

Understanding the Application of Hair Increasing Techniques

저자 김호

스마트인

교과서 목차

3장 한 올 증모술 부문

4장 누드증모술 부문

5장 붙임머리 부문

6장 보톡스증모술 부문

7장 이식증모술 부문

8장 증모연장술 부문

부록

별첨

들어가는 말

대한민국 탈모증 현황 분석

국민건강보험공단은 건강보험 진료데이터를 활용하여 2016년부터 2020년 '탈모증' 질환의 건강보험 진료 현황을 발표하였다. 이에 따르면, 진료 인원은 2016년 21만 2천 명에서 2020년 23만 3천 명으로 2만 1천 명이 증가하였고, 연평균 증가율은 2.4%로 나타났다. 그중 남성은 2016년 11만 7천 명에서 2020년 13만 3천 명으로 13.2% (1만 6천 명) 증가하였고, 여성은 2016년 9만 5천 명에서 2020년 10만 명으로 5.8% (6천 명) 증가한 것으로 나타났다.

〈2016년~2020년 '탈모증' 질환 성별 진료 인원〉

(단위: 명, %)

구분	2016년	2017년	2018년	2019년	2020년	증감률 (16년 대비)	연평균 증감률
전체	212,141	214,228	224,800	232,596	233,194	9.9	2.4
남성	117,492	119,145	126,456	132,355	133,030	13.2	3.2
여성	94,649	95,083	98,344	100,241	100,164	5.8	1.4

과거에 중장년 남성의 유전적 질병으로 인식했던 탈모증은 2020년 기준 진료 인원(23만 3천 명) 중 30대가 22.2% (5만 2천 명)로 가장 많았고, 40대가 21.5%(5만 명), 20대가 20.7%(4만 8천 명)의 순으로 나타났다.

〈2020년 '탈모증' 질환 연령대별 / 성별 진료 인원〉

(단위: 명, %)

구분	전체	9세 이하	10대	20대	30대	40대	50대	60대	70대	80대 이상
계	233,194 (100)	3,970 (1.7)	15,970 (6.8)	48,257 (20.7)	51,751 (22.2)	50,038 (21.5)	38,773 (16.6)	18,493 (7.9)	5,001 (2.1)	941 (0.4)
남성	133,030 (100)	9,124 (6.9)	9,124 (6.9)	29,586 (22.2)	33,913 (25.5)	29,607 (22.3)	19,186 (14.4)	7,843 (5.9)	1,740 (1.3)	296 (0.2)
여성	100,164 (100)	2,235 (2.2)	6,846 (6.8)	18,671 (18.6)	17,838 (17.8)	20,431 (20.4)	19,587 (19.6)	10,650 (10.6)	3,261 (3.3)	645 (0.6)

특히 2016~2020년까지 5년 동안 '탈모증' 질환으로 한 번 이상 진료받은 전체 인원은 87만 6천 명으로 집계되었다.

〈2016년~2020년 '탈모증' 질환 연령대별 / 성별 진료 인원〉

(단위: 명, %)

구분	전체	9세 이하	10대	20대	30대	40대	50대	60대	70대	80대 이상
계	875,815 (100)	22,073 (2.5)	67,712 (7.7)	180,560 (20.6)	198,560 (22.7)	185,317 (21.2)	138,570 (15.8)	61,300 (7.0)	61,300 (7.0)	3,231 (0.4)
남성	487,599 (100)	8,883 (1.8)	38,649 (7.9)	109,697 (22.5)	126,451 (25.9)	104,700 (21.5)	66,122 (13.6)	25,755 (5.3)	6,335 (1.3)	1,007 (0.2)
여성	388,216 (100)	13,190 (3.4)	29,063 (7.5)	70,863 (18.3)	72,501 (18.7)	80,617 (20.8)	72,448 (18.7)	35,545 (9.2)	11,765 (3.0)	2,224 (0.6)

※ 2016년부터 2020년까지 5년 동안 '탈모증' 질환으로 한 번 이상 진료받은 인원 (중복인원 제외)

이 중 20~40대는 모두 20% 이상으로 확인되었다. 이는 20대~40대 연령층에서 특히 탈모증 환자가 많다기보다는 20대~40대 연령층이 외모에 대한 관심이 많고, 탈모를 해결하기 위해 더욱 적극적으로 노력한다고 해석할 수 있다.

건강보험공단에서 2021년 발표한 위 도표들이 건강보험 급여실적을 분석한 결과임을 고려해보면, 비급여 진료 대상자, 병원 외 한의원 등의 의료기관 진료자, 병원 진료 외 다른 방법으로 탈모증을 해결하려고 한 사람 및 탈모증에 대해 고민하는 사람 등 데이터에 집계되지 않았지만, 탈모로 고민하는 사람이 훨씬 더 많을 것이라고 쉽게 예상할 수 있다.

왜 증모술인가?

증모술은 우리 미용인의 전문 분야인 머리카락을 활용해서 숱을 보강하는 기술이다. 모발 손실로 고통받는 탈모증은 두피와 모발에 대한 깊은 지식을 지니고 모발로 아름다움을 표현하는 미용인들만이 해결할 수 있는 것이다. 나아가 미용인들은 탈모증을 반드시 해결해야 하는 사명이 있다.
증모술은 모발과 두피를 최상의 환경으로 관리하면서 탈모를 완벽하게 커버하는 할 수 있는 신기술이다.
탈모 인구가 가파르게 증가하고 있는 지금 대부분의 사람이 탈모에 대한 고민을 한 번쯤 한다는 이 시대에 미용실은 탈모인이 가장 부담 없이 방문할 수 있는 곳이며, 미용인은 머리카락을 활용해 모발에 대한 고민을 해결해줄 수 있는 전문가이다.
이 책에서는 매우 섬세하고 정교한 한 가닥 증모술부터 가발술까지, 탈모 1%~100%까지 모든 탈모 유형과 탈모 진행 상황에 맞춰 완벽하게 탈모를 커버할 수 있는 테크닉에 대해 각 부문별로 정리하였다.
우선 각자의 샵에 맞게 대상층(나이별, 탈모 유형별, 매뉴얼별)을 설정한 후 각 부문별 실전 증모 기술을 습득해 매뉴얼을 정착시킨다면 이미 레드오션화된 미용업계에서 차별화된 서비스를 제공할 수 있으며, 고부가가치를 창출하는 증모기술을 통해 샵의 매출을 효과적으로 증대시킬 수 있다. 또한 증모술은 미용실의 기존 매뉴얼에도 쉽게 응용할 수 있어서 추가적인 수익을 형성하는 데에도 매우 유리하다.

예) 증모술 메뉴

- 증모 하이라이트: 멋내기용 피스를 사용하여 숱 보강과 함께 부분 컬러링을 할 수 있다.
- 증모 디자인커트: 숱 보강, 길이 연장 등을 조정하여 고객이 원하는 스타일로 커

트할 수 있다.

- 증모 디자인볼륨 펌: 탑, 가르마 등 부위별 모발이 빈약한 곳에 숱 보강을 할 수 있다.
- 증모 업 스타일: 숱 보강용, 빈모용 등 여러 가지 증모용 피스를 활용해 업 스타일을 할 수 있다.

특히 신종 바이러스 등으로 여러 사람이 모이는 장소에 대한 불안감이 높아진 지금 증모술은 고객의 편의를 위해 100% 예약제로 운영할 수 있으며, 1인 샵 또는 Shop in Shop 개념으로 접목하기에 매우 좋은 아이템이다.

탈모증은 몸이 아픈 병은 아니지만 취업전선에서 차별적인 평가를 받거나, 연애, 결혼 등 배우자 선택에서도 불이익을 받는 경우가 많다. 심할 경우 자존감 저하와 대인기피증과 같은 불안장애를 유발해 사회적으로 심각한 문제로 대두되고 있다.
모든 연령대와 모든 성별에서 탈모증에 대한 고민이 깊은 지금, 우리 미용인은 사명감을 가지고 탈모 커버 기술을 활용해 탈모인의 자신감을 회복시키고 나아가 삶의 질을 개선할 수 있어야 한다. 그것이 미용인에게 요구하는 이 시대의 임무다.

[참고 자료]

국민건강보험 보도자료 중 '머리가 뭉텅뭉텅 빠지는 「탈모증」 질환 전체 환자 23만 명' (등록일: 2021. 07. 15)

특허증

현재 증모가발 관련 특허증 42개 획득했으며, 80여개 이상 특허 등록을 진행중이다.

(실용신안, 디자인 특허, 기술특허, 일본 특허, 상표 특허 등)

증모가발 분야는 미용계에서 꼭 필요한 신기술로 각광받고 있으며, 다양한 특허를 통해 우수한 기술력을 인정받고 있다.

商標登録証

登録第5786453号

商標 (標準文字) KIMHO

指定商品又は指定役務並びに商品及び役務の区分

第26類 頭飾品、かつら、部分かつら、ヘアエクステンション、人毛、人工口ひげ、人工あごひげ、つけ口ひげ、つけあごひげ

商標権者 大韓民国、ソウル特別市、永登浦区、堂山洞 5街、33-1、[illegible] 605号 国籍 アメリカ合衆国 金浩

出願番号 商願2015-024308

出願日 平成27年 3月18日

登録日 平成27年 8月14日

この商標は、登録するものと確定し、商標原簿に登録されたことを証する。

平成27年 8月14日

特許庁長官 伊藤 仁

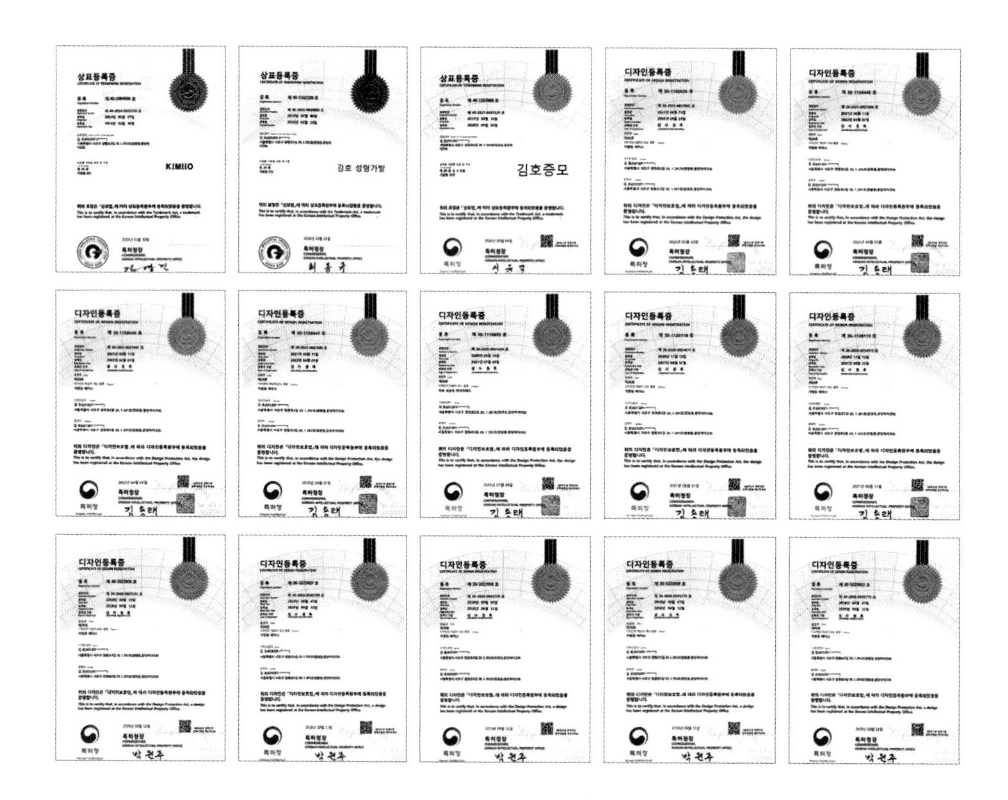

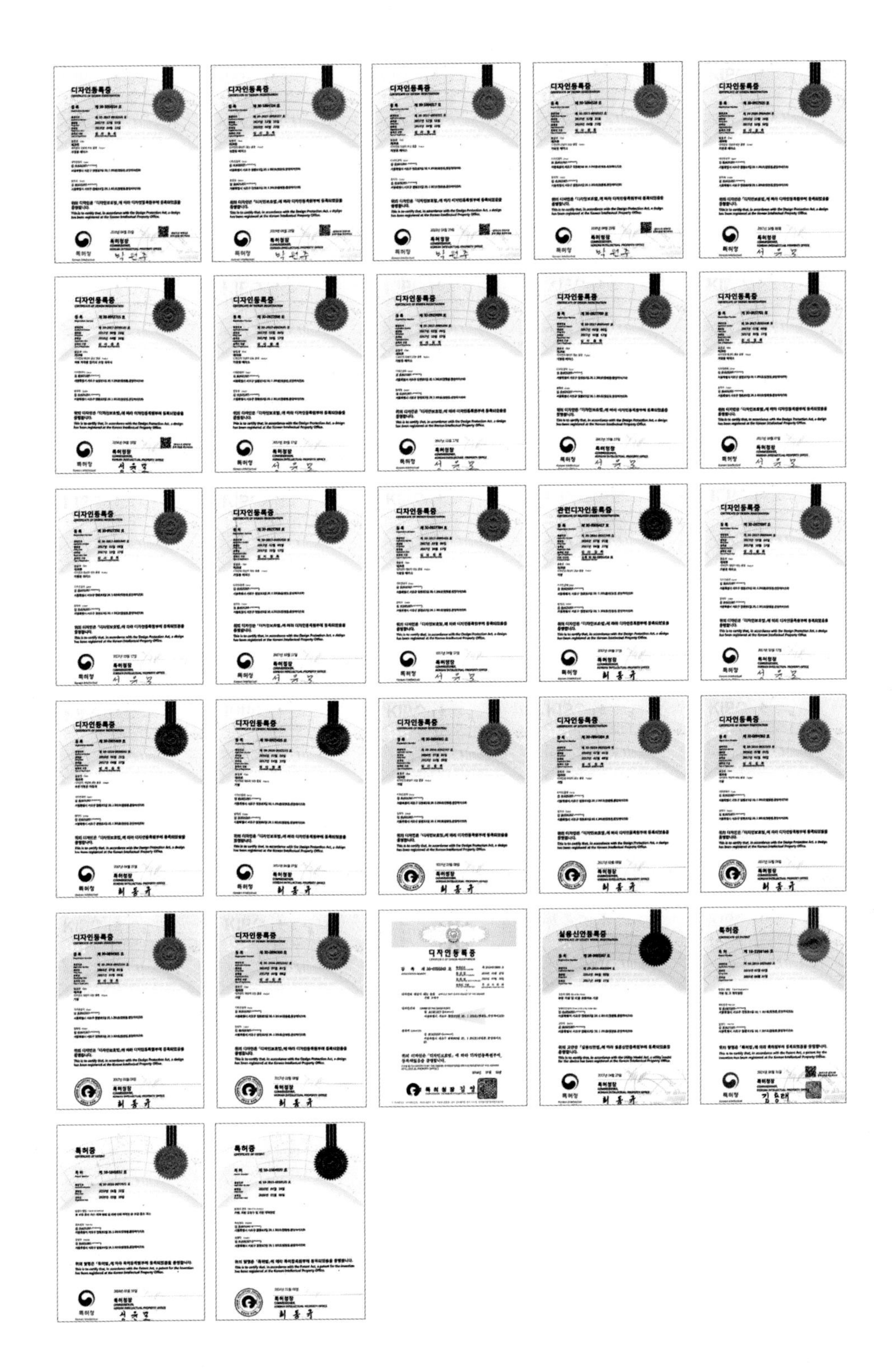

모발과 탈모의 이해 부문

Ⅰ. 모발의 이해

모발은 주기적으로 성장기(anagen), 퇴행기(catagen), 휴지기(telogen), 발생기(new anagen)의 과정을 반복하며, 모근(毛根) 세포는 주기가 각각 다르다. 인체의 모발은 약 100만 개 정도이며, 두피에만 10만 개 이상이 있다. 머리카락은 하루 평균 0.35mm~0.4mm씩 자라며, 사람은 태어날 때부터 개인별 모발의 총 양이 정해진다. 모발의 평균 굵기는 0.05mm~0.15mm이다. 연모는 0.06mm 정도이며 성모는 0.1mm, 동양인의 경우 대략 0.08mm이다. 모발의 수는 인종, 모질, 색에 따라 차이가 있지만 평균적으로 금발인 경우는 14만 개 이상, 황갈색은 11만 개, 적갈색은 9만 개 정도의 모량을 가지고 있으며, 한국인의 경우 대략 10만 개이다. 또한 일반적으로 여성이 남성보다 모발의 밀도가 높다.

사람의 머리카락 중 80%~90%는 성장기 모발로 2년~11년 지속되고, 10%~15%는 휴지기로 3개월~6개월 정도 이어진다. 머리카락은 보통 한 달에 1cm~1.5cm 자라지만 나이가 들수록 머리카락의 성장 속도는 느려진다. 휴지기가 지나고 나면 하루에 20개~50개의 털이 빠지며, 때에 따라 100개까지도 빠질 수 있다.

1. 모발의 성장 주기

1) 성장기 (생장기: anagen)

모발은 모모 세포가 모유두에 접해 있는 모세혈관을 통해 산소와 영양분을 공급받아 세포분열을 일으켜 성장하기 시작한다. 이 단계를 성장기라고 한다. 성장기 모발은 영양이나 체내 호르몬 등의 영향을 받아 속도, 굵기 등이 변화될 수 있다.

모발의 성장 속도는 피부 표면에 나오기 전까지는 남성이 빠르고, 표면에 나와서부터는 여성이 빠르다. 모발의 길이가 25cm 정도 자란 후에는 자라는 속도가 느려지며, 여성 모발의 성장 속도는 15세~25세까지가 가장 빠르고, 1년 중 6월~7월이 성장이 빠른 시기이며, 낮보다는 밤에 머리카락의 성장 속도가 빨라진다.

성장기 과정은 1단계와 2단계로 나눌 수 있다.

– 1단계: 모구로부터 모낭으로 나가려고 하는 모발을 생성

– 2단계: 딱딱한 케라틴이 모낭 안에서 만들어진 후 다음 단계인 퇴행기까지 자가 성장을 계속함

2) 퇴행기 (퇴화기: catagen)

성장기 이후 모발의 세포분열이 정지되어 더 이상 케라틴을 만들지 않는 시기로 기간은 2주~3주 정도이며, 전체 모발의 1%를 차지한다. 모구부가 수축하여 모유두와 분리되고, 모낭에 둘러싸여 위쪽으로 올라간다.

3) 휴지기 (talogen)

모발 성장의 마지막 단계로 성장은 모유두가 위축되고 모낭은 차츰 쪼그라들며 모근은 위쪽으로 밀려 올라가 있고, 모낭의 깊이도 1/3로 줄어드는 단계이다. 다음 성장기가 시작될 때까지의 수명은 3개월~4개월로 전체 모발의 약 15%가 휴지기 상태이며 이 시기에 모발은 빗질에 의해서도 쉽게 탈락된다. 계절의 영향에 따라 봄과 가을에 탈락하는 머리카락의 수가 늘어나기도 한다. 여성의 경우 출산 후에 일시적으로 휴지기가 30%~40%로 늘어난다.

4) 발생기 (return to anagen)

배아세포의 세포분열이 왕성해지며 새로운 모발이 생성되는 시기로 모구가 팽창되어 새로운 신생 모가 성장하는 기간이다. 한 모낭 안에 서로 다른 주기의 모발이 공존하며 휴지기의 모발 탈락을 유도한다. 발생기는 개인의 질병, 유전, 체질, 나이 등에 따라 차이를 보인다.

탈모는 일반적인 모발의 성장주기를 벗어나 성장기에서 갑자기 휴지기로 바뀌어 여러 군데의 모공에서 머리카락이 빠지는 현상이다.

모발이 정상적으로 건강하게 성장하려면 모유두가 모세혈관으로부터 충분한 영양 공급을 받고, 자율신경계가 별 탈 없이 작용해야 한다. 하지만 두피 및 인체의 내적, 외적 이상 현상이 발생한 경우, 자고 일어났을 때와 머리를 감았을 때 하루에 빠지는 모발의 수가 평균 100개~200개 이상 늘어났거나 기존의 성장기 모발 기간이 짧아지고 모발의 연모화 현상이 나타나는 경우, 탈모를 의심해 볼 수 있다.

Ⅱ. 탈모의 이해

1. 탈모의 원인

탈모는 유전적 원인, 환경적 원인 등 다양한 원인에 의해 발생할 수 있다.

1) 유전적 원인

탈모는 유전병이 아니다. 하지만 다양한 연구 결과를 통해 탈모증이 유전적 소인이 강하다는 것을 짐작할 수 있다. 만약 부모 모두 탈모가 있다면 자녀도 80% 확률로 탈모가 나타날 수 있다고 알려져 있으며, 탈모 유전자는 남성에게서는 우성으로, 여성에게선 열성으로 유전되다 보니 남성이 상대적으로 영향을 더 많이 받을 수 있다.

2) 외부적 요인

탈모는 다양한 외부 영향에 의해 발현될 수 있다.

- 지나친 압력과 당김
- 헤어 스타일링(컷, 펌, 염색 등)에 의한 손상 및 상처
- 모자 착용
- 비위생적 모발 관리
- 자연적인 원인: 기온이나 대기압력 차이, X-광선 등
- 화학적인 원인: 부적절한 모발 제품 사용으로 인한 산성 막 파괴
- 세균이나 균류의 증식

3) 내부적 원인

(1) 생리적 원인

다른 여러 요인에 의해 영향을 받아 모발 성장주기의 불균형이 오는 경우

(2) 병리학적 원인

빈혈, 천식, 고혈압, 동맥경화, 당뇨병, 발열, 혈액순환 장애, 항응고성 질병, 간염,

감기, 매독, 장티푸스 등 현대 사회의 음식문화와 환경 오염에서 오는 전염성 질병 또는 생활습관병 및 신경과민 등의 신경성 질병 등

4) 호르몬 결핍 또는 과잉에 의한 원인

(1) 뇌하수체 호르몬

뇌하수체는 뇌의 한가운데에 위치하는 내분비기관으로 시상하부의 지배를 받아 우리 몸에 중요한 여러 가지 호르몬들을 분비한다. 뇌하수체에서 분비한 호르몬들은 내분비계의 다른 기관들에 작용하여 호르몬을 자극한다. (갑상샘자극호르몬, 성선자극호르몬, 부신피질자극호르몬, 성장호르몬, 멜라닌세포자극호르몬, 항이뇨호르몬 등 호르몬의 분비를 조절하는 역할)

뇌하수체호르몬 과잉 분비 시에는 피부가 거칠어지거나 모발 성장이 증가할 수 있고, 결핍 시에는 피부 노화와 탈모를 유발한다.

(2) 갑상샘호르몬

갑상샘호르몬은 신체의 전반적인 조절작용을 하며, 과잉 분비 시 피부에 갑작스러운 열과 발진을 유발하고, 눈이 튀어나오기도 한다. 또한 모발의 발육은 양호해지지만 지나치게 항진되면 바제도병을 유발하며, 탈모를 일으킨다. 결핍 시에는 피부가 건조해지고 거칠어지며 모발도 건조 모로 바뀔 수 있으며, 탈모, 점액수종 등의 질병을 유발할 수 있다.

(3) 부갑상선호르몬

부갑상선호르몬은 혈액 내의 칼슘양을 조절하는 역할을 한다. 따라서 과잉 분비 시에는 과칼슘증이나 신경쇠약 등의 증상을 초래하며, 결핍 시에는 비정상적인 케라틴이 생성되어 피부, 모발, 손톱 등에 만성질환을 초래한다.

(4) 부신피질호르몬

부신피질에서 분비되는 호르몬을 통틀어 이르는 말로, 몸 안의 염류 대사에 관계하는 무기질 코르티코이드, 탄수화물 대사에 관계하는 당질코르티코이드

(Glucocorticoid) 및 부신 성호르몬이 있으며 신체 영양소 사용에 직접적인 영향을 미친다.

무기질 코르티코이드 결핍 시 다뇨증, 저혈압, 탈수증 등을 발생시키며, 체내산성화, 칼륨중독 등의 장애를 가져오게 되고 애디슨병(Addison's disease)을 유발하기도 한다.

당질코르티코이드의 감소 혹은 결핍 시 저혈당증이 일어날 수 있으며 근육약화 및 빈혈, 저혈압, 식욕 저하, 체중감소 등의 증상이 나타난다.

부신 성호르몬인 안드로젠(Androgen) 등이 결핍되면 체모와 치모, 액모가 감소하고, 과잉 분비되면 성징과 성 기관의 조숙한 발현 및 여성의 경우 남성화가 일어난다.

5) 모발 화장품 및 시술 오남용에 의한 원인

두피도 피부와 같이 미용 화장품의 오용, 남용 등에 따른 부작용이 발생하여 피부염과 알레르기 피부염 등의 두피질환을 일으킬 수 있다. 미용 화장품 성분 중의 하나인 방부제, 향료 등은 접촉성 피부염의 주된 원인으로 꼽힌다. 일상생활에서 흔히 접하는 샴푸도 성분이나 농도에 따라 알레르기 반응을 보이는 사람이 있고, 피부과 영역에서 두피에 쓰는 다양한 약제도 접촉성 두피염의 원인이 될 수 있다. 때에 따라 건성 모발 또는 지성 모발을 유발하기도 하며, 화학약품의 과다노출로 인한 두피 화상 등의 상처 또는 탈모를 유발하기도 한다.

또한 고무줄, 머리핀 등에 의한 당김, 저품질 미용기구 사용으로 인한 마찰 등 물리적 손상, 아이론기, 드라이기의 등으로 열을 가할 때 온도 과열로 인해서 모발과 두피는 많은 손상을 받게 된다.

샴푸 중 과도한 마사지를 하거나 타월 드라이를 할 때 너무 세게 모발을 비비는 경우, 나쁜 재질의 빗을 사용한 경우 등에는 모발 표피가 손상될 수 있으며, 드라이기를 사용해 머리를 말릴 때, 모발을 강하게 빗질할 때(back coming 등) 등의 물리적인 자극 때문에 모유두와의 결속력이 약해져서 모발 생장이 저해되기도 한다.

6) 자연환경

태양 광선 중 자외선과 적외선은 모발에 영향을 준다.

모발에 가장 영향을 미치는 것은 자외선으로, 모발의 시스틴 함량을 감소시키고, 멜라닌 색소를 파괴함으로써 모발의 손상과 탈색을 유발한다. 강한 자외선은 단백질을 변형시키고 되고 세포를 파괴할 수 있다. 또한 모발의 습기를 없애고 피질 층을 거칠어지게 하며, 모발 끝이 갈라지게 한다.
계절적인 온도 변화와 습도도 모발 손상이나 두피건조증을 유발하며, 탈모를 촉진하는 간접적인 요인이 될 수 있다.

7) 영양장애

식생활이 서구화되면서 현대인은 지방이 많이 함유된 기름진 음식을 먹는 경우가 많다. 하지만 지방질 위주의 식습관을 지속하면 두피가 지성으로 변화해 탈모를 유발하게 된다.
그 외에도 과도한 음주, 흡연, 다이어트, 불규칙한 식습관, 편식 등 나쁜 식습관은 혈액순환 장애를 일으키며, 영양분이 모유두까지 전달되지 못하게 되므로 모발이 가늘어지거나 탈모가 발생할 수 있다. 또한 균형 잡히지 않은 음식 섭취로 인해 남성 호르몬이 과다 분비되면 인체에 해로운 성분이 체내에 흡수, 축적됨에 따라 세포변형에 악영향을 끼치며, 모발에도 영향을 미친다. 따라서 평소 인스턴트식품을 삼가고, 균형 잡힌 식단으로 충분한 영양분을 섭취해야 한다.

8) 수면 부족

충분한 휴식을 취하지 않거나 잠이 부족하면 혈액순환, 산소, 영양공급이 원활히 이루어지기 어렵기 때문에 체온저하를 일으킬 수 있다. 이때 두피의 온도 또한 낮아지기 때문에 탈모와 빈모가 쉽게 발생한다. 특히 여성에게 나타나는 빈모 또는 탈모의 원인으로 수면 부족을 들 수 있다.

9) 스트레스

스트레스는 한 체계가 과부하(overloading)된 상태로 정도에 따라 체계 전체가 붕괴할 수도 있는 내적•외적 요인들을 모두 포함한다. 스트레스가 누적되면 스트레스 호르몬이 분비되어 혈관을 수축시키고 두피가 긴장되어 모근에 영양공급이 부족해져 탈모를 일으킬 수 있다.

2. 탈모의 유형

탈모는 통상적으로 전두부에서 두정부로 진행하는 M자형 탈모, 정수리에서 시작하는 O자형 탈모, 이마라인 전체적으로 발생하는 U자형 탈모 등 다양한 유형이 있으며, 여러 가지 탈모 유형이 복합적으로 일어나기도 한다. 탈모 유형 중 남성형 탈모(대머리), 여성형 탈모, 원형 탈모, 휴지기 탈모증 등이 발생 빈도가 높은 편이다.

(1) 남성형 탈모

남성형 탈모증은 흔히 대머리라 부르며 안드로겐 탈모증이라고도 한다. 남성형 탈모는 대머리 가족력이 있는 사람에게 주로 나타나며, 20대 후반이나 30대에 모발이 점차 가늘어지면서 탈모가 진행되는데, 유전적 요인, 나이, 남성 호르몬의 영향 등 다양한 원인에 의해 발생할 수 있다. 정수리 쪽에서부터 둥글게 벗어지는 경우와 이마 양쪽이 M자형으로 머리카락이 띄엄띄엄 나는 경우, 이마가 전체적으로 벗어지는 U자형 등이 있다.

(2) 여성형 탈모

여성형 탈모증은 남성형 탈모와 비교해 이마 위 모발 선(헤어라인)은 유지되면서 머리 중심부의 모발이 가늘어지고 머리숱이 적어지는 특징이 있다. 여성들은 탈모를 유발하는 남성 호르몬인 안드로젠보다 여성 호르몬인 에스트로젠을 훨씬 더 많이 갖고 있어서 남성들처럼 완전히 탈모(대머리)가 되지는 않으며, 머리카락이 다량으로 빠지게 되어 전체적으로 숱이 감소하는 경향을 보인다.

(3) 원형 탈모

원형 탈모는 털이 원형을 이루며 빠지는 현상으로 머리뿐만 아니라 수염, 눈썹 등에서도 발생한다. 한 개 또는 여러 개가 동시에 생겨날 수 있으며 크기는 보통 2cm ~3cm 정도이며, 시간이 지날수록 크기와 수가 증가할 수 있다. 유전적인 요인, 스트레스, 면역기능 이상과 관련이 있다고 보며, 치료 없이 낫기도 하나 재발률이 높은 편이다.

원형 탈모증은 다양한 크기의 원형 또는 타원형 탈모반(모발이 소실되어 점처럼 보이는 것)이 발생하는 점이 특징적이다. 주로 머리에 발생하지만 드물게 수염, 눈썹이나 속눈썹에도 생길 수 있으며 증상 부위가 확대되면서 큰 탈모반이 형성되기도 한다. 머리카락 전체가 빠지면 온머리 탈모증(전두 탈모증), 전신의 털이 빠지면 전신 탈모증이라고 구분한다

(4) 휴지기 탈모

내분비 질환, 영양결핍, 약물 사용, 출산, 수술, 발열 등의 심한 신체적, 정신적 스트레스 후 발생하는 일시적인 탈모를 말한다. 모근 세포는 보통 생장기 3년, 퇴행기 3주, 휴지기 3개월 정도의 순환 사이클을 가지는데, 휴지기 탈모는 모발 일부가 생장 기간을 다 채우지 못하고 휴지기 상태로 이행하며 탈락되어 발생한다. 휴지기 탈모증은 원인 자극 발생 후 2개월에서 4개월 후부터 탈모가 시작되어 전체적으로 머리숱이 감소하게 되며 원인 자극이 제거되면 수개월에 걸쳐 휴지기 모발이 정상으로 회복됨에 따라 모발 탈락은 감소하게 된다.

탈모 진행 과정

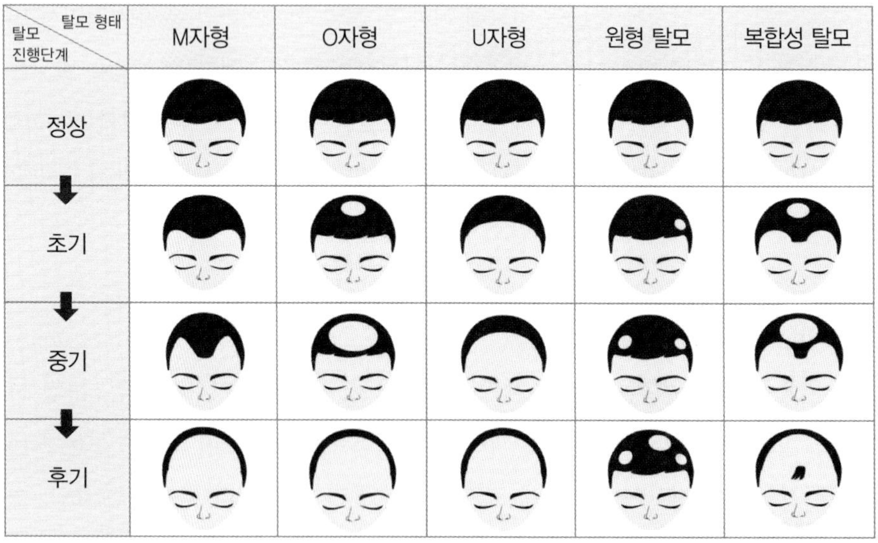

탈모 형태 / 탈모 진행단계	M자형	O자형	U자형	원형 탈모	복합성 탈모
정상					
초기					
중기					
후기					

증모 & 증모피스 부문

집필위원

권언주 김미경 김민수 김소현 박성용 석경희 신부남 안연주 오송림 우경숙 유경숙
윤미경 이지은 지은옥 황계분

증모술 & 증모피스 입문 부문에서는 탈모 초기~중기까지 고객에게 증모할 수 있는 헤어증모술, 증모피스술, 증모 스타일링, 리페어 등을 교육한다.

Ⅰ. 헤어증모술

1. 헤어증모술의 개념

헤어증모술은 가발 내피에 심는 기법(낫팅)에서 착안해 고안한 스킬 방법으로 고객 머리카락에 일반 모발을 심어서(묶기/스킬) 머리숱을 보강하는 모든 방법을 헤어증모술이라고 한다.

헤어증모술은 가장 작은 단위의 가발이다.

※ 헤어증모술을 할 때는 모발 한 가닥이 견디는 무게감, 즉 모발의 강도가 120g임을 염두에 두어야 한다.

■ 헤어증모술 장점

- 본드나 접착제를 사용하지 않고 스킬을 활용해 묶어 주는 방식으로 고정하므로 두피에 안전하다.
- 100% 인모를 사용하기에 펌이나 염색 등 모든 미용시술이 가능해 다양한 스타일링을 할 수 있다.
- 티 나지 않게 자연스러운 숱 보강이 가능하며, 평소 생활하는 데 불편하지 않다.
- 모발이식과 비슷한 효과(숱 보강)가 있지만 가격대는 수술보다 훨씬 저렴하고, 아프지 않다.
  (근본적인 인체 DNA를 바꿀 수는 없으므로 모발이식을 하면 일정 시기 후 다시 탈모 현상을 겪게 된다.)
- 증모술을 한 즉시 탈모 부위가 커버되어 일상생활이 가능하다.

■ 헤어증모술 단점

- 증모하는 모발의 양에 비해 비용 부담이 있다.
- 고객의 머리카락이 자라면 묶었던 매듭이 같이 올라오기 때문에 다시 두피 쪽이 비어 보인다.
- 효과가 영구적이지 않고, 한 달에 한번씩 리터치를 받아야 한다.
- 시술자가 고객의 모발과 두피상태, 탈모 진행 상황 등을 정확하게 파악하지 않고

증모할 경우, 증모한 모발의 무게를 견디지 못하고 견인성 탈모를 유발할 수 있다.

■ 헤어증모술 시행 범위와 효과

헤어증모술은 탈모가 진행된 두상 전반 부위에 증모할 수 있으며, 탈모 커버 및 기장 연장, 볼륨감 형성 등의 효과가 있다.

– 정수리 가르마 숱 보강
– 원형 탈모 커버
– M자 탈모, 이마라인 숱 보강 커버
– 두피 흉터 커버
– 가마 커버
– 뒤통수 볼륨 추가
– 앞머리 기장 연장
– 확산성 탈모 커버

■ 헤어증모술을 할 수 있는 대상

– 두피가 건강한 모든 사람 (두피에 문제가 없는 사람)
– 탈모가 진행 중이지만 진행이 느린 사람

■ 헤어증모술을 할 수 없는 대상

– 모발이 너무 얇거나 두피가 약한 경우 시술 시 탈모 가능성이 커서 시술하지 않는 것이 좋다.
– 숱 빠짐 90% 이상 모발이 빈모인 사람
– 탈모가 급속하게 진행되고 있는 사람
– 두피가 민감한 사람
– 피부 관련 알레르기가 있는 사람
– 임신 중이거나 출산 후 1년 이내인 사람
– 항암 치료 중이거나 항암 치료 후 1년 이내인 사람

- 당뇨, 갑상샘 등 항생제를 장기 복용 중인 사람
- 헤나, 코팅(실리콘 베이스)한 지 일주일이 지나지 않은 모발
- 가발이나 모자를 장기간 착용한 사람

2. 원 포인트 증모술 (One Point Hair Increasing)

원 포인트 증모술은 머리숱이 부족한 부분에 탈모 부위별 포인트 점을 찍듯이 모발 섹션을 뜬 후 스킬로 모발을 엮어서 숱을 보강하는 증모술이다.

〈 두상 부위별 원 포인트 증모술 도해 〉

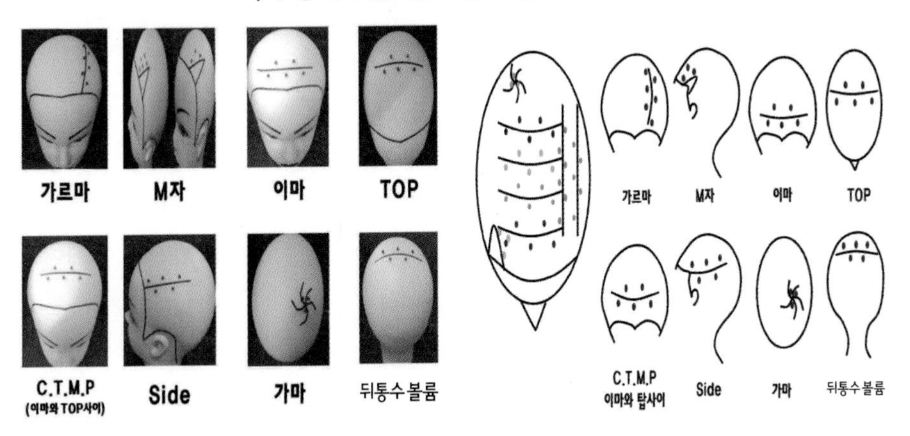

■ 원 포인트 증모술의 종류

- 나노 증모술
- 재사용 증모술
- 원터치 증모술
- 마이크로 증모술
- 레미 증모술
- 매직 다증모술

〈 원 포인트 증모술 비교 〉

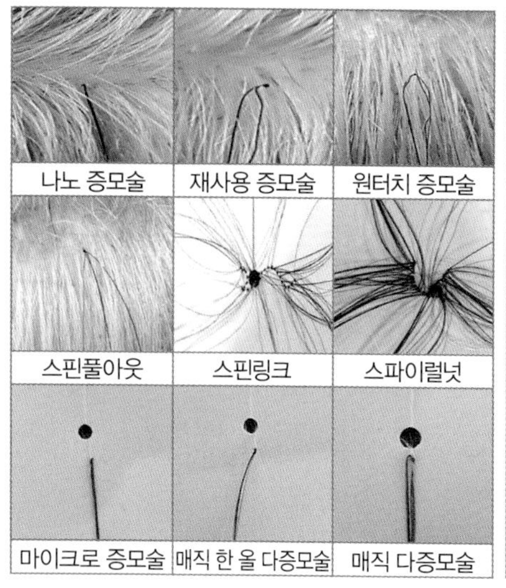

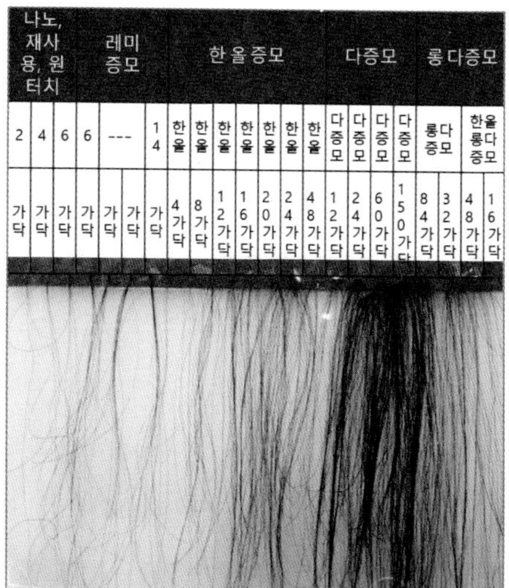

■매직 다증모술

매직 다증모술은 고객 모발 7가닥~8가닥에 한번에 150가닥~180가닥을 숱 보강하는 증모술로 한번에 많은 숱을 증모하기 때문에 헤어증모술 중 가성비가 뛰어나고, 100% 인모를 사용해 스타일링이 자유롭다. 또한 360° 회전성과 볼륨감이 좋아서 고객 모와 자연스럽게 어우러지고 보강한 모발의 양에 비해 머리숱이 더욱 풍성해 보인다. 매직 다증모는 고객의 모발 길이에 따라 활용할 수 있도록 롱 다증모와 숏 다증모 제품이 있다.

〈 매직 다증모술 Before & After 〉

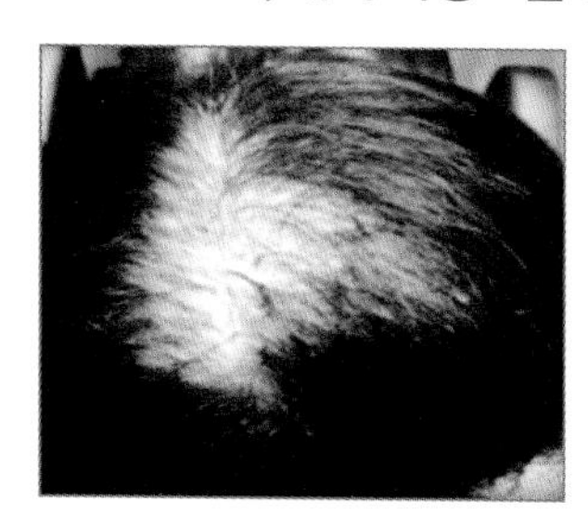

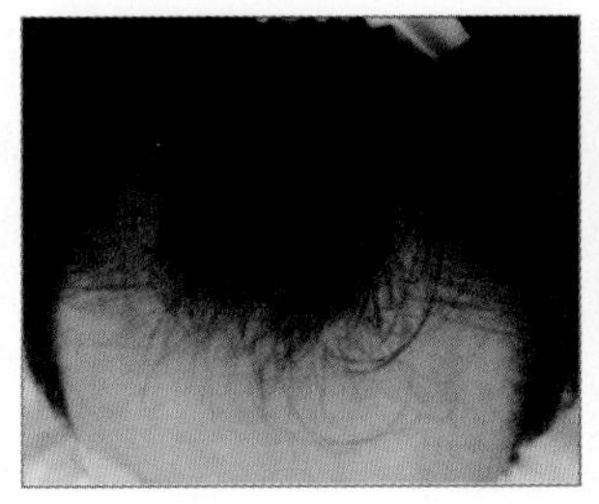
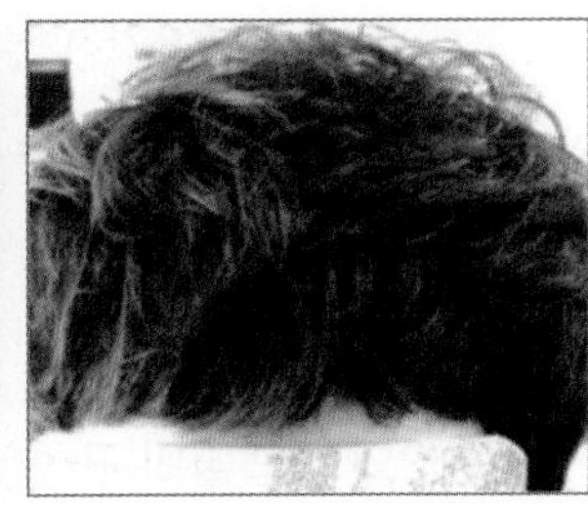

〈 매직 다증모술 제품 〉

롱 다중모

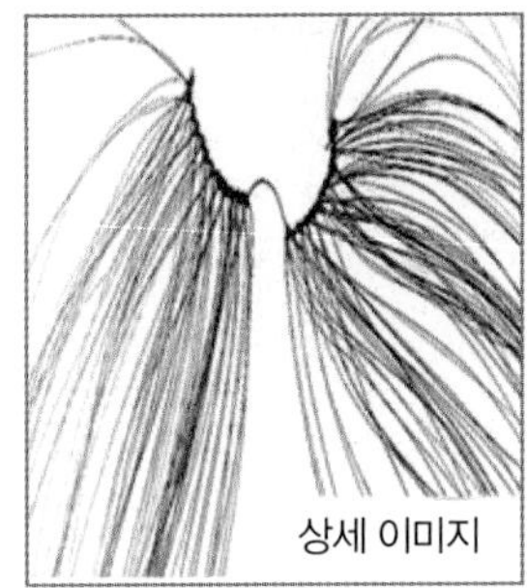
상세 이미지

숏 다중모

1) 매직 다증모술의 특징

- 3올~4올로 낫팅된 모발로 매듭이 한 올 다증모보다는 크다.
- 모량 조절이 가능하여 1개 부착 시 12가닥~180가닥의 모발 증모가 가능하다.
  (다증모 1매듭 120가닥~180가닥 → 평균 150가닥)
- 다증모는 뭉침 현상을 없애고, 볼륨감을 주기 위해 제품의 모발 길이 비율이 다양하다.
- 미지근한 물에 닿으면 오그라드는 특징이 있는 특수 낚싯줄을 사용해 동서남북 360° 분수 모양으로 퍼짐성이 있어서 볼륨감이 뛰어나다.
- 모장별 66"~10"로 이루어진 숏 다증모와 14"~16"로 이루어진 롱 다증모가 있다.
- 100% 천연 인모를 사용하여 컬러, 펌, 열 펌 모두 가능하여 스타일이 자유롭다.
- 증모 후 티가 나지 않는다
- 유지 기간 1개월~2개월이다.
- 다증모 1개 증모 시 소요 시간이 1분 이내이며, 증모하는 모발 양에 비해 작업 시간이 비교적 짧은 편이다.

– 증모하는 모량에 비해 서비스 가격이 부담 없어서 가성비가 뛰어나다.
– M자, 이마와 탑 사이, 탑, 가르마, 뒤통수 볼륨, 확산성 탈모, 두피 흉터 등에 증모가 가능하다.

2) 매직 다증모의 구조와 매듭줄의 구성

– 오리지널 다증모는 120가닥~180가닥으로 약 150가닥으로 이루어져 있다.
– 총길이 2.5cm로 가운데 고정부 0.5cm와 양쪽 매듭줄 1cm씩으로 이루어져 있다.
– 다증모 매듭줄은 특수 낚싯줄(모노사, 폴리아아드, 나일론 재질)로 되어 있고, 줄의 두께는 0.05mm~0.12mm이다.
(사람 모발의 두께는 연모 0.05mm, 보통 모 0.09mm, 건강모 0.12mm이다)
– 매듭줄의 색깔은 살구색 또는 검은색이다.

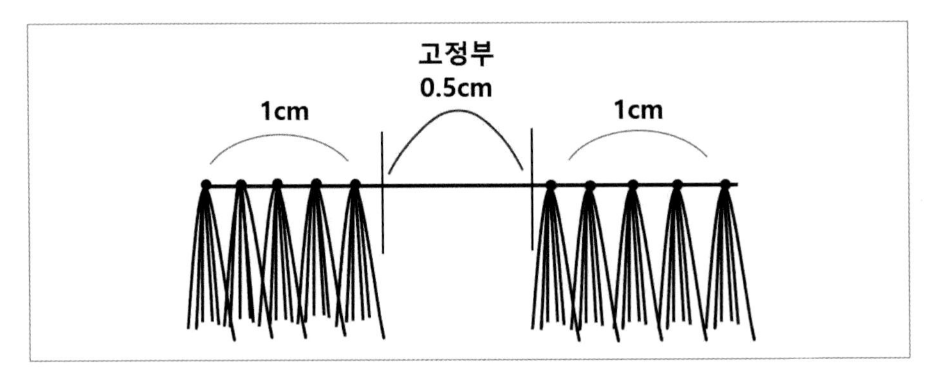

- 매듭 1개의 총 길이: 2.5cm
- 양쪽 매듭줄: 2cm
- 가운데 고정부: 0.5cm
- 총 매듭: 20개~24개 (한쪽 매듭줄 1cm에 10~12개 매듭)
- 한 매듭당 올 수: 3올~4올 (6개~10개 모발)
- 모발 개수: 총 모발은 120가닥~180가닥으로 약 150가닥

3) 매직 다증모술 고정 방법

고정하는 재료에 따라 링, 실리콘, 글루, 트위스트 매듭 꼬기 등이 있고, 스킬 바늘

을 활용해 스핀 2, 스핀 3, 파이브아웃, 피넛스팟 등의 매듭법으로 증모할 수 있다.

■ 매직 한 올 다증모술

매직 한 올 다증모술은 한 올 증모술의 장점과 매직 다증모술의 장점을 극대화한 증모술로 매듭 크기가 매우 작고, 한번에 48가닥을 증모할 수 있다.

- 한 올 증모술의 단점을 보완한 360° 퍼짐성을 가진 증모술이다.
- 매직 한 올 다증모 제품으로는 한 올 솟 다증모와 한 올 롱 다증모가 있다.
  (한 올 롱 다증모는 긴 머리에 증모 또는 앞머리 연장에 사용한다)

한 올 솟 다증모

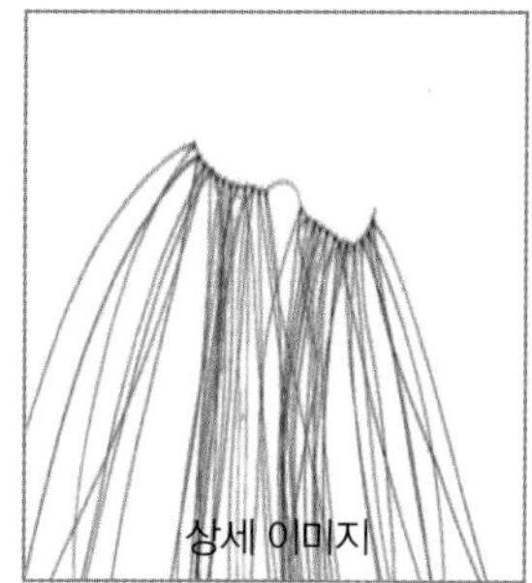
상세 이미지

한 올 롱 다증모

1) 매직 한 올 다증모술의 특징

- 매직 다증모는 3올~4올로 제작하지만 한 올 다증모는 1올로 이루어져 있다.
- 길이는 6"~10"로 이루어진 한 올 솟 다증모와 14"~16"로 이루어진 한 올 롱 다증모가 있다.
- 1올로 낫팅되어 있어서 매직 다증모에 비해 매듭이 작고, 티가 나지 않는다.
- 무게감이 거의 없고, 자연스럽다.
- 일반 모를 이용한 한 올 증모술은 매듭 점이 작아 티가 나지 않는 장점이 있지만, 증모하는 데 시간이 오래 걸리고, 볼륨감이 없는 단점이 있다. 이러한 단점을 보완하여 만들어진 매직 한 올 다증모는 증모 시간이 짧고, 증모 시 볼륨감이 뛰어나다는 장점이 있다.
- 4가닥~48가닥까지 자유롭게 모량 조절이 가능하므로 30%~80%까지 폭넓게 증모가 가능하다.
- 100% 인모를 사용하여 펌, 컬러 등 미용 시술이 자유롭다.

- 얇은 머리카락(연모)에 매직 다증모를 사용하게 되면 무게감이 있어 견인성 탈모가 생길 가능성이 있다. 그래서 얇은 모발에는 매직 한 올 다증모를 사용하면 무게감이 없어서 견인성 탈모를 최소화할 수 있다.
- 헤어라인, 이마와 탑 사이, 탑, 가르마에 주로 사용한다.

■ 매직 다증모술 증모기법

1) 다증모술 증모 시 기본자세

증모술을 할 때는 올바른 자세가 굉장히 중요하다. 작업 시 자세가 틀어지면 정확한 각도로 증모할 수 없기 때문에 증모 후 모발이 빠지거나 고객이 아플 수 있고, 작업자 역시 몸에 무리가 갈 수 있다.

증모술의 기본자세는 고객의 정수리 부분이 작업자의 배꼽 선상 3cm~5cm 이내로 오게 해서 증모 시 어깨와 팔을 자유롭게 움직일 수 있는 위치가 바람직하다.

증모술을 할 때에는 아래 사항을 항상 염두에 두어야 한다.

- 고객의 두상을 기준으로 90°를 유지한다.
- 한번에 고객 모발 7~8모를 섹션을 뜬다.
- 고객 두상의 위치는 작업자의 배꼽 선상 5cm 이내이다. (작업자의 어깨에 힘이 들어가지 않고, 팔이 편안한 자세가 되는 위치)
- 매듭의 위치는 두상으로 부터 0.3cm~0.5cm 이내이다.
  증모 매듭이 0.3cm~0.5cm 아래에 위치하면 모발이 뽑힐 위험이 있고 증모 후 아플 수 있다.
  증모 매듭이 0.3cm~0.5cm 보다 위에 있으면 볼륨감이 떨어지고 모발이 처진다.

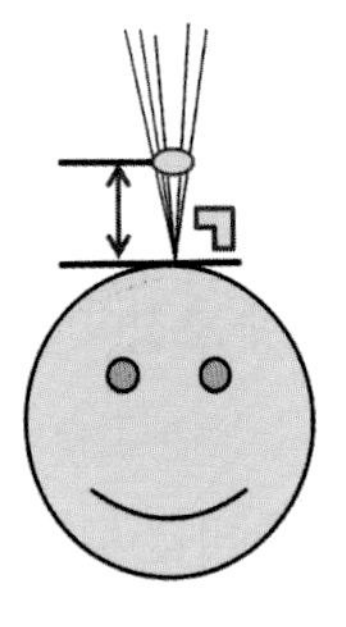

2) 스핀 3

스핀 3는 매직 다증모 증모기법 중 가장 기본이 되는 증모술이다.

〈스핀 3 순서〉

① 고객님이 오시면 상담을 한 후에 샴푸실에 가서 유분기를 없애는 딥클렌징 샴푸를 해준다.

② 고객 모 7가닥~8가닥을 잡은 후에 하트 패널을 10시~11시 방향에 놓아둔다. 핀컬핀으로 잔머리가 들어오지 않게 하트 패널의 벌어진 부분을 닫아주고, ㄴ자가 되도록 핀컬핀을 꽂아준다. 혹시 잔머리가 딸려 왔을 경우 패널의 벌어진 부분을 살짝 열어 밑으로 빼내어준다.

③ 고객님 모발도 충분한 수분이 있는 상태로 만들고, 다증모도 충분히 수분을 준 후 스킬을 걸 고정부에 잔머리나 다증모 모발이 딸려 오지 않게 엄지와 검지를 이용해 양쪽을 깨끗하게 정리해준다.

④ 다증모를 엄지 검지와 중지 약지 사이에 두고 OK 모양이 되도록 잡아준다.

⑤ 스킬 바늘을 고정부 오른쪽 바깥쪽에 두고 오른손 검지로 누른 후 2바퀴를 감아준다. 고정부 중간에 올 수 있도록 조절해준다.

⑥ 오른손 새끼손가락으로 고객 모를 잡아서 왼손 검지 첫째 마디에 놓고 엄지로 잡아준다. 이때 두피로부터 90°가 되도록 각도를 잘 확인하고, 다증모는 중지에 따로 잡아준다.

⑦ 스킬 바늘을 고객 모에 거는데 이때 양손을 두상에 밀착시키고, 일직선이 되게 한다. 고객 모를 스킬 바늘에 걸고, 스킬 바늘을 두피에 밀착시킨 후에 세운 후 왼손이 좌측으로 이동시키고 고객의 모발은 텐션을, 다증모는 힘을 뺀 다음 다증모를 오른손 검지로 밀어낸다. 밀어내는 순간 고객의 모발과 다증모에 같이 힘을 준다.

⑧ 고객 모발을 0.3cm~0.5cm 빼준다. 그 후에 스킬 바늘을 시계 방향 위쪽으로 2바퀴를 감아준다.

⑨ 고객의 모발을 오른쪽 180°로 넘긴 다음 다증모 양쪽을 조절해준다. 이때 조절을 해주지 않으면 매듭 위에 걸쳐질 수 있으므로 주의한다.

⑩ 다중모를 깨끗하게 90° 방향으로 고정한 후 고객 모발을 원래대로 왼쪽으로 옮겨 주면 'ㅗ'자 모양이 된다.

⑪ 매듭을 짓기 전 홀이 생기지 않도록 첫 번째 텐션을 준다.

⑫ 고객의 모발을 스킬 바늘에 걸어준다. 그다음 오른쪽으로 나온 후 스킬 바늘이 중심부로 와 텐션을 준다. 이 과정에서 텐션–매듭–텐션–매듭 총 4번의 텐션과 3번의 매듭을 걸어준다.

⑬ 그 후에 중심부를 누르고 고객 모발을 빼내준다. 그리고 고객 모를 반으로 나눠서 마지막 텐션을 준다.

⑭ 잔머리가 따라오지는 않았는지 동서남북 체크를 해주고 두피로부터 0.5cm 띄워졌는지도 확인한다. 다중모를 반을 갈라서 고정부에 정확히 스킬이 걸어져 있는지 반드시 확인한다.

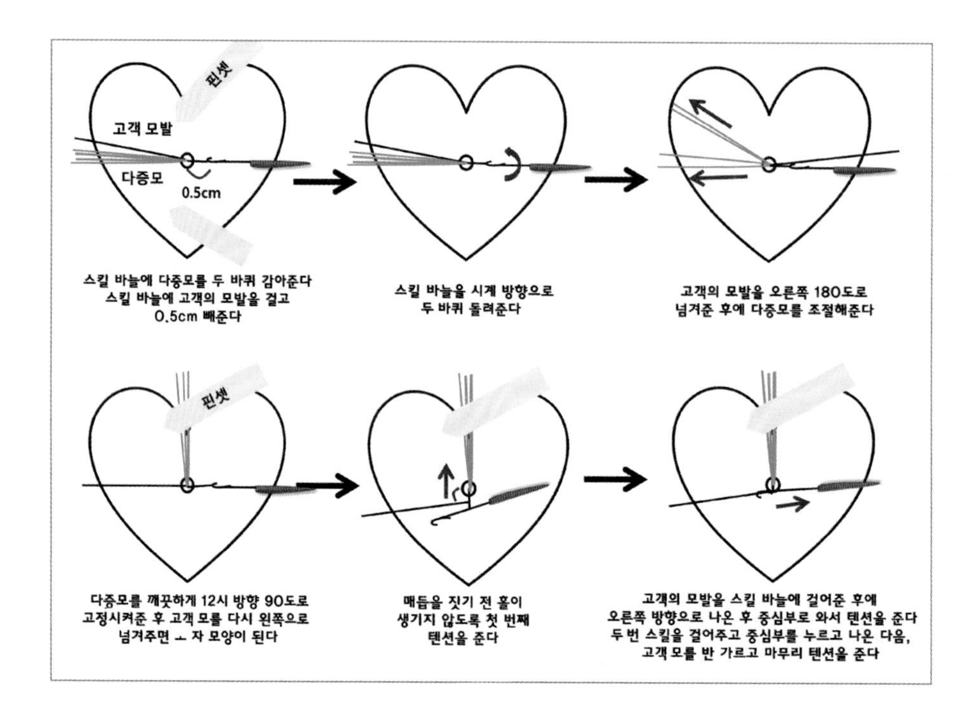

3) 파이브아웃

파이브아웃은 스핀 3 동작에서 스핀을 2번 더 걸어주는 매듭법으로 볼륨이 많이 필요한 부위인 탑, 정수리, 뒤통수, 가르마 등에 활용한다.

고객 모발에 다중모를 사용하는 이유는 숱 보강과 동시에 360° 회전성과 볼륨감 형성이 목적인데, 5번 이상 스킬을 걸게 되면 고객 모발이 가모의 무게를 견디지 못하고 처지게 된다. 따라서 스킬 바늘을 총 5바퀴 돌리는 파이브아웃 기법으로 볼륨감을 극대화할 수 있다.

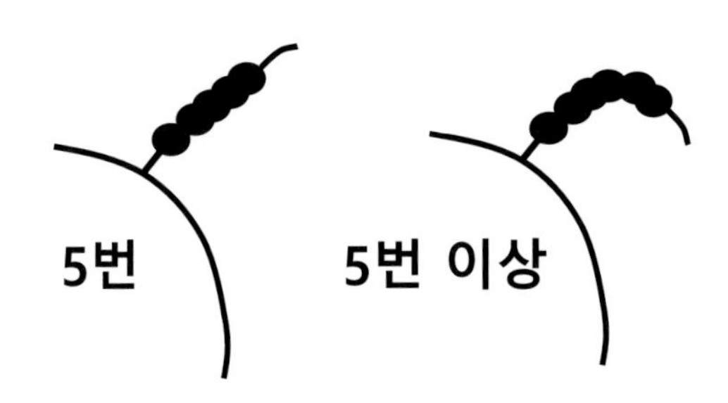

〈 파이브아웃 순서 〉

① 고객님이 오시면 상담을 한 후에 샴푸 실에 가서 유분기를 없애는 딥클렌징 샴푸를 해준다.

② 고객 모 7가닥~8가닥을 잡은 후에 하트 패널을 10시~11시 방향에 놓아둔다. 핀컬핀으로 잔머리가 들어오지 않게 하트 패널의 벌어진 부분을 닫아주고, ㄴ자가 되도록 핀컬핀을 꽂아준다. 혹시 잔머리가 딸려 왔을 경우 패널의 벌어진 부분을 살짝 열어 밑으로 빼내어준다.

③ 고객님 모발도 충분한 수분이 있는 상태로 만들고, 다중모도 충분히 수분을 준 후 스킬을 걸 고정부에 잔머리나 다중모 모발이 딸려 오지 않게 엄지와 검지를 이용해 양쪽을 깨끗하게 정리해준다.

④ 다중모를 엄지 검지와 중지 약지 사이에 두고 OK 모양이 되도록 잡아준다.

⑤ 스킬 바늘을 고정부 오른쪽 바깥쪽에 두고 오른손 검지로 누른 후 2바퀴를 감은 후 고정부 중간에 올 수 있도록 조절해준다.

⑥ 오른손 새끼손가락으로 고객 모를 잡아서 왼손 검지 첫째 마디에 놓고 엄지로 잡아준다. 이때 두피로부터 90°가 되도록 각도를 잘 확인하고, 다중모는 중지에 따로 잡아준다.

⑦ 스킬 바늘을 고객 모에 거는데 이때 양손을 두상에 밀착시키고, 일직선이 되게

한다. 고객 모를 스킬 바늘에 걸고, 스킬 바늘을 두피에 밀착시킨 후에 세운 후 왼손이 좌측으로 이동시키고 고객의 모발은 텐션을, 다중모는 힘을 뺀 다음 다중모를 오른손 검지로 밀어낸다. 밀어내는 순간 고객의 모발과 다중모에 같이 힘을 준다.

⑧ 고객 모발을 0.3cm~0.5cm 빼준다. 그 후에 스킬 바늘을 시계 방향 위쪽으로 2바퀴를 감아준다.

⑨ 고객의 모발을 오른쪽 180°로 넘긴 다음 다중모 양쪽을 조절해준다. 이때 조절을 해주지 않으면 매듭 위에 걸쳐질 수 있으므로 주의한다.

⑩ 다중모를 깨끗하게 90° 방향으로 고정한 후 고객 모발을 원래대로 왼쪽으로 옮겨 주면 'ㅗ'자 모양이 된다.

⑪ 매듭을 짓기 전 홀이 생기지 않도록 첫 번째 텐션을 준다.

⑫ 고객의 모발을 스킬 바늘에 걸어준다. 그다음 오른쪽으로 나온 후 스킬 바늘이 중심부로 와 텐션을 준다. 이 과정에서 텐션-매듭-텐션-매듭 총 6번의 텐션과 5번의 매듭을 걸어준다.

⑬ 그 후에 중심부를 누르고 고객 모발을 빼내준다. 그리고 고객 모를 반으로 나눠서 마지막 텐션을 준다.

⑭ 잔머리가 따라오지는 않았는지 동서남북 체크를 해주고 두피로부터 0.5cm 띄워졌는지도 확인한다. 다중모를 반을 갈라서 고정부에 정확히 스킬이 걸어져 있는지 반드시 확인한다.

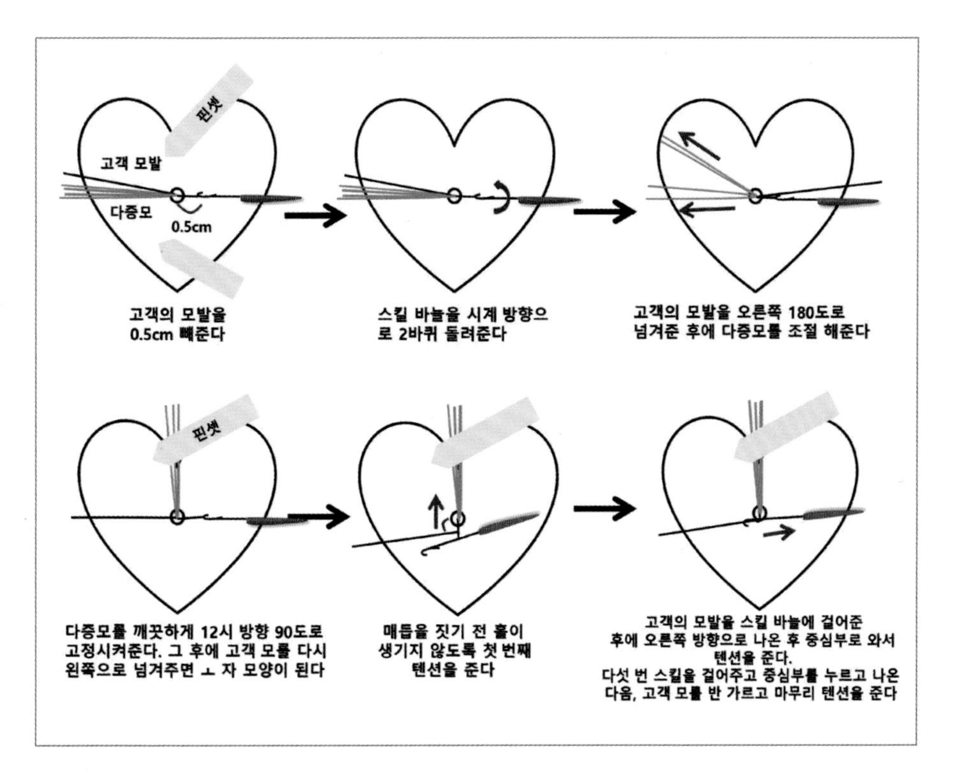

4) 피넛스팟

피넛스팟은 매직 다증모를 활용해 땅콩 모양으로 고리를 만들어서 증모하는 스킬 방법이다.

스킬 바늘을 총 4바퀴 돌려서 'ㄱ' 모양으로 꺾어서 매듭을 만드는 기법으로 증모 후 매듭이 미끄러지지 않고 단단하게 고정되기 때문에 사이드, 네이프, 구레나룻, 뒤통수, 가마 등 두상이 떨어지는 라인에 주로 사용한다.

〈 피넛스팟 순서 〉

① 고객님이 오시면 상담을 한 후에 샴푸실에 가서 유분기를 없애는 딥클렌징 샴푸를 해준다.

② 고객 모 7가닥~8가닥을 잡은 후에 하트 패널을 10시~11시 방향에 놓아둔다. 핀컬핀으로 잔머리가 들어오지 않게 하트 패널의 벌어진 부분을 닫아주고, ㄴ자가 되도록 핀컬핀을 꽂아준다. 혹시 잔머리가 딸려 왔을 경우 패널의 벌어진 부분을 살짝 열어 잔머리를 밑으로 빼내어준다.

③ 고객 모발에 충분한 수분이 있는 상태로 만들고, 다증모도 충분히 수분을 준 후 스킬을 걸 고정부에 잔머리나 다증모 모발이 딸려 오지 않게 엄지와 검지를 이용해 양쪽을 깨끗하게 정리해준다.

④ 다증모를 엄지 검지와 중지 약지 사이에 두고 OK 모양이 되도록 잡아준다.

⑤ 스킬 바늘을 고정부 오른쪽 바깥쪽에 두고 오른손 검지로 누른 후 고정부 중간에 올 수 있도록 조절하면서 2바퀴를 감아준다.

⑥ 오른손 새끼손가락으로 고객 모를 잡아서 왼손 검지 첫째 마디에 놓고 엄지로 잡는다. 떨어지는 라인이어서 각도가 두피로부터 15°가 되도록 하고 다증모는 중지에 따로 잡는다.

⑦ 고객 모를 스킬 바늘에 걸고, 스킬 바늘을 두피에 밀착시킨 후에 세워서 왼손이 좌측으로 이동 후, 고객 모는 텐션을, 다증모는 힘을 뺀 후 다증모를 오른손 검지로 밀어낸다. 밀어내는 순간 고객의 모발과 다증모를 같이 힘을 준다.

⑧ 고객 모발이 나오자마자 12시 방향 일자로 만들어서 고객의 모발을 0.5cm 빼준다.

⑨ 12시 방향에서 스킬 바늘을 시계 방향으로 2바퀴를 돌려준다.

⑩ 고객의 모발을 오른쪽 180°로 넘긴 후 양쪽 다증모가 매듭 위에 걸쳐지지 않게 조절해준다. 그 후 다증모를 깨끗하게 핀컬핀으로 고정한다.

⑪ 다증모 고객 모발이 걸쳐지지 않게끔 주의하면서 고객 모발을 다시 왼쪽 180°로 넘겨준다. ㄱ자 모양에서 스킬 바늘을 시계 방향으로 한 바퀴 돌려준다.

⑫ 고객 모발이 내려오면서 트위스트가 되도록 스킬 바늘을 한 바퀴를 돌려준다.

⑬ 매듭을 짓기 전 홀이 생기지 않도록 첫 번째 텐션을 준다.

⑭ 중심부를 누르고 스킬 바늘을 왼쪽으로 넣어줍니다. 고객 모발을 스킬 바늘에 밑에서 위로 한 번 걸고 나온 후 중심부로 와서 텐션을 크게 주어야지만 땅콩 모양이 된다.

⑮ 다시 한 번 왼쪽으로 스킬 바늘을 넣어 고객 모발을 위에서 밑으로 걸어서 나온 후 다시 중심부로 와서 텐션을 준다.

⑯ 중심부를 누르고 고객 모발을 빼낸다. 그리고 고객 모를 반으로 나눠서 마무리 텐션을 준다.

⑰ 잔머리가 따라오지는 않았는지 동서남북 체크를 해주고 두피로부터 0.5cm 띄워졌는지도 확인해준다 다중모를 반을 갈라서 고정부에 정확히 스킬이 걸렸는지 확인한다.

※ 스핀 3는 스킬 바늘을 두 바퀴 돌리는데, 피넛스팟은 12시에서 두 바퀴, ㄱ자에서 한 바퀴, 내려오면서 한 바퀴로 총 네 바퀴를 돌린다.

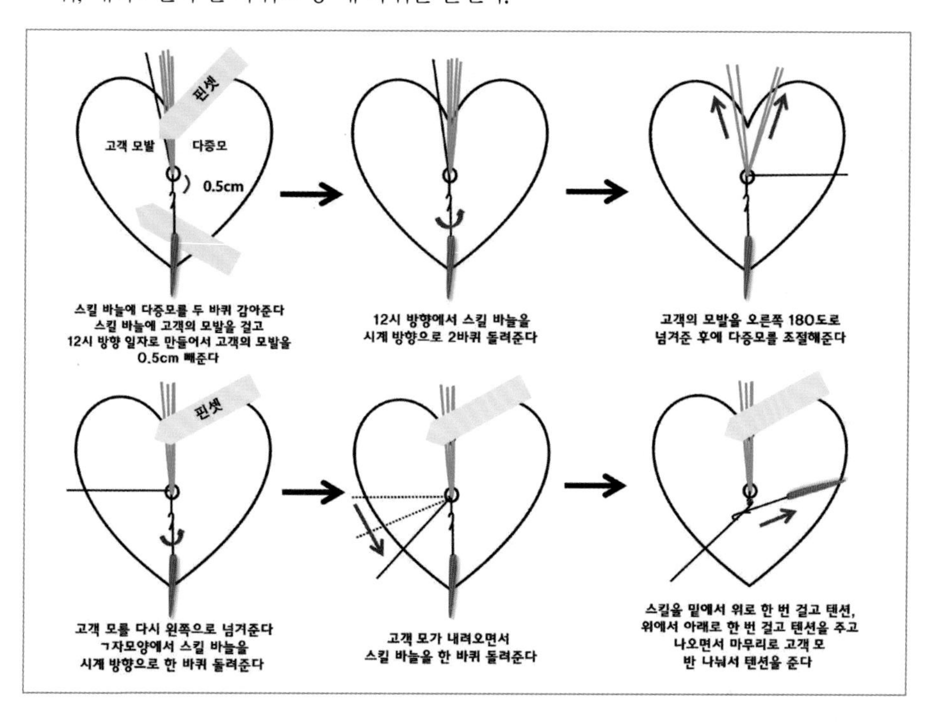

5) 다증모술 매듭 비교

– 스핀 2, 스핀 3, 파이브아웃 매듭은 볼륨감에서 차이가 있다. 피넛스팟은 땅콩 모양으로 꺾여 있어서 떨어지는 라인에 주로 사용한다.

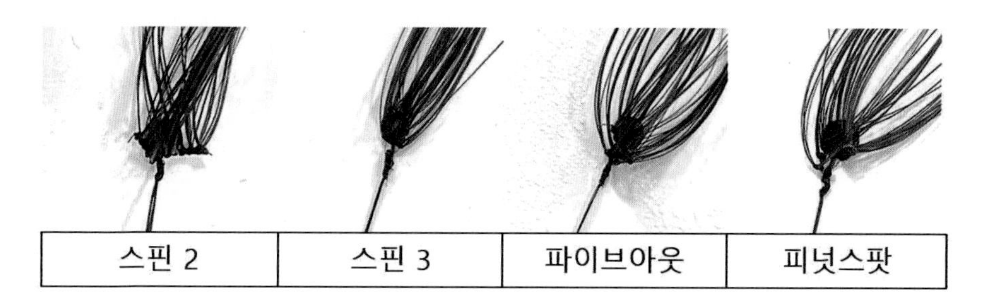

■ 매직 다증모술 활용

1) 매직 다증모 모량 조절

(1) 매직 다증모의 모량조절 목적

오리지날 매직 다증모는 모든 부위에 증모 가능하지만, 탑, 정수리 부분이나 헤어라인 등 노출 부위에 증모 시 매듭이 보일 우려가 있다.

또한 건강한 모발은 오리지널 다증모를 사용해도 무게를 견딜 수 있어서 견인성 탈모가 일어나지 않지만, 탈모가 진행 중이거나 얇아진 모발은 오리지널 매직 다증모의 무게를 견디기에 한계가 있기 때문에 필요에 따라 오리지날 매직 다증모를 1/2, 1/4, 1/8로 모량을 조절하여 증모하면 더욱더 효과적이다.

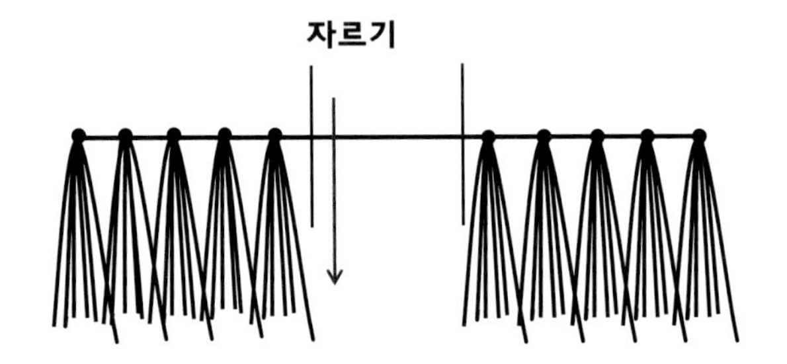

(2) 매직 다증모 모량 조절 순서

① 가장 짧은 모발부터 한 가닥씩 살살 잡아당겨 다증모 모발을 빼낸다.

② 모발을 다 빼낸 후 양쪽을 잡고 살짝 텐션을 주어 양쪽으로 당겨주면 툭 소리가 나면서 고정부가 생긴다.

위와 같은 방법으로 오리지널 다증모를 1/2로 모량 조절해 사용할 수 있다. 예전에는 1/4, 1/8도 만들어서 사용했지만, 한 올 다증모가 출시되면서 오리지널 다증모를 잘라서 사용하는 수고로움을 덜게 되었다.

(3) 모량 조절한 다증모 활용 부위

– ½ (약 60모) – 가르마, M자, 이마와 탑 사이, 탑, 가마, 확산성 탈모 등

– ¼ (약 24모) – 가르마, M자, 헤어라인, 이마와 탑 사이, 탑, 확산성 탈모 등

– ⅛ (약 12모) – 주로 연모에 사용, 가르마, 헤어라인, 탑 정수리 등

2) 두상 부위별 원 포인트 증모술 도해도

(1) 두상 부위별 원 포인트 증모술 도해도

삼각형, 역삼각형, W자, M자, 다이아몬드형이 형성되게 포인트 점을 찍어준다.

W M ▲ ▼ ◆

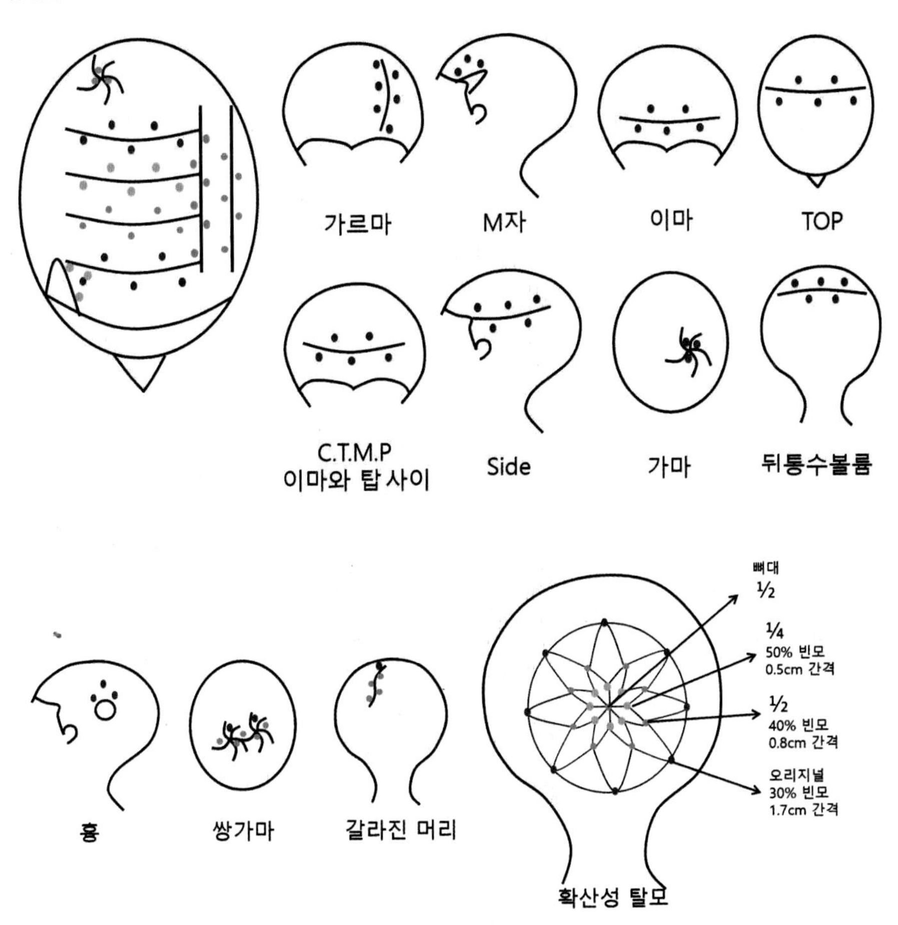

3) 두상 부위별 증모술 종류

– M자와 이마 헤어라인 쪽은 다른 곳에 비해 상대적으로 모발이 가늘어서 증모 후 증모매듭이 보일 수 있으므로 매듭이 작은 한 올 다증모나 모량 조절한 1/2, 1/4 다증모 재료를 사용하고, 스핀 2 기법으로 증모한다.

- 이마와 탑 사이, 탑, 가르마 부분에는 탈모 상태와 모발 굵기 상태에 따라 한 올 다증모, 1/2, 1/4 다증모 재료를 사용하여 스핀 3 기법으로 증모한다.
- 가르마, 탑 정수리, 뒤통수는 볼륨을 더 살려야 하는 부분이기 때문에 스핀 3보다 스킬을 두 번 더 걸어서 볼륨을 극대화해주는 파이브아웃으로 증모하고, 탈모 상태와 모발 굵기 상태에 따라 한 올 다증모, 1/2, 1/4 등 적당한 재료를 선택한다.
- 가마, 뒤통수, 사이드 부분은 떨어지는 라인이기 때문에 매듭이 미끄러지지 않게 하려면 강한 스킬이 필요하다. 따라서 ㄱ자로 돌려 빼서 땅콩 모양을 만드는 스킬인 피넛스팟으로 증모하고, 재료는 1/2 또는 오리지널 매직 다증모를 선택한다.

※ 두상 부위별로 조건이 다르므로 고객의 탈모 상태, 모발 굵기, 뿌리 방향성 등을 고려하여 적합한 스킬과 재료로 증모하는 것을 권장한다.

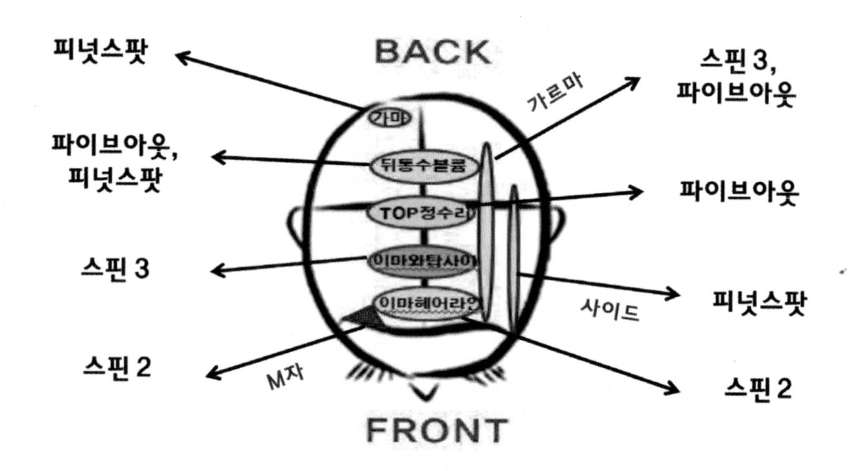

4) 올바른 증모 매듭 위치

〈 Top에서 두피 아래쪽을 바라본 올바른 매듭 위치 〉

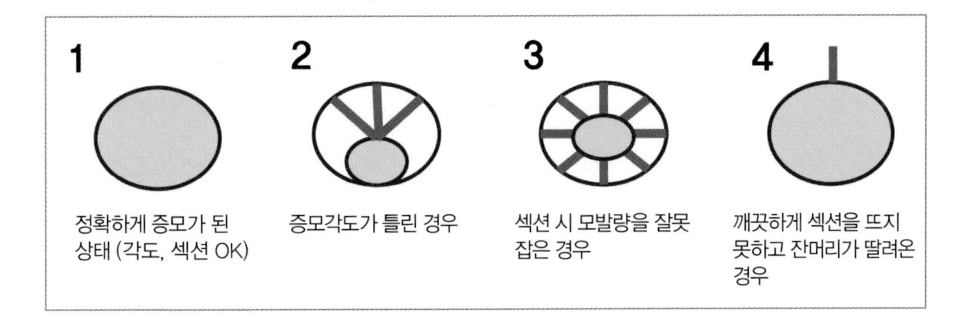

(1) 증모 매듭 진단

증모 후 10일 이내에 빠진 다증모를 확인하면 모발이 뽑힌 원인을 분석할 수 있다.

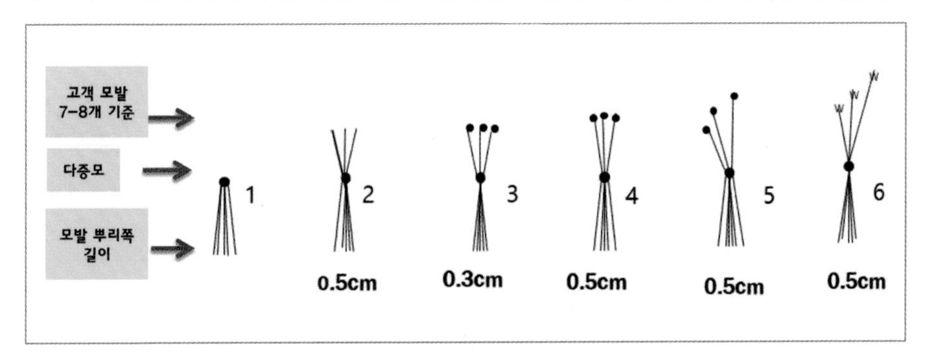

① 다증모만 빠진 경우 – 시술자 잘못 (텐션을 주지 않음)

② 모유두가 없이 뽑힌 경우 – 휴지기, 자연 탈모

③ 뿌리채 뽑힌 경우 – 시술자 잘못 (섹션을 많이 떠서 0.5cm 빠지지 않고 매듭을 지을 때, 스킬 바늘을 2회 이상 꼬았거나 두피 뿌리 쪽에 0.3cm 미만으로 매듭을 만든 경우 등)

④ 매듭 위치는 정확한데 뽑힌 경우 – 고객의 관리 소홀 (샴푸를 잘못했거나 브러시나 스타일링 할 때 무리하게 빗질을 한 경우 등)

⑤ 각도가 잘못된 경우 – 시술자 잘못

⑥ 모발이 강제로 끊긴 경우 – 시술자 잘못 (증모각도가 잘못됨)

5) 증모할 모량 계산

일반적으로 두상의 총 모발 수는 평균 10만~12만 개다. 두상을 3등분했을 때, A 존(크라운)의 평균 모발의 양은 3만 개, B 존의 평균 모발의 양은 4만 개, C 존의 평균 모발의 양은 3만 개 정도이다.

Top 부분(A 존)을 M자, 이마 헤어라인, 이마와 탑 사이, 탑, 가르마, 뒤통수 볼륨, 사이드, 가마 등 부위별 8개의 블록으로 섹션을 나눴을 때, 한 블록당 모발은 3,750개 정도(30,000÷8), 평균 4,000모라고 볼 수 있다. 만약 이 한 블록을 모두 오리지널 매직 다증모로 증모한다면, 오리지널 다증모 1개의 평균 모발량이 150개이므로 26개가 필요하다. (150×26=3,900)

이처럼 시술자는 탈모 부위를 확인해서 증모해야 할 모발 수를 미리 계산해야 원하는 양만큼만 자연스럽게 증모가 가능하다.

ex

탈모 부위 한 블록에 50% 숱 보강이 필요한 경우 약 2,000모를 증모해야 한다. (4,000/2) 그렇다면 오리지날 다증모는 13개가 필요하고(150×13=1950), 만약 연모라서 1/2 다증모를 사용할 경우, 26개가 필요하다는 것을 계산할 수 있다.

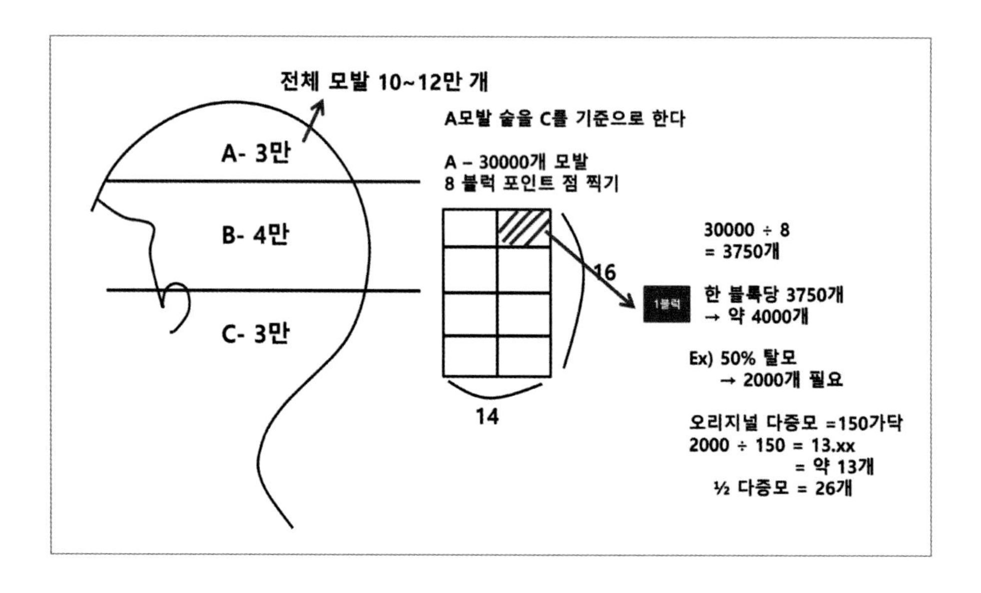

6) 매직 다증모술 리터치

(1) 매직 다증모술 리터치 목적

다중모를 사용한 증모술은 모두 고객 모발을 7가닥~8가닥 섹션을 잡는다. 한 달이 지나면 스킬을 걸어 놓은 고객 모발이 섹션모량인 7가닥~8가닥 그대로인 경우도 있고, 자연 탈모나 휴지기상태로 인해 스킬을 걸어 놓았던 고객의 모발 수가 줄어들어 있을 수도 있다. 만약 증모할 때 섹션을 떴던 고객의 모발 수가 줄어들었다면 다중모의 무게를 견뎌야 하는 고객 모발에 무리가 가는데, 그 상태로 고객 모발이 계속 길어나오면 다중모의 무게를 견디기 더욱 힘들어서 고객의 모발이 뽑힐 수 있다. 또한 증모를 한 지 한 달이 되면 고객의 모발이 1cm~1.5cm 정도 자라나기 때문에 샴푸나 빗질을 할 때 손가락 등이 자라난 모발 사이로 들어가 매듭이 당겨지면서 견인성 탈모를 유발할 수 있다.

이를 예방하기 위해서는 증모 매듭을 한 달 안에 풀고, 안전한 위치에 다시 증모하는 것이 좋다.

(2) 매직 다중모술 리터치 방법

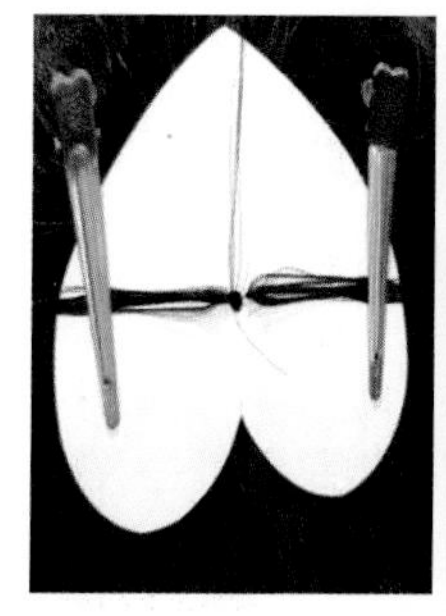

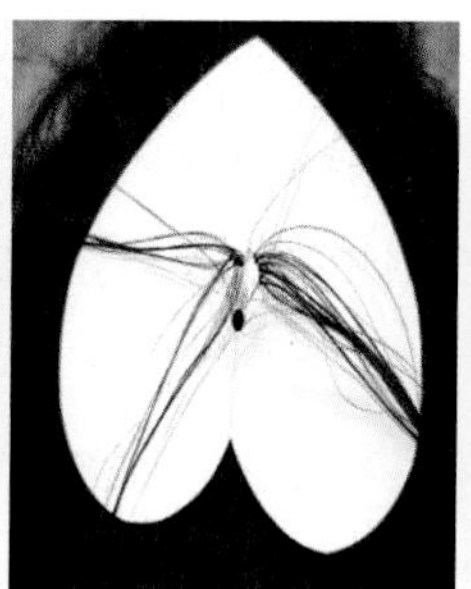
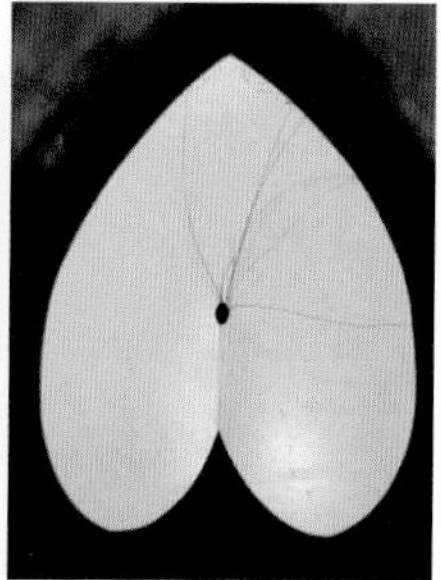

※ 다중모를 사용한 모든 증모 스킬은 이 방법으로 매듭을 풀 수 있다.

① 하트 패널을 고정하고, 매듭 중심부를 찾은 다음 다중모를 양쪽으로 나누어 고정한다.

② 맨 끝매듭 점을 찾아 물이나 오일을 살짝 바른 후 중심 부분을 꽉 누르고 매듭이 꺾여 있는 부분에 바늘을 넣어서 매듭을 풀어낸다.

③ 매듭을 차례로 풀어서 깨끗하게 정리한다.

④ 다중모 매듭을 풀어내 고객 모발만 남아 있는 상태가 되도록 한다.

Tip

모발이 부스스해서 엉킬 때는 물보다 오일을 바르는 것이 효과적이다

■ 마이크로 증모술

마이크로 증모술은 고객 모 1가닥에 가모 1가닥~2가닥(2모~4모)을 고리 매듭을 지어서 엮어주는 튼튼한 증모술이다.

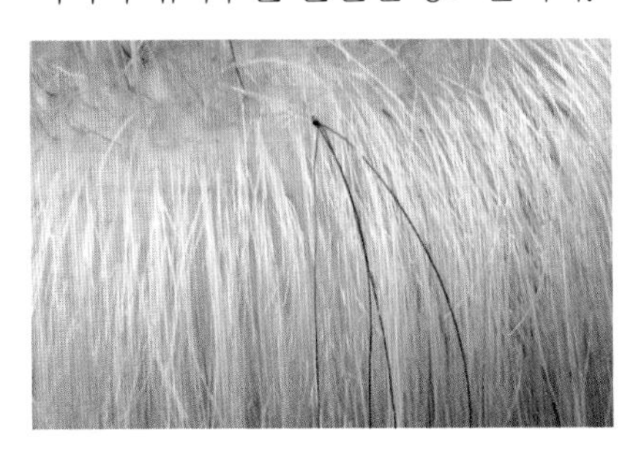

1) 마이크로 증모술의 특징

- 아주 섬세한 이마 라인이나 가르마, 탑 쪽의 머리숱을 ~70%까지 보강할 수 있다.
- 가벼운 탈모가 진행 중인 사람도 무리 없이 증모할 수 있다.
- 매듭 크기가 매우 작아서 증모 후 꼬리빗으로 빗질할 수 있으며, 따로 매듭을 풀지 않아도 된다.
- 고열사, 합성모가 아닌 100% 천연 인모를 사용하기 때문에 컬러, 펌 등 미용시술이 자유롭다.
- 글루 접착제를 사용하지 않고 고객 모발에 일반 모발을 묶어서 숱 보강하는 형식이라 두피에 안전하다.
- 고리가 있고, 매듭 처리하는 방식으로써 한 올 증모술 중 가장 매듭이 튼튼하다.
- 유화 처리(연화 처리)를 하지 않아도 된다.
- 숱 보강뿐만 아니라 컬러를 활용해 하이라이트 느낌으로 멋 내기하고 싶을 때도 사용할 수 있다. (포인트 증모)

2) 마이크로 증모술 순서

① 스킬 바늘에 한 바퀴 돌려 밑에서 위로 모발을 한꺼번에 잡고 스킬 바늘 고리에 걸고, 뚜껑을 닫고 그대로 검지로 스킬 바늘 앞쪽에서 뒤쪽으로 밀어 고리를 만든다.

② 오른손 새끼손가락으로 고객 모를 잡아서 왼손 검지 첫째 마디에 놓고 엄지로 누른다.

③ 스핀 3과 달리 일반 모와 고객 모를 같이 잡는다.

④ 모발을 스킬 바늘에 걸고 스킬 바늘을 두피에 밀착시켜서 세우고, 0.2cm 뺀다.

⑤ 시계 방향으로 두 바퀴를 돌린 후에 왼손 검지로 중심부를 누르고 스킬 바늘을 좌측 위로 향하게 앞으로 밀어준다.

⑥ 고객 모발과 일반 모발을 같이 잡고 스킬 바늘에 걸어 오른쪽으로 빼낸다.

⑦ 모발을 반으로 나눠서 마무리 텐션을 준다.

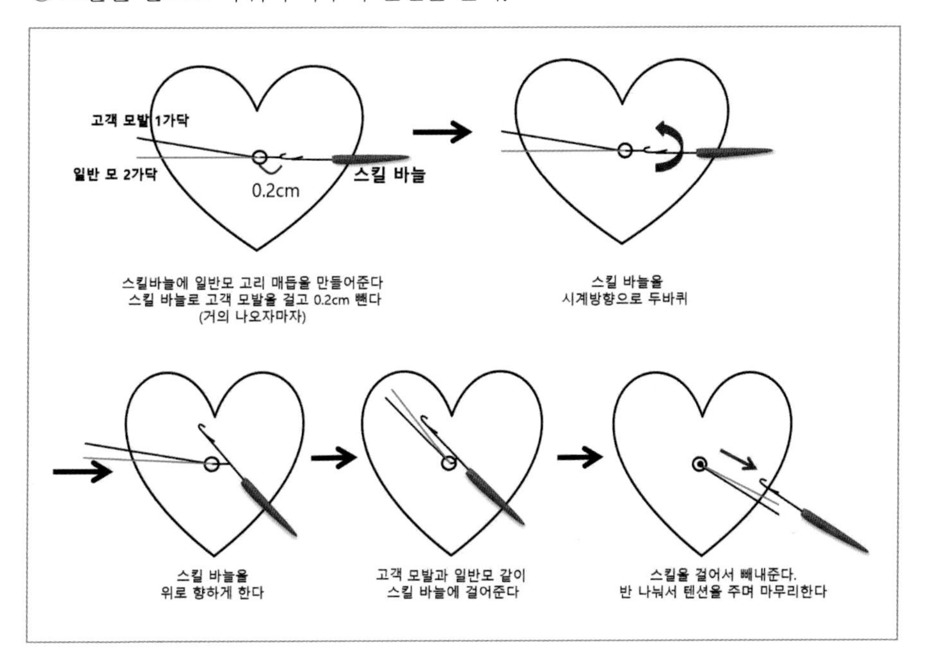

3. 증모술 샵 매뉴얼과 홈케어 방법

■ 증모술 매뉴얼 (상담~마무리)

① 고객 상담 (고객의 두피, 탈모 상태, 사용할 증모제품과 기법, 증모할 모발량, 증모 후 스타일링 등)

② 미리 준비한 PPT 또는 상담 고객과 비슷한 탈모유형의 이전 고객의 전후 사진

등을 참고 자료로 활용해 설명한다.

③ 샴푸

④ 사진 촬영 (Before)

⑤ 증모할 부위의 블록을 선정한 후 포인트 점 찍기

⑥ 헤드랜턴 착용

⑦ 섹션 뜨기

⑧ 하트 패널 고정

⑨ 포인트 점 스킬 마무리

⑩ 사진 촬영 (After)

⑪ 고객이 원하는 스타일로 스타일링

⑫ 사진 촬영 (증모술 전, 증모술 후, 스타일링 완료 등 총 3종류 사진 촬영)

⑬ 고객 차트 기록

※ 사진 촬영을 하는 이유

클레임을 감소시키고, Before&After 사진을 고객에게 전송하여 전후 변화를 인식시켜 준 후 자료와 기록으로 남길 수 있고, 홍보자료로 활용한다. 자료 활용하여 다른 고객님들에게 상담할 때 유용하게 쓰이고, 다양한 사례를 보여줄 수 있는 자료가 된다.

※ 확대경, 조명, 헤드랜턴을 사용하는 이유

- 정교하고 섬세한 작업을 한다는 것을 보여줌으로써 고객에게 신뢰를 쌓을 수 있고, 믿음을 줄 수 있어서 고객님들이 불안한 마음을 해소하고 편안한 상태로 증모를 받을 수 있다.
- 전문성이 요구되는 작업임을 보여줄 수 있으므로 증모 비용을 받기가 좋다. (고부가가치)
- 준비와 시간이 필요한 정밀한 작업임을 보여주기 때문에 당일 증모가 아닌 예약제로 손님을 유도할 수 있다.
- 일반 미용실에서는 볼 수 없는 기계들이기 때문에 방문했던 손님들의 입소문을

통한 구전 광고가 되어 저절로 홍보될 수 있다.

■ 홈케어

- 증모술 고객이 방문할 때마다 매번 홈케어의 중요성을 강조하고, 증모 후 홈케어 방법에 대해 문자를 발송한다.
- 모발에 좋은 수소이온농도는 ph 4.5~5.5 정도의 약산성상태이다. (물은 ph 7.2~7.8로 강알칼리성이다)
- 모발이 알칼리성에 노출되면 큐티클이 팽창해서 서로 잘 엉킨다.
- 증모한 모발은 역방향이기 때문에 쉽게 엉킬수 있어서 관리 시 주의가 필요하다.

[증모술 후 모발의 큐티클 방향]

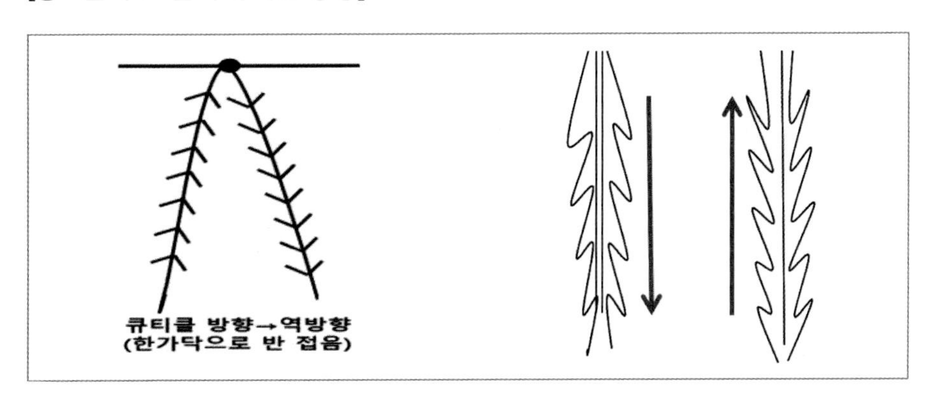

1) 샴푸 순서

① 증모 후 샴푸를 할 때는 샴푸 전 반드시 증모 부위에 트리트먼트나 에센스를 바르고 빗질해준다. 이는 모발의 큐티클을 정리하고, 강알칼리성인 물에 닿기 전에 모발을 코팅하는 과정이다.

② 물이 위에서 아래 방향으로 흐르게 하고, 한 방향으로 빗질하며 씻어준 후 약산성 샴푸를 두피 쪽에 도포해준다.

③ 두피 쪽을 중심으로 손가락 지문으로 마사지하듯 두피 위주로 샴푸를 한 후 샴푸 거품이 묻은 모발은 비비지 않고 한 방향으로 손 빗질하고 필요시 빗질해준다.

④ 깨끗이 헹군 후 트리트먼트를 도포해서 손 빗질한다. 이때 필요에 따라 한 방향으로 빗질해준다.

⑤ 헹군 후 타올로 비비지 않고 톡톡 두들겨 물기를 제거한 후 젖은 상태에서 가발 유연제를 뿌리고 오일에센스를 발라준다.

⑥ 찬 바람으로 두피 위주로 말린 후 필요시 따뜻한 바람으로 스타일링한다.

2) 샴푸 후 주의사항

- 타올 드라이 할 때 증모 부위를 수건으로 비비듯이 말리면 증모한 모발의 큐티클이 역방향이기 때문에 머리카락이 엉킬 가능성이 크고, 매듭 부위가 망가질 수 있으므로 주의한다.
- 모발이 엉켰을 경우, 트리트먼트나 에센스를 도포 한 후에 뿌리 쪽의 다증모 매듭 점을 눌러 잡고 다른 손으로 엉킨 모발 끝부분부터 꼬리빗으로 빗질해 살살 풀어준다.
- 드라이기를 사용할 때도 찬 바람을 주로 사용하도록 한다.
- 빗질, 롤 브러시 드라이, 펌제, 염색제 사용 시 주의해야 한다.

Ⅱ. 증모피스술

증모피스는 모발이 너무 연약하거나 탈모 부위가 넓어서 헤어증모술이 적합하지 않은 고객에게 숱 보강 서비스를 위해 고안한 헤어피스이다.
일반적인 헤어피스는 내피가 있어서 무겁고, 덩어리진 느낌이며, 모발의 방향성이 정해져 있어서 스타일이 제한되는 등 한계가 있지만 증모피스는 내피 없이 특수 줄로 제작하여 줄과 줄 사이로 고객의 모발을 빼내어 가모와 자연스럽게 섞이게 해주기 때문에 숱 보강과 볼륨감을 형성하면서 고객 모와 일체감이 뛰어나다.
증모피스는 사이즈에 따라 미니피스, 숱 보강 멀티피스, 빈모용 피스 등이 있으며 간편하게 사용할 수 있도록 망클립이 부착되어 있다.

망클립의 특징은 다음과 같다.
- 클립과 망사가 하나의 '일체형'으로 만들어 클립 사용 후 바람이 불어 망사 따로, 클립 따로 보이는 단점을 보완했다.
- 금속 클립 착용 시 발생하는 두피 알레르기를 예방할 수 있다.
- 금속 클립이 두피에 밀착되면서 마찰로 인해 두피가 손상되는 면을 망사로 한번 더 감싸서 두피 손상을 방지할 수 있다.
- 금속 클립보다 밀착감이 편안하다,
- 금속 클립보다 마찰력이 향상되기 때문에 고정력이 좋다.
- 클립을 탈착한 후 클립 자국이 남지 않는다.
- 착용 시 두피에 밀착이 되어서 전혀 클립 티가 나지 않는다.
- 클립이 파손되거나 손상되더라도, 포장된 망사가 한번 더 보호해주는 역할을 해서 두피 손상을 최소화할 수 있다. 또한 부러진 클립을 빼내고 새로운 클립으로 교체할 수 있어서 당일 클립 A/S가 가능하다.
- 클립 착용으로 인한 견인성 탈모를 예방한다.

증모피스를 제작할 때는 착용 시 자연스러움을 강화하기 위해서 여러 길이의 모발을 혼합해서 사용한다.

증모피스의 모발 비율 특징은 다음과 같다.

- 모발 길이가 6"~10"으로 혼합 비율을 골고루 하여 뿌리 쪽에는 숱이 많고 모발 끝으로 갈수록 숱이 적어 뿌리 쪽은 받쳐주는 힘이 많아 볼륨감이 뛰어나고, 끝으로 갈수록 질감이 가벼우면서 자연스럽다.
- 모발 길이 비율로 인해 고객 모발과 뭉치지 않고 자연스럽게 일체감을 준다는 것이 특징이다.
- 피스를 처음 받았을 때는 뿌리가 눌려 있는 상태다. 그래서 샴푸를 하거나 샴푸를 하지 못할 시에는 클립에 꼭 분무하여 누워 있는 뿌리 부분은 꼬리빗을 이용해 동서남북 사방으로 빗질해주어야 피스의 특징인 360° 퍼짐성과 풍성한 볼륨감을 살릴 수가 있다.

■ 숱 보강 증모피스 vs 일반 헤어피스 비교

〈 숱 보강 증모피스 〉

- 내피가 없는 게 가장 큰 특징으로 두피와 남은 모발을 건강하게 관리할 수 있다.
  [두피 성장 탈모 케어]
- 핸드메이드 제작한 제품으로 모류 방향이 정해져 있지 않아 스타일이 자연스럽고 비바람에도 티가 나지 않는다.
- 깃털처럼 매우 가벼운 무게감과 뛰어난 통기성으로 냄새가 나지 않고, 착용감이 편안하다.
- 눈, 비, 바람이 불어도 두피와 일체형이라 따로 놀지 않으며 망 클립이 보이지 않는다.
- 360° 회전성이 있어서 스타일 연출이 아주 자유로우며 사용 부위 제한 없이 두상의 여러 곳에 활용할 수 있어서 클립으로 인한 두피 상처나 견인성 탈모 위험성이 없다.
- 남녀노소 구별이 없으므로 고객층이 다양해서 매출 상승에 매우 좋다.
- 국내 증모가발 전문 디자이너들이 있어서 A/S 접수가 쉽고 수선도 2~3일 이내에 가능하다.
- 주문 즉시 착용이 가능하며, 100% 수제 제작한다.

〈 일반 헤어피스 〉

- 내피가 있는 재봉 가공으로 무겁고 이질감이 있고 답답하며 통풍이 되지 않아서 땀이 나면 냄새가 나게 된다.
- 탈모 부위를 막은 상태이기 때문에 탈모가 가속화될 수 있고, 남아 있는 모발과 두피가 약해진다.
- 눈, 비, 바람이 불면 고객 모와 피스가 따로 놀아 일체감이 떨어지고 부자연스럽다.
- 스타일이 정해져 있어서 자유롭지 못하다.
- 두상 중 한 곳에만 사용할 수 있어서 클립으로 인한 견인성 탈모가 생겨서 2차 탈모 유발을 한다.
- 제품이 남성용, 여성용으로 구분되어 있다.
- A/S 접수가 어렵고, 요청하더라도 수선 기간이 한 달 정도 소요된다.
- 맞춤 주문 시 30일 이상 소요되며, 수제 또는 기계로 제작한다.

1. 미니피스

■ 미니피스의 구조와 특징

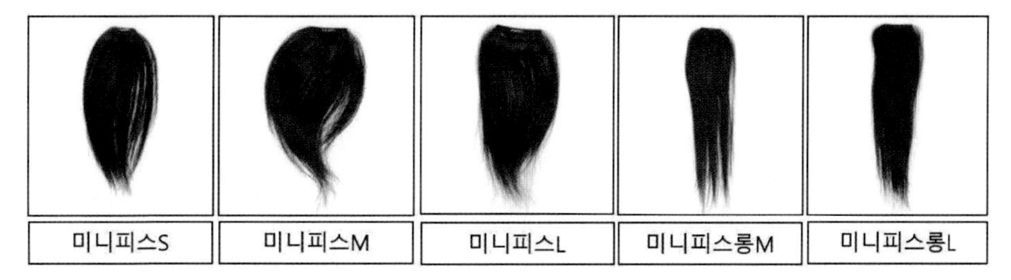

※ 제품의 사이즈와 종류는 5가지로 '미니피스 숏 S. M. L. / 롱 M. L'이 있다.

- 동서남북 360° 퍼짐성과 볼륨감이 좋다.
- 100% 프리미엄 인모로 제작해 다양한 미용시술이 가능해서 스타일이 자유롭다.
- 위아래가 특별히 정해진 부착 방향이 없고, 정해진 곳에만 착용하는 것이 아니

라 두상 전반에 착용할 수 있다.

– 동서남북으로 어느 방향이든 자유롭고 바람이 불어도 전혀 티가 나지 않는다.

– 여러 가지 스타일을 연출 할 수 있고, 쉽고 간편하게 사용할 수 있다.

※ 사용 연출 부위

M자, 가마, 원형 탈모, 이마빵, 가르마 커버, 탑 볼륨, 탑 커버, 사이드 뒤통수 볼륨, 사이드 네이프 길이 연장 등

■ 미니피스 착용 순서

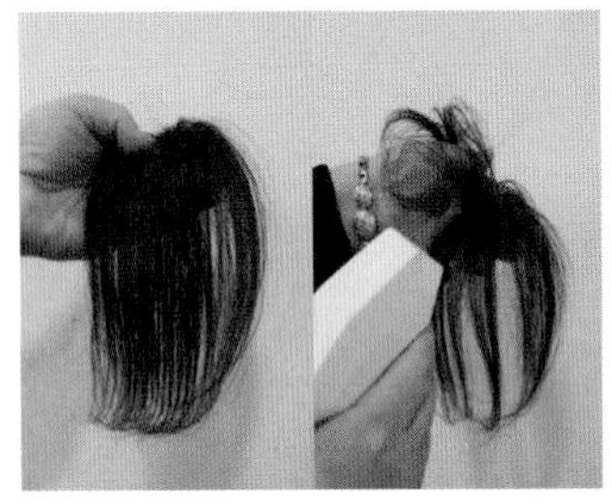
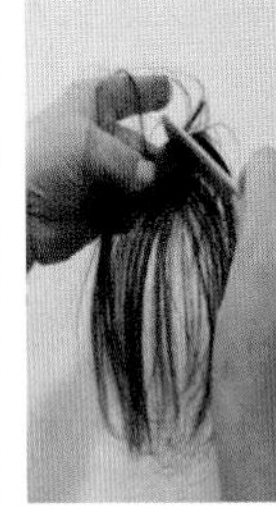

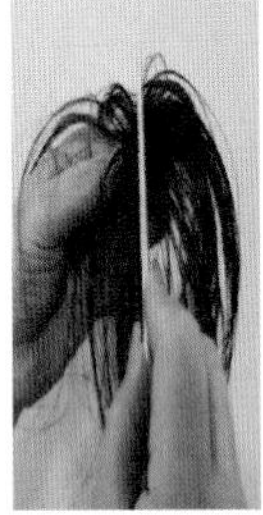
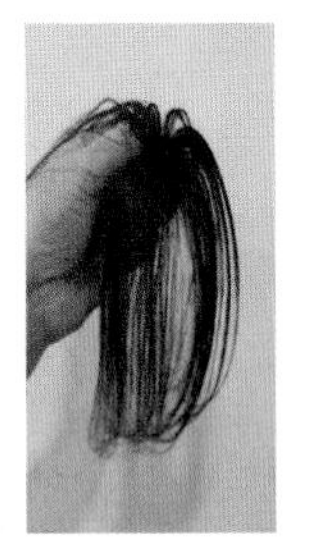

① 미니피스를 착용할 자리를 확인한 다음, 클립을 고정할 부위의 섹션을 지그재그로 나눠준다.

② 한 손으로 클립 한쪽을 잡는다.

③ 착용할 부위의 섹션을 반대편 손의 검지와 중지를 이용해 사이를 벌려준다. 이렇게 하면 클립을 꽂을 때 용이하다.

④ 클립을 중지 쪽 앞쪽 섹션 위로 0.5cm 걸고, 섹션 반대편으로 0.5cm 당기면서 앞뒤 모발이 맞물리도록 하면 단단하게 고정할 수 있다.

1) 미니피스 착용 Tip

– 미니피스는 어떻게 씌우느냐에 따라 모발 결의 방향이 달라진다.

– 탑에 착용하면 360° 사방으로 퍼지면서 볼륨이 생겨서 탑과 정수리 부분에 숱 보강과 동시에 볼륨감이 자연스럽게 연출된다.

– 머리가 길면 무게감 때문에 드라이로 볼륨을 살려도 금방 가라앉는데, 미니피스를 착용하면 탑 부분 커버와 동시에 볼륨도 살기 때문에 자연스럽게 연출할 수

있다.

- 하나의 미니피스로는 커버가 부족한데, 멀티피스는 줄 때문에 사용하기 불편한 경우에는 미니피스 L 사이즈 두 개를 맞물리도록 착용하면 전체적인 탑 숱 보강은 물론 볼륨감이 전체적으로 예쁘게 살게 된다.
- L 사이즈 두 개를 맞물리도록 착용하는 방법은 먼저 뒤쪽에서 피스를 착용한 다음 0.5cm를 띄우고 앞부분에 착용하면 고객 모발과 같이 섞여서 자연스럽게 연출할 수 있다.
- 클립 이빨이 위로 향하게 착용하면 볼륨이 다운되고, 클립 이빨이 아래로 향하게 착용하면 볼륨이 극대화된다.
- 두상의 앞쪽 부분은 볼륨이 없는 것이 예쁘기 때문에 M자 커버와 앞머리 뱅을 연출할 때는 클립 이빨이 위로 향하게 꽂아준다.
- M자 커버를 할 때는 S 사이즈 2개가 적당하다. 보통 여성의 앞머리나 남성의 댄디 스타일 앞머리는 한쪽으로 방향성이 있다. 그래서 클립을 똑바로 착용하는 것보다 살짝 틀어서 사선으로 착용했을 때, 고객의 앞머리와 같은 방향감이 생겨서 예쁘게 스타일이 나온다.
- 클립이 S 사이즈일 경우에는 평면이어서 살짝 구부려서 사용하면 잘 착용할 수 있다.
- 앞머리 뱅을 만들 때는 클립 이빨이 위로 향하게 착용하면 된다. 이때 주의할 점은 아래에서 0.5cm 걸고, 선상에서 맞물리도록 끝나야지만 위에서 볼록 튀어나오지 않는다.
- 커트를 잘못해서 사이드, 구레나룻 길이 쪽 길이 연장이 필요한 경우에도 클립 이빨이 위로 향하게 착용하면 귀 옆으로 착 붙어서 자연스럽게 연출할 수 있다.
- 사이드 볼륨은 주로 7:3, 8:2 가르마를 하는 분들은 한쪽으로 모발이 쏠려서 한쪽만 뿔룩 튀어나와 상대적으로 반대편의 볼륨이 죽어 보일 수 있다. 이때, 가르마 뒤쪽 1cm~1.5cm에서 클립 이빨이 위로 향하게 착용하면 양쪽 볼륨이 같이 예쁘게 살게 된다.
- 네이프 길이 역시 커트를 잘못해서 뭉뚝하게 잘렸을 때, L 사이즈 피스를 가운데 착용하면 자연스럽게 목 쪽으로 착 붙어서 예쁘게 연출할 수 있다. 피스 두 개를

사선으로 착용해도 더 넓게 길이 연장이 가능하다.

- 반대로 탑이나 뒤통수는 볼륨을 살려야 예쁘다. 그래서 납작한 뒤통수를 살리고자 할 때 L 사이즈로 클립 이빨이 밑으로 향하게 착용하면 볼륨이 살아서 예쁜 뒤통수를 만들 수 있다. 이 방법은 업 스타일 시에도 활용할 수 있는데, 주로 볼륨을 살리기 위해 백콤을 넣지만, 피스를 착용하면 백콤을 넣지 않고도 볼륨을 살릴 수가 있다.
- 피스에 원하는 색상으로 염색해서 포인트로 탑 쪽 가르마 뒤쪽 1cm에서 사선으로 착용하면 브리지나 하이라이트 느낌이 나고, 좀 더 밝은 이미지로 연출할 수 있다.
- 업 스타일 한 후에 액세서리 대신 이렇게 색상을 뺀 피스를 꽃 모양을 만들거나, 웨이브를 주어 착용하면 포인트 업 스타일이 가능하다.
- 롱 미니피스 는 롱 헤어의 사이드 볼륨, 뒤통수 볼륨, 탑 정수리 커버, 포인트 컬러로 연출할 수 있다.

2. 숱 보강 멀티피스

■ 숱 보강 멀티피스의 구조와 특징

- 숱 보강 멀티피스는 두피 성장 케어의 목적을 가진 피스이다.
- 방향성이 없어 360° 퍼짐성과 높은 볼륨감으로 스타일이 자유롭다.
- 두상의 한 곳에만 착용하는 것이 아니라 어느 부위에도 활용할 수 있다.
- 모류 방향이 동서남북으로 자유로워서 바람이 불어도 전혀 티가 나지 않는다.
- 비를 맞아도 가볍고 통풍이 잘 돼서 고객의 모발보다 빨리 드라이 되고, 헤어스타일 유지에 한층 자연스러움을 준다.

숱 보강 멀티피스 제작에 사용하는 머신줄의 특징은 다음과 같다.

- 머신줄의 단이 많고 적음에 따라 머리카락 양이 정해진다.
  (머신줄 단이 많음 = 피스의 모발량이 많음)

– 줄이 끊어진 경우 A/S를 받을 수 있다.
– 줄과 줄 (단과 단) 사이로 고객의 모발을 밖으로 빼내어 가모와 고객 모가 혼합하여 바람이 불어도 함께 움직여 일체형으로 보이기 때문에 전혀 헤어피스의 티가 나지 않는 장점이 있다.
– 망사 클립과 마찬가지로 줄이 끊어지면 줄 끊어짐 A/S가 가능하고, 숱 추가를 원할 시에는 머신줄을 추가하는 수선이 가능하다.

■ 숱 보강 멀티피스의 종류

탈모 부위별 사이즈에 따라 종류는 6cm 6단(스퀘어), 6cm 8단, 8cm 8단, 8cm 10단 등 총 4가지가 있다.

숱 보강 멀티피스

6cm 6단

6cm 8단

8cm 8단

8cm 10단

- 6cm 6단 - 스퀘어피스로 양쪽 클립 바깥쪽에 낫팅이 되어 있지 않아서 옆이 볼록 튀어나올 일이 없다. 이마뱅, 사이드 볼륨, 탑에 주로 사용한다.
- 6cm 8단 - 6cm 정도의 빈 공간에 숱을 보강하고자 할 때 사용하며 가르마, 이마 라인, 이마와 탑 중간, 탑, 뒤통수 볼륨을 주고자 할 때 주로 사용한다.
- 8cm 8단 - 8cm 정도의 빈 공간에 숱을 보강하고자 할 때 사용하며, 가르마, 이마 라인, 이마와 탑 중간, 뒤통수 볼륨을 주고자 할 때 주로 사용한다.
- 8cm 10단 - 가르마 커버, 이마 라인과 M자, 이마와 탑 중간, 탑 뒤통수 볼륨용으로 주로 사용하고, 가르마와 탑을 한번에 해결하고자 할 때도 사용한다.

멀티피스 시연

1. 스퀘어피스를 활용한 앞머리 뱅 스타일 연출
2. 앞머리 1cm를 띄우고 피스를 씌워서 뒤로 넘어가게 지그재그로 섹션 떠서 올백 스타일로 손질했을 때 줄이 안 보이게 하는 방법
3. 옆 사이드 볼륨을 만드는 피스 착용 방법
4. 옆 가르마 대각선 착용 방법
5. 긴 머리 숱보강 연출 방법

3. 빈모용 피스

- 빈모용 피스는 숱 보강 멀티피스와 구조나 특징은 동일하다.
- 숱 보강 멀티피스의 가장 큰 장점은 고객의 모발을 빼내어 일체감을 주는 것이지만, 빈모용은 모발을 빼낼 것이 없으므로 탈모 부위에 그대로 얹어서 커버하는 형태이다.
- 사각형 피스 디자인으로 제작되어 있으므로 앞머리가 있는 모발에 씌우는 것을 원칙으로 한다.
- 빈모용 피스의 종류는 13단, 16단, 26단이 있고, 고객의 탈모 부위별 사이즈에 맞게 활용할 수 있다.

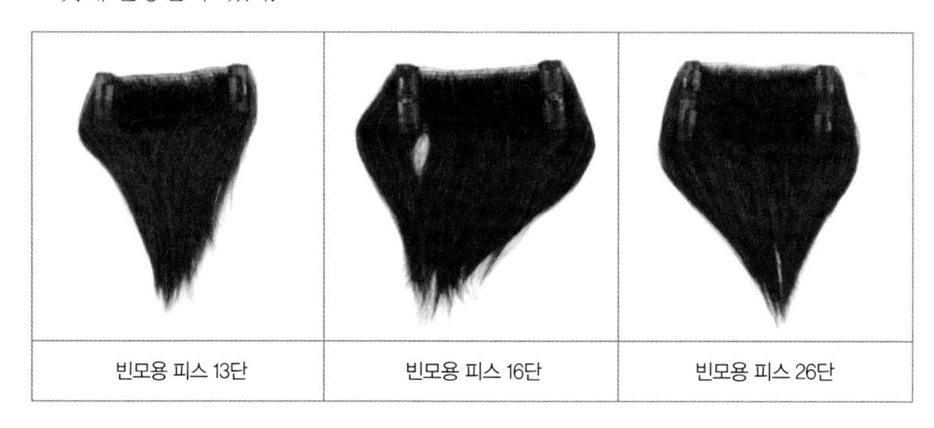

빈모용 피스 13단	빈모용 피스 16단	빈모용 피스 26단

4. 증모피스 착용 및 관리 방법

피스를 처음 받았을 때는 뿌리 부분이 눌려 있는 상태이다. 그대로 착용을 하는 것보다 샴푸를 한 후, 전체적으로 클립 주위나 뿌리 쪽에 누워 있는 모발의 볼륨을 살려주기 위해 동서남북 사방으로 꼬리 빗질해준다. 그리고 씌우고자 하는 모발 방향 가로, 세로, 사선 등의 다양한 각도로 원하는 대로 착용하면 된다.

1) 증모피스 잡는 방법

① 한쪽 클립을 엄지와 검지로 잡는다.

② 클립 부분에 손톱이 닿게 하고 줄에는 손가락이 닿지 않게 주의한다.

2) 증모피스 샴푸 방법

① 한쪽 클립을 엄지와 검지로 잡고 피스 안쪽을 샴푸대 도기 쪽에 붙인 다음 흐르는 물에 피스의 바깥쪽을 뿌리 부분까지 골고루 물을 적신다.

② 샴푸를 적당량 짠 후 클립 부분을 먼저 골고루 세척해준 다음 남은 샴푸로 줄 부분의 모발을 위에서 아래로 한 방향으로 샴푸해준다.

③ 헹굴 때도 한쪽으로 흐르는 물에 헹궈준다. (모든 종류의 가발, 피스는 큐티클이 역방향으로 제작되어 있기 때문에 둥글리듯이 비비거나, 모발끼리 비비면 엉키게 되어 딱딱하게 굳어질 수 있다.)

Tip

만약 피스를 직접 잡고 샴푸하기 어려운 경우, 패널에 피스를 꽂아 샴푸를 해주면 편리하다. 줄 방향대로 손가락으로 빗질하듯이 위에서 아래로 한 방향으로 샴푸를 해주면 된다.
증모피스를 착용하다 보면 사람 두피에서 나오는 피지와 땀에 의해 제품이 삭을 수 있으므로 샴푸를 할 때는 두피에 맞닿는 클립 부분을 특히 신경 써서 세척해야 한다.

3) 증모피스 타올 드라이 방법

① 깨끗하게 샴푸 한 증모피스를 먼저 손으로 모발 부분을 꾹 눌러 어느 정도 물기 제거해준다.

② 피스를 수건에 얹은 후 수건을 반으로 접어 일차적 꾹꾹 눌러주듯 물기를 닦아 준다.

③ 한쪽 클립을 엄지와 검지로 잡고 피스의 바깥쪽을 손등에 대고 가볍게 탁탁 털면서 건조시킨다.

피스를 손등에 대고 털면 어느 정도 스타일이 잡히면서 동시에 빠르게 건조할 수 있다.

4) 증모피스 빗질 방법

① 피스 바깥쪽 모발이 안쪽으로 빠진 모발은 에센스를 바른 후 클립만 잡는다.

② 피스를 세로로 한 채로 꼬리빗 뒷부분으로 조심스럽게 조금씩 반대편 모발이 딸려 나오지 않게 조금씩 천천히 빼낸다.

③ 클립을 잡고 줄 방향인 세로방향으로 놓은 뒤 빗질을 해준다. 이때 줄을 잡고 가로 방향으로 빗질을 하게 되면 단과 단 사이가 벌어져 끊어지거나 줄이 늘어나서 변형될 수 있으므로 주의한다.

5) 증모피스 착용 방법

① 클립 한쪽을 부착할 부위 섹션은 지그재그로 나눠준다. 앞쪽 섹션 위로 0.5cm 걸고 섹션 반대편의 0.5cm 당기면서 앞뒤 모발이 맞물리도록 해야 단단하게 고정이 된다.

② 남은 클립을 착용할 방향인 가고자 하는 방향으로 고객의 모발 방향을 빗질해준다.

③ 남은 클립 끝 쪽의 모발을 잡고 두피에 밀착시킨 후에 모발을 빼내 준다.

(이때 클립을 잡지 않고 끝 쪽의 모발을 잡는 이유는 잡고 있는 검지손가락으로 인해 두피에서 중간이 뜨는 현상으로 인해 각도가 생기기 때문이다)

④ 피스 줄 사이로 모발을 빼내 고객 모와 잘 섞어 정리한 후 남은 클립을 고정할 부위에 지그재그 섹션을 떠서 클립을 단단히 고정한다.

※ 증모피스를 착용할 부위에 섹션을 나눌 때는 왼손 검지와 중지로 사이를 벌리면 클립을 꽂을 때 쉽다.

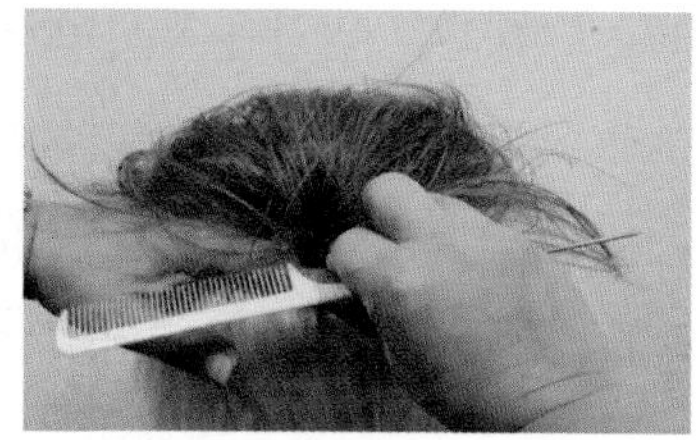

▶ 상세 1) 증모피스 줄 사이로 고객 모발 빼는 방법

① 피스 줄 사이로 고객의 모발을 꼬리빗 끝을 사용해 조금씩 빼낸다.

② 꼬리빗을 90°로 세워서 줄 사이에 넣고 45°에서 15°로 눕히면서 반대쪽으로 모발이 빠져나가게끔 해준다. 이때 절대 양쪽의 클립을 채운 채로 모발을 빼내면 안 된다.

③ 피스의 줄과 줄 사이의 정확한 위치로 모발을 빼는 동작을 반복한다. 이때 줄과 줄 사이의 정확한 위치에서 모발을 빼내지 않으면 모발 뿌리가 옆쪽으로 향해서 눌림 현상이 생기고 볼륨감이 없으며, 바람이 불거나 피스 방향이 틀어지면 잘못 빼낸 곳이 벌어지면서 두상에서 일체감이 떨어지기 때문에 주의해야 한다.

※ 피스 줄 사이로 모발을 빼낼 때 줄을 건드리게 되면 피스 줄이 늘어나거나 끊어질 수 있으므로 피스 줄을 건드리지 않도록 주의해야 한다.

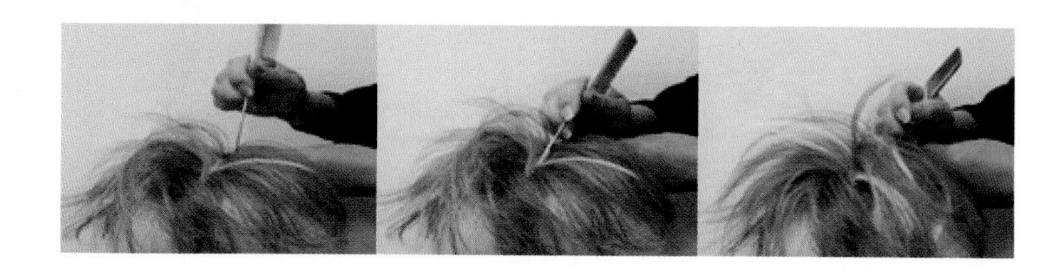

▶ 상세 2) 피스 사이로 빼낸 모발 빗질하는 방법

① 정확하게 모발을 빼냈는지 확인하기 위해 꼬리빗 살을 90°로 세워서 피스 줄 방향대로 피스 모발 앞쪽 끝부터 뒤쪽으로 빗질을 조금씩 이동하면서 두피 쪽의 모발을 깨끗하게 피스 밖으로 빼내준다.

② 반대 방향으로 다시 한 번 빗질해준다. 이때 빗질을 너무 세게 하면 피스 줄이 끊어질 수 있으므로 주의한다.

③ 전체 모발을 빼낸 후 만약에 뿌리 쪽에서 깨끗하게 나오지 않은 모발과 옆줄 단으로 뿌리가 넘어간 모발이 있으면 제자리에서 모발을 다시 빼내준 후 고객의 모발과 피스가 일체형이 되도록 스타일을 정리해준다. 이때 피스 줄이 두피에서 뜨지 않게 주의하고, 고객 모발 뿌리의 결방향성 또한 잡아주어야 한다.

※ 빗질은 클립 줄 방향의 세로로만 해준다. 가로 빗질을 하면 끊어질 수가 있다. (아래로 빗질 절대 금지)

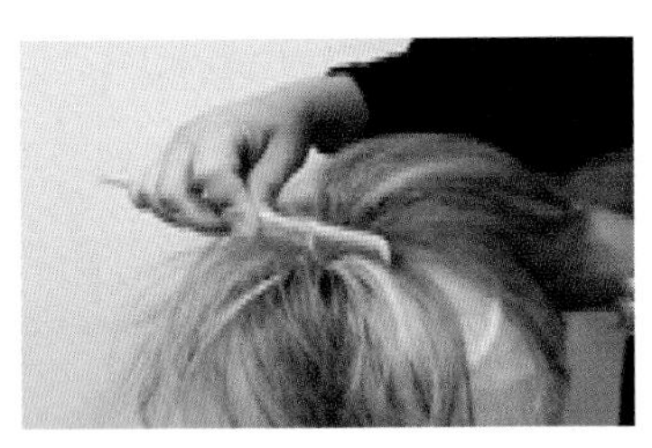

▶ 상세 3) 남은 클립 고정 방법

① 남은 클립을 양 집게손가락으로 끝을 잡고 약간 텐션을 준 뒤 클립을 열어 90°로 클립을 세운 뒤 회전하듯이 두피 가까이 안쪽의 모발에 집어넣어 클립을 채워준다.

② 클립이 단단히 고정되면 고객의 손가락으로 두피에 밀착이 되었는지 확인시켜 준 후 일체감이 있어 자연스러운 것이라고 설명해준다.

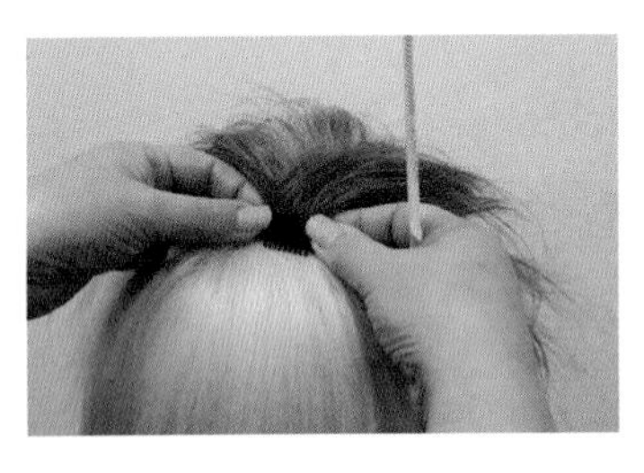
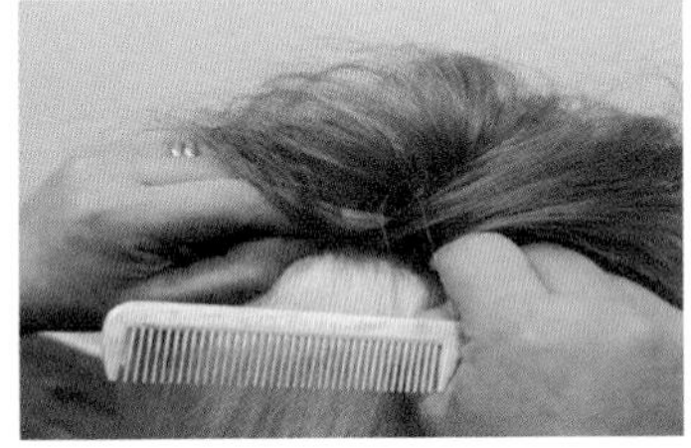

▶ 상세 4) 고정 후 스타일링 방법

찬 바람으로 건조 후 스타일링 한다.

▶ 상세 5) 증모피스 제거 방법

① 클립의 한쪽만 풀고 클립 부분의 모발이 끼어 있는 것을 뺀 후에 클립을 닫는다.

② 닫은 클립을 잡고 주먹을 쥐듯이 손등을 피스의 두피 쪽으로 살짝 누르면서 꼬

리빗으로 아주 조금씩 조금씩 고객의 모발이 딸려 나오지 않게 천천히 빼낸다. 이때 물기가 있으면 고객 모발이 따라 나오기 때문에 조심한다.

③ 반대편도 클립을 열어 빼내고 클립에 끼어 있는 모발을 정리한 후 클립을 닫아준다.

6) 증모피스 보관 방법

증모피스를 보관할 때는 가로로 걸어놓으면 줄이 늘어날 수 있으므로 반드시 세로로 걸어 놓는다.

7) 증모피스를 비비면 안 되는 이유

머리에 자라난 모발은 큐티클이 일정한 방향으로 되어 있지만, 모든 증모나 피스, 가발 종류는 모발을 반으로 접어서 제작하기 때문에 큐티클 방향이 역방향이다. 이 때문에 증모피스를 비비게 되면 모발이 서로 엉키게 된다. 따라서 증모피스를 샴푸 할 때, 또는 수건으로 말릴 때 모발을 비비게 되면 큐티클이 찢어져 엉킨다. 만약 모발이 엉킨 경우, 무리하게 엉킨 부분을 풀려고 빗질하면 서로 걸려있던 큐티클이 찢어지게 되므로 모발에 손상을 일으켜 모발이 부스스해지는 현상이 일어나기 때문에 주의해야 한다.

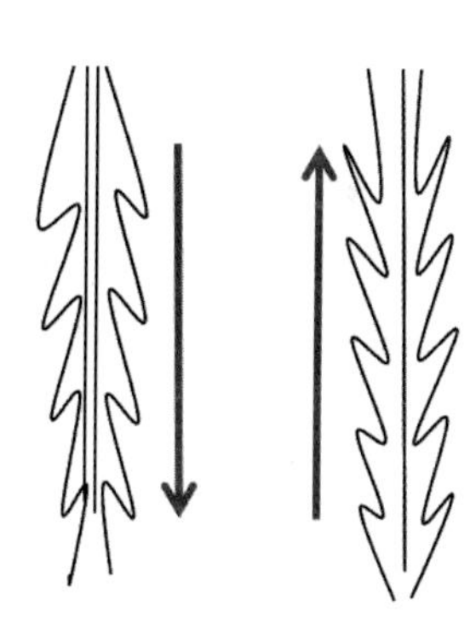

8) 엉킨 모발 푸는 방법

피스의 클립을 세로로 잡고 엉킨 모발에 트리트먼트나 에센스를 바르고 쿠션 브러시나 꼬리빗 끝으로 모발 끝부분부터 살살 풀어내야 한다. 만약 모발이 심하게 엉켰을 때는 가발 유연제를 뿌린 후 같은 방법으로 풀어 준다.

Ⅲ. 스타일링 & 리페어

1. 매직 다증모술 스타일링

매직 다증모의 모발과 고객 모발의 펌 작업 시간이 다르기 때문에 고객이 펌 스타일을 원하는 경우, 증모 전에 제품을 미리 펌해놓고, 고객 모발을 펌한 후 미리 준비한 증모제품으로 증모를 해야 한다.

다증모 1set을 펌하고자 할 때는 한쪽 면의 모발을 반으로 나누어 한 패널 섹션의 모발 끝을 모아서 와인딩한다. 다증모는 산 처리한 모발이기 때문에 펌했을 때 원하는 컬보다 늘어지는 경향이 있다. 따라서 고객이 원하는 펌의 굵기나 고객 모발을 파마할 때 사용할 와인딩 롯드보다 좀 더 작은 사이즈(2단계 작은) 롯드를 선택한다.

■ 다증모 커트

증모 시술 후 고객 모와 똑같이 자르되 1.5cm 안쪽에서 끝을 무홈 틴닝가위로 가볍게 틴닝처리 한다.

■ 다증모 펌

① 다증모 모발에 전처리제를 도포한다. (열 펌: PPT / 일반 펌: LPP 사용)

② 뿌리에서 3cm 띄우고 멀티펌제(1제)를 도포한다.

③ 원하는 롯드를 선정하여 와인딩한다.

④ 와인딩이 끝나면 비닐캡 씌운 후 15분~20분 정도 자연 방치한다.

※ 다증모는 산 처리한 모발이기 때문에 펌 타임이 길어지지 않게 주의한다.

⑤ 중간에 린스를 해주고 타올 드라이한다.

⑥ 과수 중화 5분(2회)

⑦ 약산성 샴푸로 헹구고, 린스나 트리트먼트로 마무리한다.

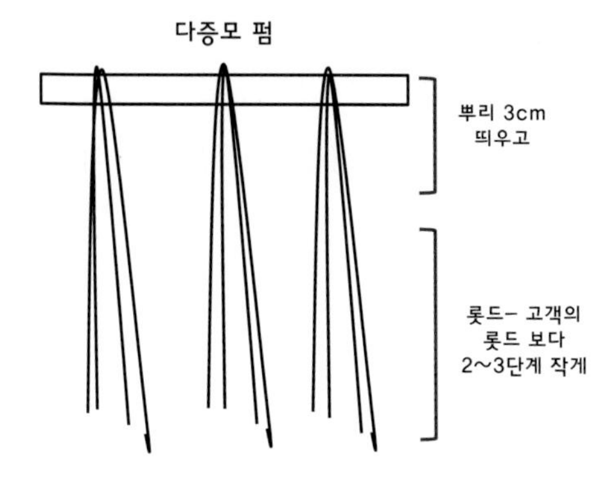

2. 증모피스 스타일링

■ 증모피스 커트

※ 증모피스를 커트할 때는 무홈 틴닝가위를 사용한다.

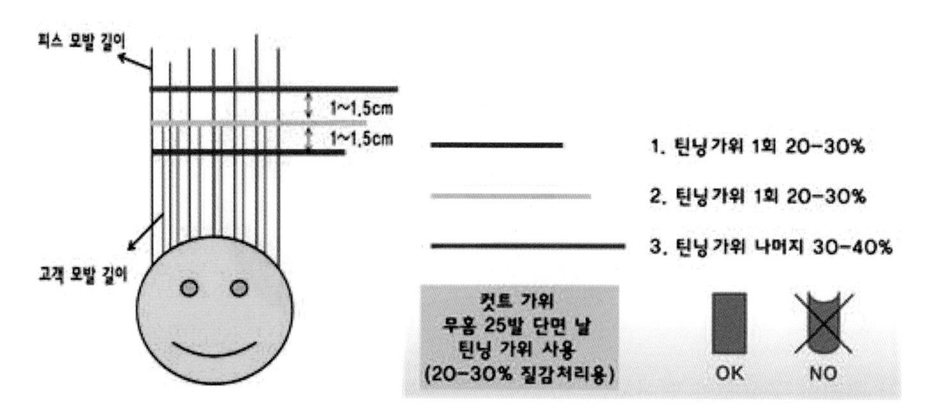

① 고객의 모발과 피스를 90° 각도로 들어서 고객 모발보다 1cm~1.5cm 아래에서 한번 커트해준다.

② 고객의 모발과 같은 길이에서 한번 더 커트해준다.

③ 고객의 모발보다 1cm~1.5cm 길게 마지막 커트를 해준다.

※ 고객의 모발이 자라날 것을 고려해 피스를 1cm~1.5cm 길게 잘라야 한다.

■ 증모피스 펌

펌 웨이브 와인딩 시에는 피스의 모발 큐티클 역방향성의 거칠어짐을 없애고, 부스스함을 최소화하면서 동시에 컬의 탄력성을 강화하기 위해 모발 끝을 모아서 와인딩해야 한다.

1) 미니피스 펌

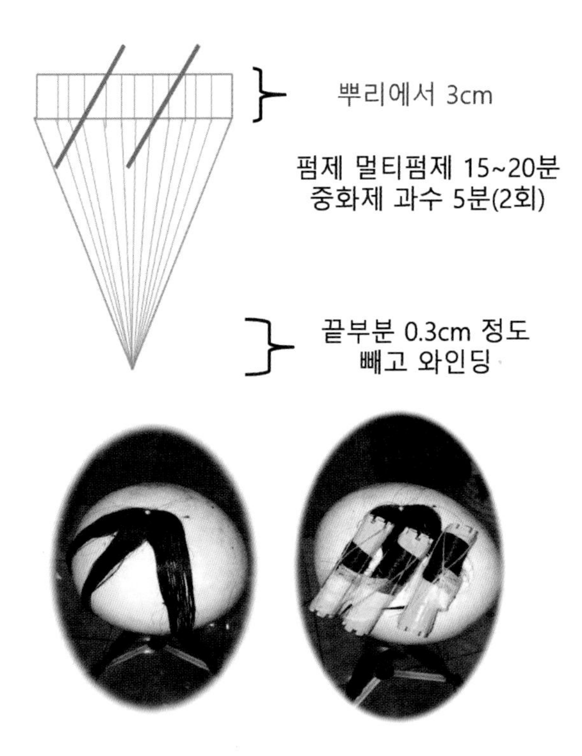

(1) 뿌리의 방향성과 떨어지는 모발이 고객 모발과 일체감이 필요한 경우 (또는 살짝 볼륨감을 원할 때)

① 모발 뿌리 결의 방향성을 유지하기 위해서 뿌리에서 3cm 떨어진 지점부터 약을 도포하고 뿌리는 사선으로 섹션 후 와인딩한다.

② 고객 모발과 일체형으로 만들기 위해 끝부분 0.3cm 정도 빼고 와인딩을 해준다. 이때 와인딩 각도는 15°를 유지한다.

(2) 고객 모발이 웨이브가 많은 경우

고객의 컬사이즈로 롯드 선정하여 모발 끝을 0.3cm 정도 빼놓고 와인딩한다.

※ 미니피스를 펌하는 이유는 고객 모발과 피스 모발이 자연스럽게 이어지면서 모류 방향을 살리기 위해서이다.

2) 숱 보강 멀티피스 펌

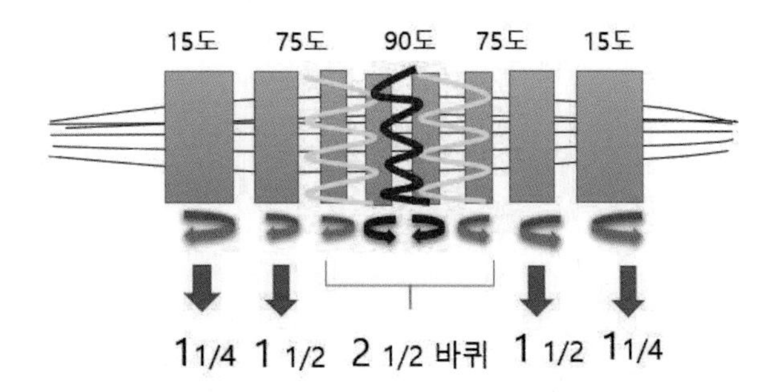

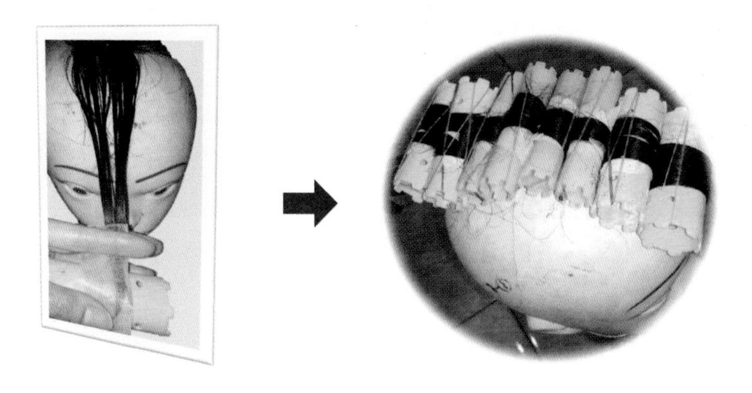

① 양쪽 클립은 지그재그를 떠서 바깥쪽은 롯드는 1¼ 각도는 15°로 끝은 모아서 와인딩해준다.

② 그 위에 클립 안쪽은 1½로 45°~75°로 와인딩한다.

③ 안쪽 4개 롯드는 2½, 각도는 90°로 끝은 모아서 와인딩한다.

④ 가운데 두 개의 롯드는 마주 보고 와인딩을 해주어야 한다.

Tip

펌 웨이브 피스 보관 및 관리
펌 웨이브 작업을 한 피스는 클립의 양쪽을 안쪽 중간으로 접어 잡고, 세팅 에센스나 컬 크림 종류를 손바닥에 골고루 묻힌 다음 피스 펌 모발 끝에 주무르듯이 컬을 만들어 보관한 후 사용하면 모발이 부스스하지 않고 컬을 깨끗하게 유지할 수 있다.
컬링 에센스 바르는 방법: 컬링 에센스로 밑에서 위로 꾹꾹 누르면서 잡아주면 세팅 느낌이 나면서 컬도 탄력 있게 잡힌다.

■ 증모피스 염색

염색이나 탈색 시에 클립의 코팅이 벗겨지는 것을 방지하기 위해 작업 전 클립을 포일로 감싸준다.

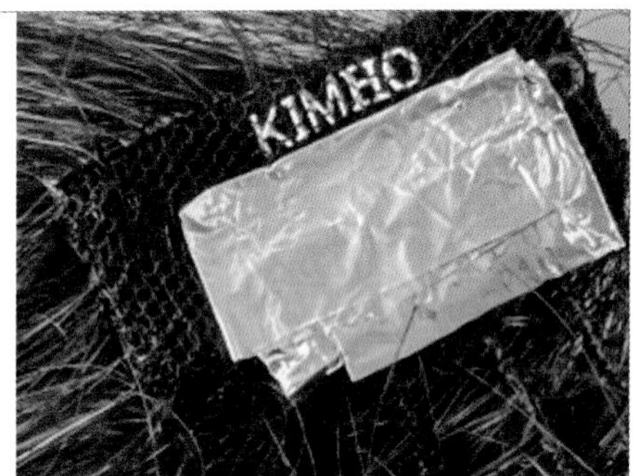

1) 산화제 비율별 사용 방법

1.5%	손상이 심하고 탈색된 모발에 착색. 손상이 적고 착색력이 뛰어나며 명도가 어두워질 수 있고 톤 업이 안 된다.
3%	0.5~1 level 리프트 업 가능. 톤 인 톤(Tone in Tone), 톤 온 톤(Tone on Tone), 모발 색상이 #4 level 시 #4~5 level 색상 연출
6%	1~2 level 리프트 업 가능하고 모발 색상이 #4 level 시 #5~7 level 색상 연출
9%	3~4 level 리프트 업 가능하고 밝은 명도 표현에 사용한다. 모발 색상이 #4 level 시 #7~8 level 색상 연출
탈색	5~6 level 리프트 업 가능하고 선명한 명도 표현에 사용한다.

▶ 산화제 비율별 사용 방법 (염모제 1제:산화제 2제 비율)

1:1 염모제에 맞춰 농도별 레벨을 원할 시 사용

1:2 염모제로 1~2 level 리프트 업, 건강한 모발 탈색 시 사용

1:3 안정적 탈색 또는 모발의 기염 부분 잔류색소 제거 시 사용

1:4 탈염제를 이용하여 검정 염색 입자 제거 시 사용

ex

고객 모발이 8레벨인 경우, 피스가 3레벨로 나오기 때문에 3레벨에서 8레벨(고객 모발과 같은 레벨)을 만들고자 할 때는 3레벨에서 고객 모와 같은 레벨을 더한 명도의 염색제를 사용하면 된다. 5레벨이 UP이 되는 것이기 때문에 6% 산화제를 사용하면 밝아지지 않기 때문에 9% 산화제를 사용해야 한다. 시간은 30분~40분 자연 방치 후 색 테스트를 보고 헹구면 된다.

2) 모발 손상을 최소화하면서 하이라이트 빼는 방법

① 블루(1) + 화이트 파우더(2) = 1:2, 15분~20분 자연 방치

→ 큐티클이 열림, 멜라닌 색소 희석, 최대한의 하이라이트 작업

② 블루(1) + 화이트 파우더(3) + 과수 20v(6%) 1:3 = 30mℓ : 90

(과수를 3배 넣는 이유: 모발 손상을 최소화하면서 레벨 up)

3) 원색 멋내기 컬러

중성 컬라 매니큐어 (원색의 원하는 컬러)

왁싱 매니큐어 산성 컬라 25분~30분

3. 증모피스 수선

■ 피스 줄이 끊어졌을 때 A/S

① 물을 충분히 뿌려서 양쪽으로 정확히 파트를 나눈다.

② 양쪽 나눠놓은 모발을 벨크로나 핀컬핀을 사용해 깨끗하게 양쪽으로 고정한다.

③ 바늘과 실을 양쪽으로 나눠 바느질 준비를 한다. 바느질은 안쪽에서 바깥쪽으로 한다.

④ 바늘과 실을 안쪽에서 바늘과 실 중간에 끼워 넣고 묶음처리 한다.

⑤ 끝부분 빨간 점에서 버튼 홀스티치 바느질 방법의 2번 묶음 처리한다.

⑥ 다시 2번 쪽으로 클립 망사 안쪽으로 바늘을 끼워 빼낸 후 바느질을 1회전 돌려 바늘과 실을 홀에 넣어 1회(버튼 홀스티치 바느질 기법)로 매듭짓는다.

⑦ 노란색 매듭 점 4개를 반복 진행 끝부분에서 2번 묶음 처리한 후 바깥쪽의 다중모 끝부분을 1바퀴 돌려 감아 매듭을 마무리할 때 매듭 자국 없이 마무리한다.

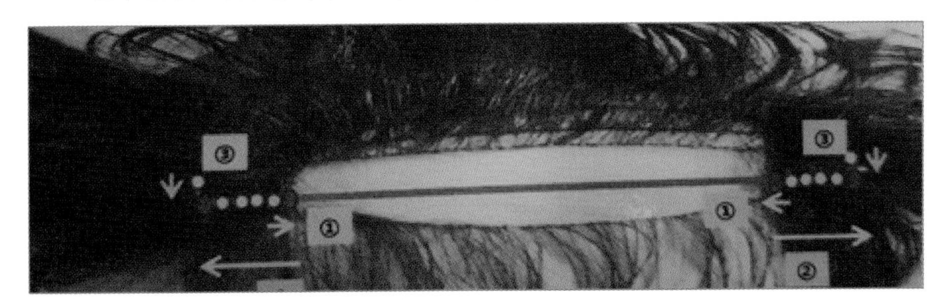

■ 클립 A/S

① 클립의 사각에 작은 홀이 있는 부분에 모노실을 찾아서 실뜯개로 제거한다.

② 클립 주변에 있는 모든 실을 제거해 망에 쌓여진 클립을 빼낸다.

③ 새 클립을 망 안에 넣어 바느질을 하는데 이 때 네 귀의 홀은 2회 정도 바느질해 고정한다.

④ 홀을 먼저 건 다음 반대편 홀까지 갈 때 ㄹ 자 느낌으로 뜨면서 바느질한다.

■증모피스 수선 가격표

김호 피스 AS & Repair 서비스 요금

고객님의 스타일 상태에 따라 여러 서비스
고객님의 관리 소홀로 인한 줄 파손
고객님의 모량에 따라 술 보강

	내용	서비스	개수	금액
1	다중모 줄 파손 A/S	A/S	10CM 미만 1줄	35,000원
2	다중모 줄 파손 A/S	A/S	15CM 미만 1줄	45,000원
3	다중모 가로줄 술보강	REPAIR	10CM 미만 1줄	35,000원
4	다중모 가로줄 술보강	REPAIR	15CM 미만 1줄	45,000원
5	피스 세로 블록 술보강	REPAIR	10CM 미만	45,000원
6	피스 세로 블록 술보강	REPAIR	15CM 미만	55,000원
7	피스 단과 단 매듭	REPAIR	기본 1줄	5,000원
			2줄	8,000원
			3줄 이상	12,000원
8	스킨 부착용 우레탄 베이스 부착	REPAIR	기본 1개 1.5 x 3cm 미만	10,000원
			3x5cm 미만	20,000원
9	술 보강 피스 사이즈 넓게 만들기	REPAIR	기본 2개 연결 1개 제작	35,000원
10	클립A/S	A/S	1개당	30,000원

	내용	서비스	갯수		금액
11	흰머리&멋내기 술보강	REPAIR	5%		50,000원
			50%		100,000원
12	긴모발 술보강 OR 연장	REPAIR	롱 다중모 1개		17,000원
			일반모 10개		60,000원
13	헤어 피스 컷	서비스	1개		20,000원
14	성형 가발 컷	서비스	1개		40,000원
15	헤어피스 & 가발 셋팅.아이롱. 드라이.스타일링	서비스	1개		10,000원
16	헤어 피스 펌	서비스	미니 피스	일반	20,000원
				특수	30,000원
			술 보강용, 빈모용	일반	30,000원
				특수	40,000원
17	성형 가발 펌	서비스		일반	40,000원
				특수	50,000원
			기본 염색	일반	40,000원
				특수	50,000원
18	헤어 피스 컬러	서비스	브리치 탈색	일반	50,000원
				특수	60,000원
			원색 칼라	일반	60,000원
				특수	70,000원
19	성형 가발 컬러	서비스		일반	40,000원
				특수	50,000원

Ⅳ. 마케팅

입문 부문의 교육 내용을 바탕으로 탈모 초기 단계인 고객이나 일반 미용 고객을 증모 고객으로 전환해 단골 고객을 유치할 수 있는 고객 노하우에 대해 알아본다. 고객 상담의 처음은 고객의 탈모 부위를 사진으로 찍어서 보여준 후 현재 상태와 적절한 시술법에 대해 안내하면서 상담을 리드해 나가는 것이다.

■ 헤어 증모술 고객 마케팅

일반적으로 증모술은 한 번만 서비스하는 것이 목적이 아니라 꾸준한 관리를 통해 충성 고객으로 유치하는 전략이 필요하다. 증모술 고객은 모발이 자라나서 증모한 부위의 무게감이 느껴지는 한 달에서 한 달 반 사이에는 반드시 재방문 후 리터치가 필요하다는 점을 인식시키고, 일회성보다는 비용 부담을 덜 수 있는 패키지 프로모션 등을 활용할 수 있도록 안내한다. 이때 고객이 부담 없이 증모술을 받아볼 수 있도록 저렴한 가격대로 안내하고, 한번에 많은 양이 아닌 고객이 적응할 수 있도록 조금씩 증모하는 양을 늘리면서 지속적으로 관리하는 것이 좋다.

ex) M자 커버 증모 고객

한 올 다증모 또는 오리지널 다증모를 1/2, 1/4로 모량 조절하여 M자 탈모인 고객에게 한쪽당 3개~5개 정도 시술해준다. 이렇게 조금씩 증모술을 해주면 고객이 느끼는 경제적 부담도 적고, 자연스럽게 머리숱을 보강할 수 있어서 증모술을 거부감 없이 받아들일 수 있다.

증모술로 진행하다가 익숙해지면, 미니피스 등 피스 쪽을 권해 서비스 내용을 다각화시킨다.

■ 증모피스술 고객 마케팅

- 머리숱이 조금 부족하거나 모발이 얇은 분들, 또는 펌이나 염색을 자주 해야 하는 분들께 증모피스를 권하는데, 이때는 일반 불파트, 탑피스 등 시중에서 찾기 쉬운 제품들과 증모피스의 차이점을 설명하면서 증모피스의 일체감 등 장점을 부각한다.

- 상담 후 고객에게 다양한 증모피스를 직접 시범 삼아 착용할 수 있게 해서 변화된 모습을 직접 확인시킨다.
- 증모피스는 고객 스스로가 어울린다고 생각하면 쉽게 구매하는 경향이 있어서 반드시 사전에 다양하게 스타일링을 해두는 것이 좋다. 특히 고객이 쉽게 손질해서 스타일이 잘 나올 수 있도록 펌한 증모피스를 반드시 갖춰놓는 것이 좋다.
- 증모피스를 처음 사용할 때 어려움을 느끼면 이후 재방문을 유도하기 어렵기 때문에 고객이 최대한 활용할 수 있도록 고정 방법, 스타일링 방법, 샴푸 및 보관 방법 등을 매우 상세하게 설명하면서 직접 해볼 수 있도록 지도한다.

■ **고객 관리 마케팅**

- 증모 서비스가 끝나면 반드시 헤어 동의서를 작성해 차후 불필요한 분쟁을 미리 예방한다.
- 증모 서비스가 완성되었을 때, 증모 전후 사진을 찍어서 보여드리면 만족도가 더 높다.
- 고객의 재방문 일정을 미리 확인하여, 최소 3일 내외에 안내 문자를 보내 재방문을 유도한다.
- 증모 후 관리에 대해 충분히 설명해드리고, 고객이 받은 증모술에 익숙해질 때까지 샴푸나 스타일링이 어려우면 언제든지 샵을 방문하여 관리받을 수 있도록 사후 서비스를 진행한다. 고객이 제품 사용에 어려움을 호소하면서 재방문했을 때는 친절하게 고객의 눈높이에서 설명해주고, 고객의 손에 익을 때까지 연습하게 한다. 이렇게 후속 서비스를 철저히 하면 시간이 지남에 따라 고객이 어려움 없이 제품을 활용할 수 있어서 만족도도 더욱 높고, 충성 고객이 될 가능성도 커진다.

한 올 증모술 부문

집필위원

강인영 박진숙 송은희 장금순 하민하

한 올 증모술은 '모발 한 가닥의 기적'이라고 불리는 증모술이다. 가장 섬세하고 정교한 증모술로서 꼬리빗으로 빗질할 수 있을 정도로 매듭이 작고, 티가 나지 않게 증모할 수 있어서 많은 탈모 고객이 선호하는 증모술이다. 한 올 증모술은 증모 방법에 따라 나노 증모술, 원터치 증모술, 재사용 증모술, 스킬 나노 증모술, 마이크로 증모술로 분류할 수 있으며, 각 증모기법에 따라 장점과 특징이 모두 다르기 때문에 증모기법별 특징을 정확하게 파악하고, 고객의 두피와 선호도에 따라 적합한 방법을 제시하는 것이 중요하다.

고객과의 충분한 상담을 통해 선호하는 증모 매듭 크기, 예산, 증모할 시간이 충분한지, 자연스러움을 원하는지 아니면 풍성함을 더 원하는지, 증모 후 스타일은 어떻게 하고 싶은지 등을 미리 확인하고, 고객의 성향과 어떤 부분에 중요도를 두는지를 잘 파악해서 고객에게 적합한 증모 재료와 기법을 서비스할 수 있도록 해야 한다.

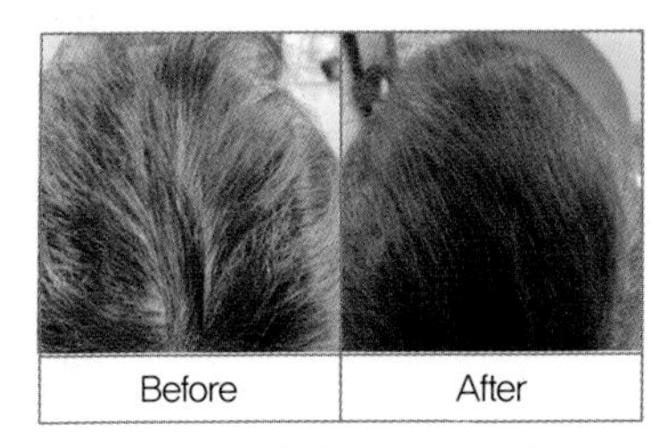

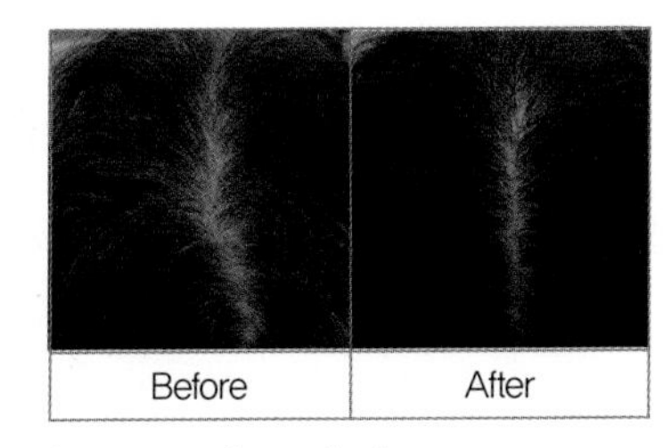

〈 한 올 증모술 Before & After 비교 사진 〉

한 올 증모술을 할 때 모발은 고열사와 인모 중 선택해서 사용할 수 있다. 각 재료의 장단점은 다음과 같다.

	장점	단점
고열사	•매듭을 지었을 때 잘 풀리지 않는다. •매듭이 아주 미세하다.(적음) •열 펌은 가능하다. •색이 다양하게 나온다.	•윤기가 나고 자연스럽지 못하며 모발 엉킴이 강하다. •펌, 염색이 안 된다.
인모	•일반 펌, 열 펌 모두 가능하다. •염색, 컷 자연스럽게 스타일링이 된다. •내 머리랑 섞이면 자연스럽다.	•매듭을 지었을 때 합성 모(고열사)보다는 잘 풀린다. •고열사보다는 매듭 점이 인모라 조금 크다.

Ⅰ. 한 올 증모술 종류

■ 나노 증모술

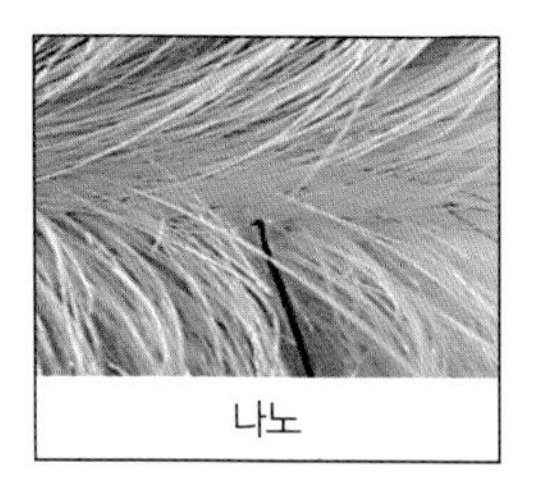
나노

나노 증모술은 모발 한 가닥에 2가닥의 기적(한 번에 1가닥~4가닥까지 증모)이라고 불리며, 고객 모발로 묶는 방식을 뜻한다. 매듭이 매우 작아서 거의 티가 나지 않기 때문에 주로 연모나 아주 섬세한 이마 라인, 가르마 등에 증모한다. 최대한 두피 가까이 묶음 처리할 수 있고, 모량술 빠짐 ~90% 정도에 필요한 증모술이다. 가벼운 탈모가 진행 중인 사람에게도 증모를 할 수 있으며, 증모술 매듭이 가장 정교하고 섬세하여 꼬리 빗질이 가능하며 모발이 자라나도 매듭을 풀지 않아도 된다. 나노 증모술을 할 때는 고열사가 아닌 100% 천연 모를 사용하기 때문에 컬러나 펌 등 다양한 미용시술이 가능하다.

나노 증모술은 무매듭으로 증모하는 경우와 매듭을 먼저 지어 증모하는 경우로 나눌 수 있는데 무매듭 나노 증모술은 주로 섬세한 헤어라인, 가르마, 연모, 매듭이 보일 수 있는 노출 부위에 사용하고, 완성 시 매듭이 갈라지는 특징이 있다. 매듭 나노 증모술은 헤어라인, 가르마, 탑 정수리, 연모 등에 증모하고, 완성 시 매듭이 일자로 떨어지는 특징이 있다.

■ 원터치 증모술

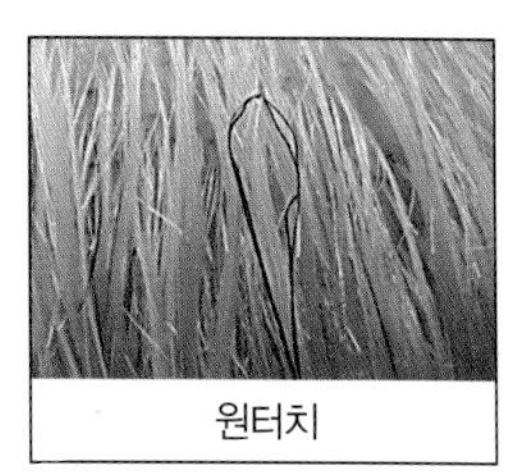
원터치

원터치 증모술은 가모의 고리에 고객 모발을 꺾어서 하는 매듭 증모술로 모량숱 빠짐 ~90% 정도에 필요한 증모술이다. 모근이 건강한 연모에도 증모하기 좋고, 원포인트 증모술 중에 가장 매듭 크기가 작은 증모술이다. 고객의 모발을 꺾는 매듭법이기 때문에 두피에 너무 가까이 증모하면 모발이 뽑힐 가능성이 높으므로 두피에서 0.3cm~0.5cm 띄우고 증모해야 한다.

■ 재사용 증모술

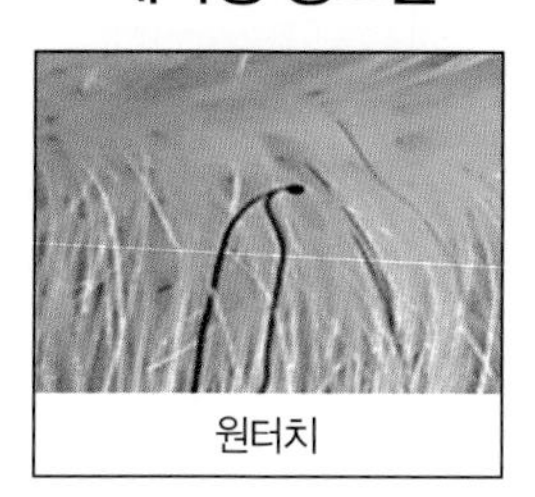
원터치

재사용 증모술은 가모 고리에 고객 모발을 묶는 방식으로 모량 숱 빠짐 ~80% 정도에 필요한 증모술이며, 한 올 증모술 중에 매듭이 가장 크다. 유동성이 있기 때문에 모발이 자라면 뿌리 가까이 다시 밀어 넣어 재사용할 수 있다. 주의할 점은 일주일만 지나도 증모한 모발이 움직이기 때문에 무게감이 느껴지고 연모에 증모하면 유실될 가능성이 높아서 연모에는 재사용 증모술이 적합하지 않다.
재사용 증모술을 할 때는 100% 천연 모를 사용하기 때문에 컬러, 펌 등이 자유롭다.

■ 마이크로 증모술

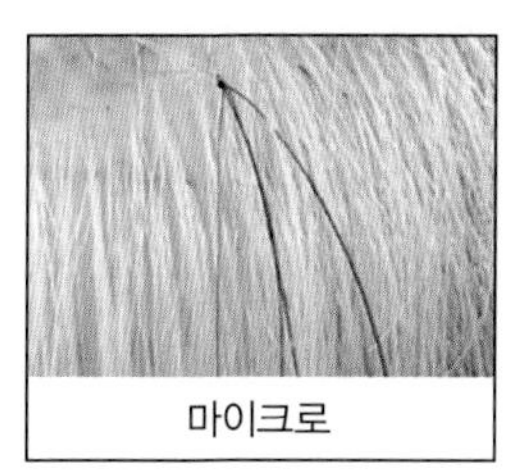
마이크로

마이크로 증모술은 일반 모로 고리를 만들어서 묶는 방식으로 고객 모 1가닥에 가모 2가닥을 연결해 한 번에 4모씩 숱을 보강하는 증모술이다. 꼬리 빗질이 될 정도로 매듭이 작아서 풀지 않아도 되는 증모술이기 때문에 이마 라인이나 가르마, 탑

쪽 숱이 ~ 70%까지 커버할 수 있다. 가벼운 탈모가 진행 중인 사람도 무리 없이 증모할 수 있고, 고열사(합성 모)가 아닌 100% 자연 모를 사용하기 때문에 컬러나 펌 등이 자유롭다. 한 올 증모술 중 매듭이 가장 튼튼하고, 글루나 접착제 등을 사용하지 않기 때문에 두피에 안전하다. 유화 처리(연화 처리)를 하지 않아도 된다.

	나노	재사용	원터치	마이크로
매듭	무매듭은 퍼짐성이 있고 매듭 나노는 떨어지는 매듭	일자로 뭉쳐 있다. 유동이 있는 매듭	퍼짐성이 있다. 매듭이 거의 없다.	일자로 뭉쳐 있다 매듭이 크다
사용 모질	연모에 적합	연모에는 좋지 않다. 보통모/건강모에 적합	모근이 건강한 모발	보통모/건강모에 적합
재시술	안 된다	가능	안 된다	안 된다

4가지 증모술 시술 비교 사진

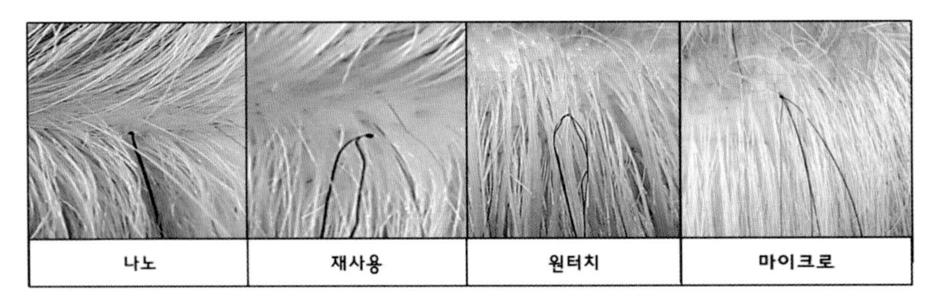

각 한 올 증모술의 특징을 잘 파악해서 탈모 커버 부위에 적합한 증모술을 선택하는 것이 좋다. 또한 한 가지 기법만 사용하지 않고, 필요에 따라 여러 증모술을 다양하게 활용하면 시술 시간 대비 훨씬 더 좋은 효과를 낼 수 있다. 예를 들어 가르마 부분을 증모할 때, 가르마 부위 중 보이는 부분은 매듭이 작은 증모술로 증모하고 덮이는 부분은 모량을 늘려도 되고 단단한 매듭으로 증모한다.

Ⅱ. 한 올 증모술 증모기법

■ 나노 증모술

나노 증모술은 매듭 없이 증모하는 무매듭 나노 기법과 손가락 또는 빨대를 활용해서 매듭을 미리 만들어서 증모하는 매듭 나노 기법이 있다.

두 기법 모두 고객에게 바로 증모술을 실시할 수 있도록 고정작업 전 미리 모발로 고리를 만들어 준비해야 한다.

무매듭 나노기법을 위한 고리만드는 순서는 다음과 같다.
① 왼손 검지손가락에 일반 모를 두 바퀴 감아준다.
② 스킬 바늘 꼬리 부분으로 매듭을 가지고 나온다.

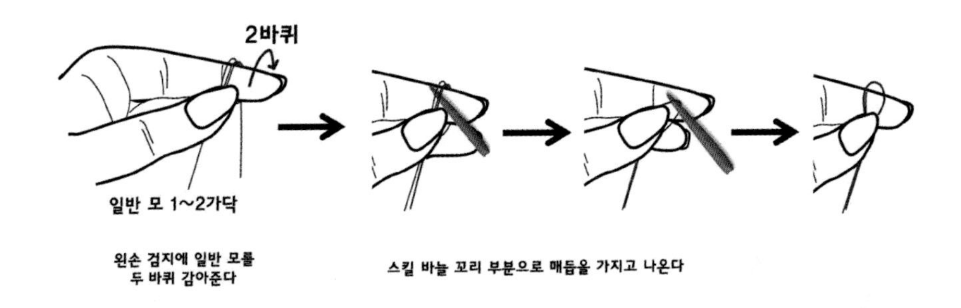

무매듭 나노 증모술의 매듭 고리 만드는 방법은 다음과 같다.

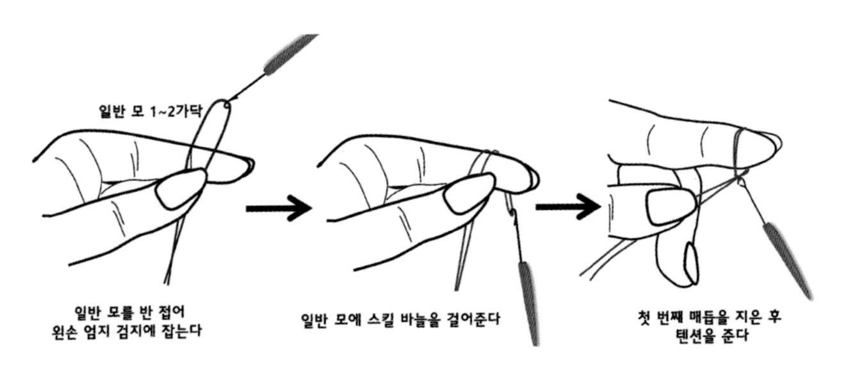

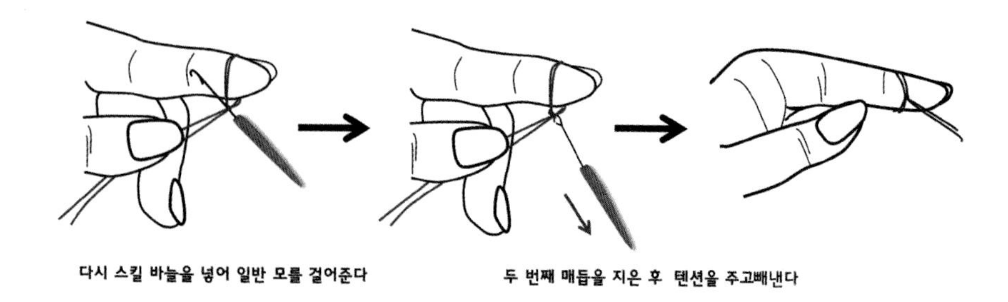

매듭 나노 방법 중 빨대를 활용해 매듭을 만드는 방법은 다음과 같다.

① 일반 모를 접어 왼손 엄지 검지로 잡는다.

② 접은 일반 모를 빨대가 중앙 아래쪽에 위치하게 놓는다

③ 스킬 바늘을 일반 모 고리에 넣어 앞으로 오게 한 다음 왼손으로 잡은 일반 모를 두 번 빼내어 매듭을 만든다.

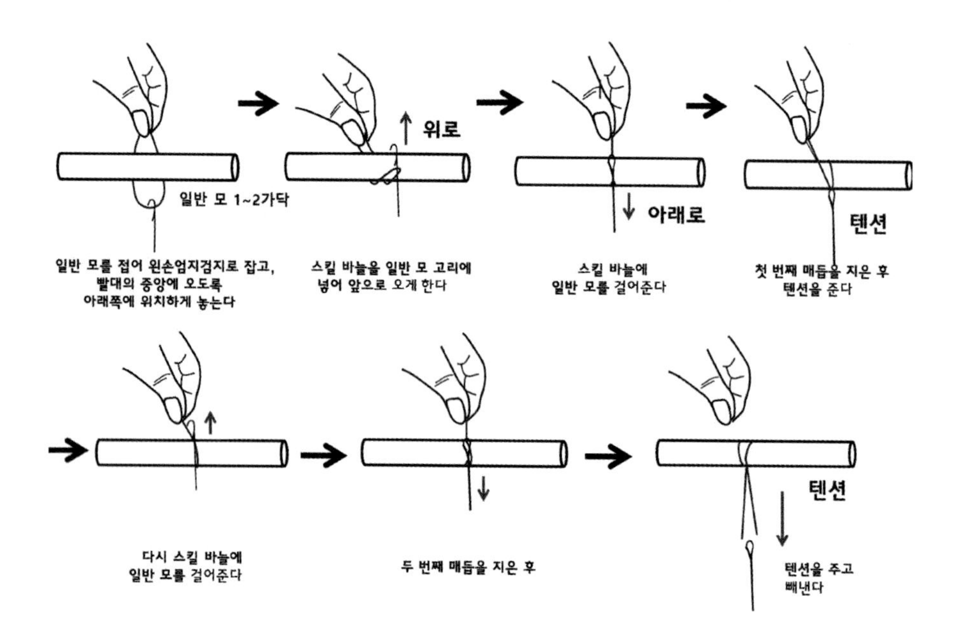

▣ 무매듭 나노 증모술의 증모 순서

① 왼손 검지에 감은 매듭을 잡고 고객 모발을 왼손 약지손가락 위로 올려놓고 중지로 고정한다.

② 일반 모 링크 고리 안으로 스킬 바늘을 넣고 고객 모발을 스킬을 건 다음 바늘을 앞으로 밀어 잡고 있는 고객 모발을 다시 걸어서 빼낸다.

③ 고리를 두피 가까이 가지고 가고 매듭 점을 오른손 검지로 누르고 일반 모를 당겨 힘을 주어 마무리하고 고객 모 양쪽으로 나눠서 텐션 마무리한다.

▣ 매듭 나노 증모술의 증모 순서

① 빨대에 있는 모발을 빼서 P자 모양이 되도록 매듭을 왼손 검지와 엄지로 잡는다.

② 고객 모발을 왼손 약지손가락 위로 올려놓고 중지로 고정한다.

③ 일반 모 링크(고리) 안으로 스킬 바늘을 넣고 고객 모발을 스킬을 걸어 바늘을 앞으로 밀어 잡고 있는 고객 모발을 다시 건 후 빼낸다.

④ 고리를 두피 가까이 가지고 가고 매듭 점을 오른손 검지로 누르고 일반 모를 당겨 힘을 주어 마무리하고 일반 모 양쪽으로 나눠서 텐션 마무리한다.

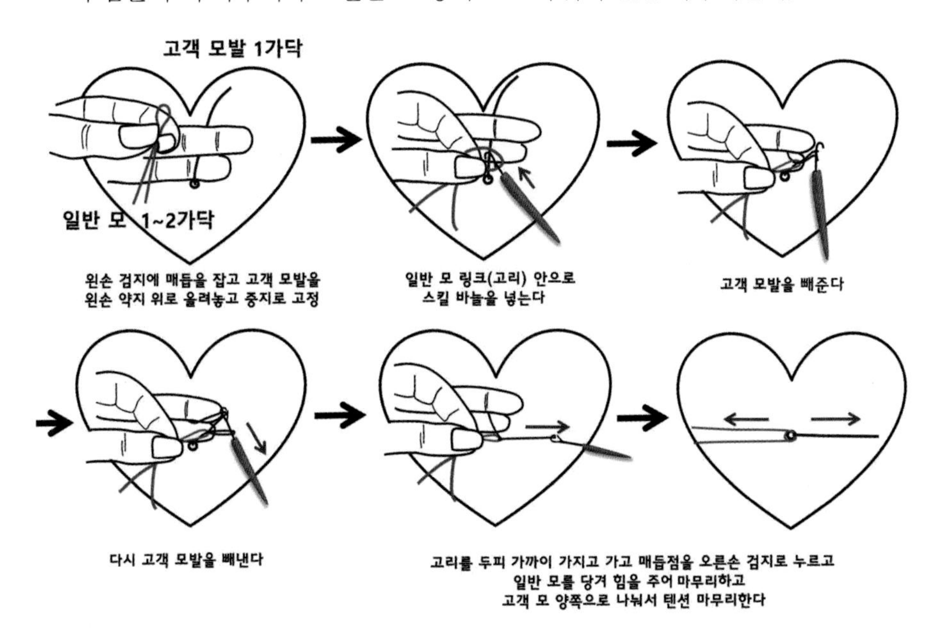

■ 원터치 증모술

원터치 증모술 역시 증모 전 미리 매듭 고리를 만들어준다.

▣ 원터치 증모술 매듭 고리 만들기

① 일반 모를 접어 왼손 엄지 검지로 모발이 벌어지게 잡는다.

② 오른손 검지가 앞으로 보이게 하여 일반 모 고리를 오른손으로 잡아 왼쪽으로

틀어 돌려서 왼손 중지로 검지에 잡는다.

③ ♡자 모양이 된 일반 모에 임의의 번호를 매긴다.

④ 스킬 바늘 꼬리를 사용하여 1, 2 뒤에서 앞으로 넣고 다시 2, 3 사이로 앞으로 넣어 4번을 같이 감아 2, 3번 뒤에서 앞으로 들어가 매듭을 만든다.

⑤ 스킬 바늘에서 일반 모가 갈라져 있는데 매듭 쪽으로 돌려 정리한다.

▣ 원터치 증모술 매듭 고리 만들기

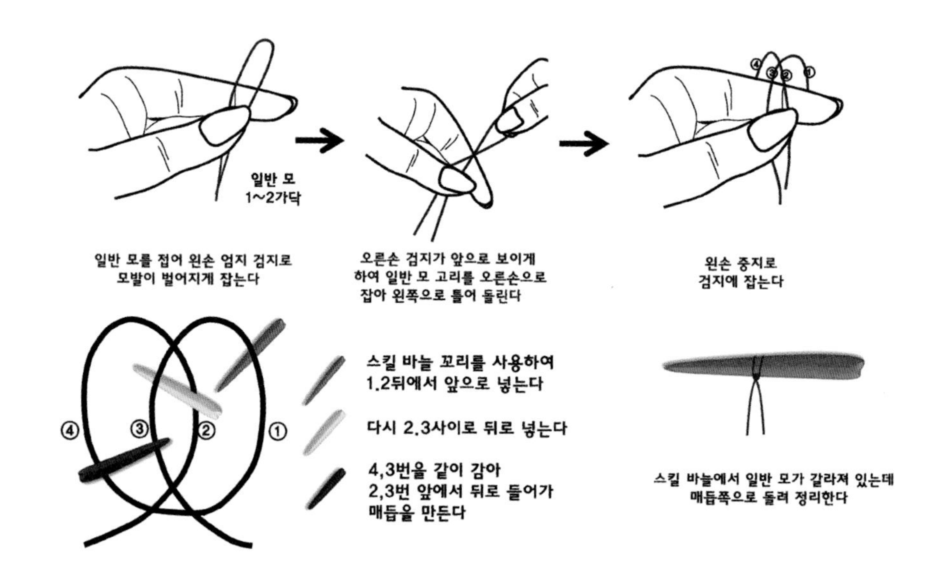

▣ 원터치 증모술의 증모 순서

① 고객 모발을 왼손 중지로 잡고 원터치 링크(홀) 안으로 스킬 바늘 넣어 고객 모를 빼낸다.

② 빼낸 모발을 오른손 중지로 잡고 일반 모는 왼손 엄지, 검지 / 오른손 엄지, 검지로 따로 잡는다.

③ 세 곳의 텐션을 준 다음, 고객 모는 중앙에 놓고 힘을 뺀 다음 일반 모만 텐션을 준다.

④ 두피에서 0.3cm~0.5cm 위치에서 텐션을 주어 0.2cm에서 완성한다.

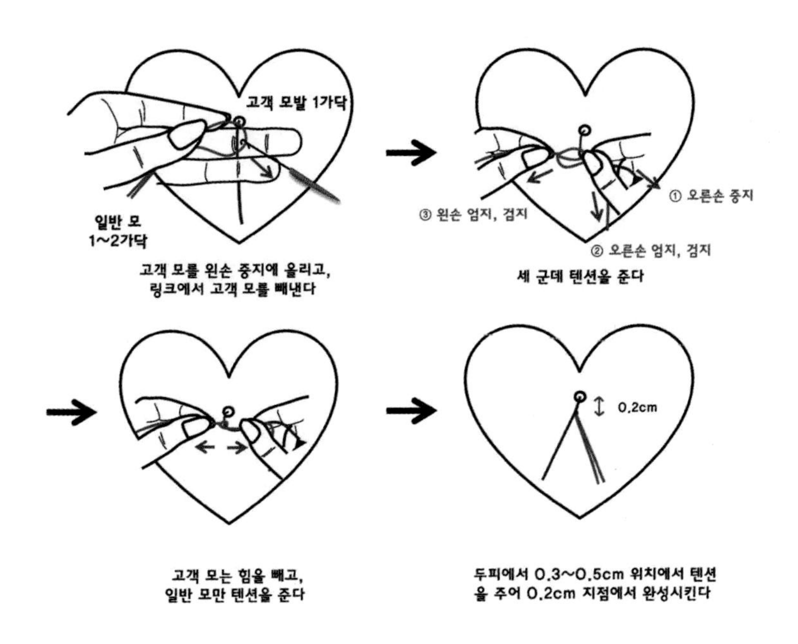

■ 재사용 증모술

재사용 증모술도 증모 전 미리 매듭 고리를 만들어준다. 재사용 증모술은 손가락 또는 빨대를 사용해 매듭 고리를 만들 수 있는데 각 매듭 만드는 방법은 다음과 같다.

▣ 손가락으로 매듭 고리 만들기

① 일반 모를 접어 왼손 검지에 한 바퀴 돌려 감겨 있는 일반 모 뒤쪽으로 크로스시켜 왼손 엄지로 잡는다.

② 왼손 검지에 감겨 있는 일반 모로 스킬 바늘을 넣어 고리 져 있는 일반 모를 스킬 바늘에 걸어 빼내어 다시 남아 있는 일반 모를 스킬 바늘에 걸어 나와 매듭을 만든다.

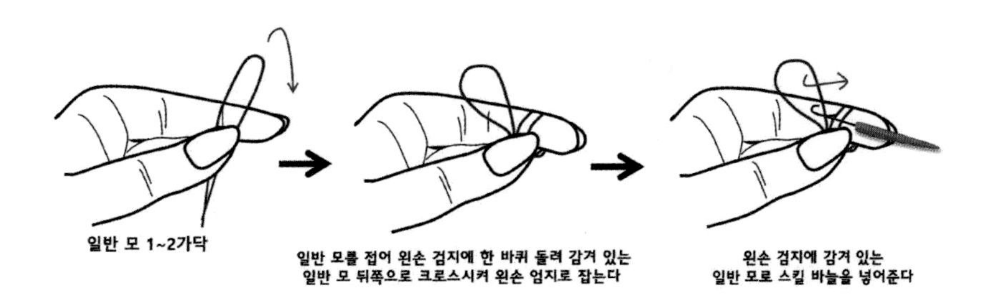

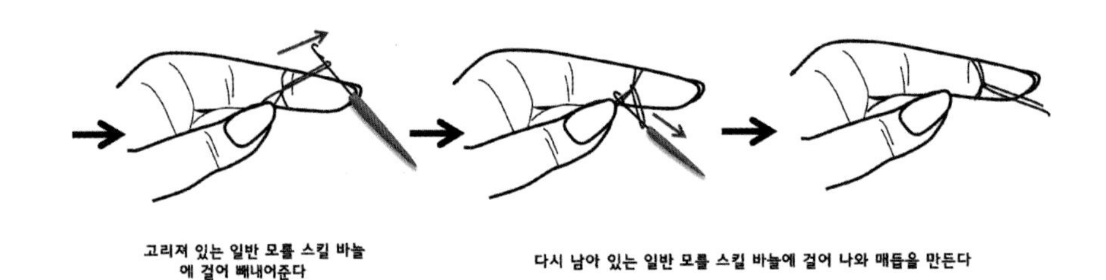

▣ 빨대로 매듭 고리 만들기

① 일반 모를 접어 빨대에 감아 크로스시킨다.

② 크로스 밑으로 들어가 고리를 잡아 한 번 묶어주고 다시 남아 있는 모발을 가지고 나와 텐션을 준다.

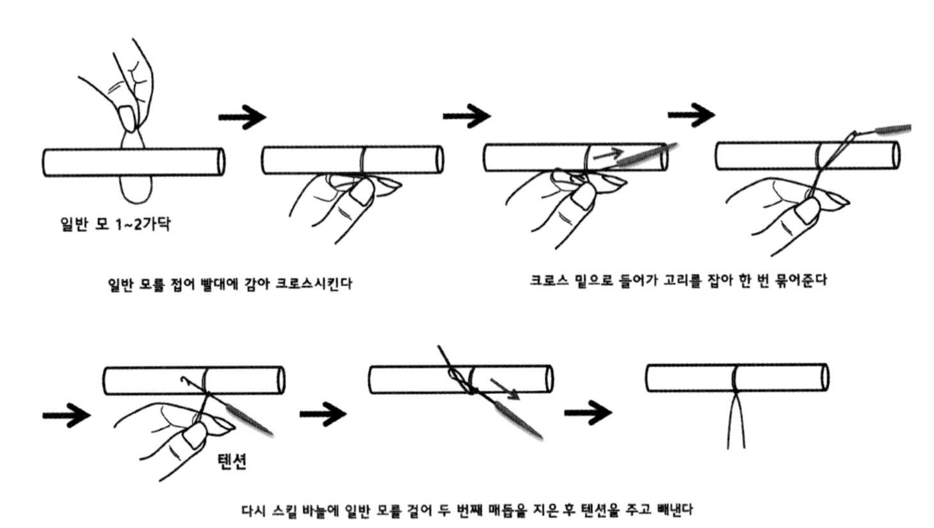

▣ 재사용 증모술의 증모 순서

① 고객 모발을 왼손 중지손가락 위로 올려놓고 약지로 고정한다.

② 일반 모 링크(고리) 안으로 스킬 바늘을 넣고 고객 모발을 빼내고 매듭짓는다.

③ 매듭을 두피 쪽으로 밀어 넣고 고객 모발을 검지 위에 올려놓는다.

④ 스킬 바늘을 바닥을 향하게 하여 고객 모발을 걸고 시계 반대 방향으로 1/2바퀴 돌려 스킬 바늘이 다시 하늘을 보게 한 후 스킬을 밀어낸다.

⑤ 스킬 바늘을 내 배 쪽을 향하게 한 다음 고객의 모발을 밑에서 위로 고리에 걸고 스킬 바늘 뚜껑을 닫는다.

⑥ 그대로 밑으로 내려서 당겨주고 텐션을 준 상태에서 밀어낸다.

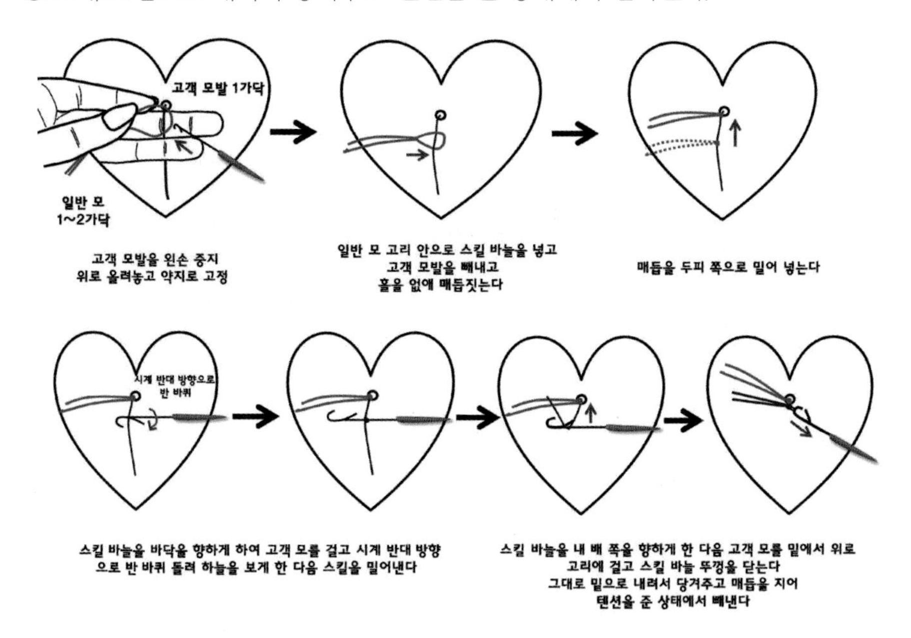

▣ 재사용 리터치 방법

① 기존에 있던 재사용 일반 모를 두피 쪽으로 밀어 넣는다.

② 왼손 검지에 고객 모를 한 번 감아 스킬 바늘로 빼내어 링크를 만들어준다.

③ 스킬 바늘 뒤끝을 링크에 넣어 매듭 가까이 가서 텐션을 주고 빼내서 마무리한다.

■ 마이크로 증모술

마이크로 증모술의 증모순서는 다음과 같다.

① 스킬 바늘에 한 바퀴 돌려 밑에서 위로 모발을 한꺼번에 잡고 스킬 바늘 고리에 걸고, 뚜껑을 닫고 그대로 검지로 밀어 고리를 만든다.

② 오른손 새끼손가락으로 고객 모를 잡아서 왼손 검지 첫째 마디에 놓고 엄지로 누른다.

③ 스핀 3와 달리 일반 모와 고객 모를 같이 잡는다.

④ 모발을 스킬 바늘에 걸고 스킬 바늘을 두피에 밀착시켜서 세우고, 0.2cm 뺀다.

⑤ 시계 방향으로 두 바퀴를 돌린 후에 왼손 검지로 중심부를 누르고 스킬 바늘을

좌측 위로 향하게 앞으로 밀어준다.

⑥ 고객 모발과 일반 모발을 같이 잡고 스킬 바늘에 걸어 우측으로 빼낸다.

⑦ 모발을 반으로 나눠서 마무리 텐션을 준다.

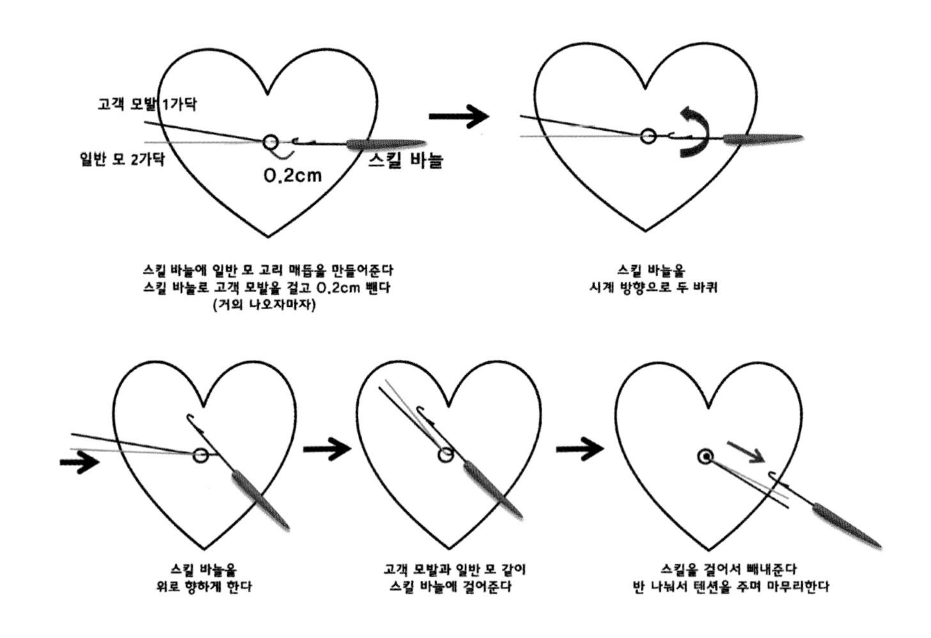

Ⅲ. 한 올 증모술 관리법

■ 샴푸 시 주의할 점

- 마른 머리 증모 부위에 트리트먼트나 린스를 발라서 풀어준 후 샴푸는 약산성 샴푸를 사용한다.
- 샴푸는 손바닥의 양손에 골고루 묻히고 손가락 지문을 사용하여 두피 뿌리 쪽을 마사지하듯 하고 헤어는 절대 비비듯이 하면 안 되고, 손가락으로 위에서 아래로 빗질하듯이 해준다.(약간의 린스나 트리트먼트를 사용해주는 것이 좋다)
- 헹굼 또한 위에서 아래로 미지근한 물을 사용한다.
- 마지막 트리트먼트나 린스로 마무리한다.
- 많이 엉키거나 모발 손상이 발생하면, 손상된 증모 부위에 트리트먼트를 바르거나 유연제를 뿌려 풀어준 후 샴푸한다.
- 샴푸 후 모발을 드라이기로 건조할 때는 찬 바람을 사용한다.

■ 모발이 엉킨 경우

컨디셔너(린스) 또는 헤어 오일을 도포한 후 한 손으로 매듭 점 뿌리를 잡고 다른 한 손으로 엉킨 모발 끝부분부터 살살 꼬리빗 뒷부분으로 하나씩 조심스럽게 풀어준다. 바로 빗질을 하면 모발 큐티클이 상처가 날 수도 있으므로 주의한다.
엉킴이 심할 때는 증모 부위에 가발 유연제를 뿌려 모발 끝부분부터 살살 풀어준다.

■ 그 외 주의사항

- 가모의 큐티클은 역방향이므로, 비비면 엉킬 가능성이 높다. 따라서 타올로 말릴 때 절대로 비비지 않는다.
- 빗질하거나 롤 브러시로 드라이할 때 뿌리 부분은 조심하고, 가능한 롤 브러시보다는 헤어 롤을 이용하는 것이 좋다.
- 펌제, 컬러제 사용 시 약품으로 모발 손상이 발생할 수 있으므로 특히 주의한다.
- 증모한 모발의 머릿결 보호를 위해 단백질 제품(가발 유연제, 오일에센스 등) 사용을 권장한다.

- 증모 전 제품에 무색 코팅을 발라 하루 재우고 시술하면 덜 부스스하다. 이때 매듭 부분에 약제가 닿지 않도록 주의한다.
- 증모 매듭이 잘 풀리는 경우 매듭 부분을 연화한 후 사용하면 좋다.
- 일반 롤 브러시는 증모가 뜯길 가능성이 있으므로, 열전도율이 있는 가시 롤 브러시로 드라이하는 것이 좋다.

Ⅳ. 한 올 증모술 고객 유치 및 관리

고객이 헤어증모술 문의하는 경우, 대부분은 한 올 증모술에 대한 궁금증이 많다. 가장 많이 질문하는 것은 비용이고, 다음은 증모술 부작용, 즉 증모 후 모발 탈락(견인성 탈모)에 관한 내용이다. 따라서 평소 한 올 증모술 부문에 나오는 한 올 증모술의 종류와 각각의 특성, 차이점 등을 정확히 이해하고, 고객과 충분한 상담을 통해 탈모 부위와 모질, 두피 상태, 탈모 진행 여부 등을 파악한 후 적절한 방법으로 증모를 해야 한다.

▶ 상담할 때는 고객의 탈모 부위를 사진으로 찍어 탈모 상태를 확인시킨다.

▶ 증모할 양과 증모 방법, 소요 시간 등을 정확히 안내한다.

이때 고객은 모발과 증모술에 대한 지식이 없음을 참작하여 고객의 눈높이에 맞춰 설명해야 한다. 먼저 증모할 모량을 설명할 때는 미리 증모할 모발을 보여주어야 어느 정도 증모를 할지 고객이 파악할 수 있다. 한 올 증모술 증모 후 고객은 기대했던 것만큼 풍성하지 않은 결과에 실망하는 경우가 많으므로 증모할 모량을 보여주면서 증모 후 어떻게 변하게 될지 반드시 설명해야 한다. 만약 이전 증모 고객의 사진 자료가 있으면 참고해도 좋다.

그리고 증모 방법을 설명할 때는 미리 백모 마네킹에 한 올 증모술을 종류별로 몇 개씩 시연해 준비해놓고, 고객의 모발과 모질, 증모할 부위가 노출되는 부분인지, 아닌지 등에 따라 어떤 매듭 방법으로 증모할지 충분히 설명해야 한다. 고객이 100% 이해하진 못하더라도, 전문용어를 사용해 상담하는 시술자를 믿고 심리적으로 안정된 상태에서 증모를 받게 하는 것이 중요하다.

▶ 헤어증모술을 할 때는 한 번에 많은 양을 증모하기 보다는 고객이 적응할 수 있도록 몇 차례 나눠서 조금씩 증모하는 모량을 늘린다.

▶ 증모한 후에는 증모한 부위를 사진으로 찍은 후 고객에게 증모 전후 사진을 비교해 총 얼마만큼 증모했고, 앞으로 어떻게 진행할지(추가 증모, 리터치 등) 안내한다.

▶ 증모가 끝난 후에는 관리 방법과 자연 탈락에 대해서도 충분히 설명하고, 불편

하거나 문의 사항이 있으면 언제든지 방문할 수 있도록 안내해 책임감 있는 태도를 보여준다.

▶ 고객이 귀가한 다음 문자로 관리 방법을 한 번 더 안내하고, 고객의 적응 여부를 세심하게 체크한다. 또한 재방문 시기가 되면 미리 문자를 보내 예약 일정을 안내한다.

※ 고객의 히스토리를 기억할 수 있도록 상담 시 '고객상담 차트'를 반드시 기록하고 관리한다.

고객 정보 관리 시술 후 지속적인 관리							
시술 날짜	이름	연락처	시술 내용 (블록, 증모량, 가격)	재시술 날짜	전화 상담	크레딧 순번	기타

누드증모술 부문

집필위원

김주혜 최광옥

누드증모술은 '아무것도 입지 않은 알몸'을 뜻하는 누드(Nude)에서 착안해 신체의 머리카락 또는 털이 있어야 하는 부위에 모발 또는 체모가 전혀 없는 경우, 필요한 모량을 완벽하게 복원시켜 콤플렉스 부분을 커버하는 증모술을 의미한다.

누드증모술을 하기 위해서는 탈모에 대한 이해가 필요하다.
본격적인 누드증모술을 공부하기 전에 다양한 탈모의 종류와 해결 방법에 대해 먼저 알아본다.

Ⅰ. 탈모의 종류와 해결

1. 성별에 따른 탈모 유형

탈모는 남녀 모두에게 발생할 수 있는 병으로, 주로 호르몬 이상으로 발병하게 된다. 예를 들어 여성에게 남성 호르몬의 비율이 높아지거나 남성 호르몬으로의 변환이 증가하거나 혹은 이를 받아들이는 수용체의 민감도가 증가하여도 탈모가 발생할 수 있다.

남성형 탈모는 이마가 M자로 벗겨지거나 전체가 벗겨지는 대머리가 많지만, 여성형 탈모는 앞이마가 벗겨지거나 대머리가 되는 예는 없다. 대신 머리의 앞쪽 헤어라인은 유지된 채 정수리 부분의 속머리가 빠지게 된다. 옆머리 부위에서 여성형 탈모가 일어나기도 하지만 뒤통수 모발은 대개 굵고 건강한 상태 그대로 유지하는 경우가 많다. 유전적인 여성형 탈모는 흔히 25~30세부터 나타나기 시작하여 모발이 가늘고 짧아지면서 가르마 부위가 옮어지는 양상을 보인다.

2. M자 탈모

M자 탈모는 두상의 헤어라인 부분에 발생하는 탈모로 이마 쪽 헤어라인을 시작으로 정수리 쪽으로 점점 탈모 부위가 넓어진다. 이마 끝 쪽에 열이 많이 발생하는 부위에는 남성 호르몬 DHT로 변환되는 효소인 5 알파 리덕타아제가 활성화되어 탈모를 유발할 수 있다. 특히 헤어라인의 모낭은 피부와 가까워서 탈모가 진행되면 모낭이 피부화가 되는데 얼굴과 두피가 같게 되는 것을 뜻한다.

남성은 모발이 빠르게 뒤로 밀리면서 탈모가 일어나기 때문에 'M자 탈모'라고 하는데, 여성의 경우 탈모가 앞머리와 헤어 라인에 전체적으로 일어나기 때문에 M자 모양이 생기는 것이 뚜렷하지 않아 '헤어라인 탈모'라고도 한다. M자 탈모는 특히 탈모의 유전력과 스트레스 등에 노출되어 두피의 혈액순환이 원활하지 않고 헤어라인 주변 두피에 각질이 많고 가려운 사람들이 진행 속도가 더 빠른 경우가 많다.

M자 탈모를 커버할 때는 탈모 커버 부위 외에 주변 머리카락도 잘 살펴봐야 하는데, 탈모 범위의 주변 머리카락이 비교적 모낭이 건강하고 모근의 힘이 좋은 모발

이 많으면 누드증모로 커버할 수 있고, M자 탈모 발생 주위가 이미 탈모가 진행되어 연모와 잔머리로 이루어져 있는 경우는 누드증모술의 머리카락과 고객 모발이 따로 놀 수 있어서 블록증모술이나 맞춤 피스를 연결하는 것이 효과적이다.

3. 원형 탈모

원형 탈모는 원인은 분명하지 않지만, 털에 대한 면역 거부 반응으로 인하여 털이 빠지는 일종의 자가면역질환이다. 일반적으로 원형 모양으로 모발이 빠지는 것이 특징인데 다양한 크기의 원형 또는 타원형 탈모반이 발생하고, 심한 경우 전체적으로 빠지기도 하고 두피뿐만 아니라 속눈썹, 눈썹, 체모 등 전신의 털이 빠질 수도 있다.

원형 탈모의 대표적인 발병 원인은 다음과 같다.

1) 자가면역

자가면역질환으로 면역계가 자기 모발의 일부를 이물질로 인식하여 공격하는 비정상적인 면역반응으로 인해 모발이 빠지는 현상을 말한다.

2) 유전적 소인

원형 탈모는 여러 가지 복합적인 원인에 의해 발생하는데 환자의 10%~42%는 가족력이라고 알려져 있다. 특히 소아 원형 탈모의 경우는 더욱 가족력인 이유가 높다고 한다.

3) 환경적인 요인

원형 탈모의 20%~30%는 정신적 스트레스성 탈모이며, 바이러스 감염 등 환경적인 원인이 되기도 한다.

4) 동반 질환

원형 탈모가 발생하면 갑상샘염, 당뇨, 전신홍 반루푸스, 백반증 같은 다른 자가면역질환이 동반될 수 있고, 특히 두피의 신진대사를 떨어뜨리는 갑상샘기능저하증이나 남성 호르몬 분비를 촉진해 생기는 다낭성난소증후군은 여성의 원형 탈모를 일으키는 원인이 될 수 있다.

4. 해결 방법

1) 모발 이식

뒤통수나 앞머리의 건강한 모발을 모낭 단위로 채취해 탈모 부위에 머리털을 옮겨 심는 시술

2) 약물 요법(비수술적 방법)

남성형, 여성형 탈모 치료제는 경피용 미녹시딜제와 경구용 피나스테라이드가 있다. 이들 약은 진행된 탈모에는 큰 효과가 없으며, 약 사용을 중단하면 탈모가 다시 진행하는 단점이 있다.
원형 탈모증은 국소 또는 전신 스트로이드제, 면역요법을 사용한다. 탈모 증상이 약할수록 약물의 효과가 좋으며, 가능하면 빨리 시작하는 것이 좋다.

3) 증모술(헤어증모술, 가발, 피스 등)

탈모 부위와 진행 정도에 따라 적절한 방법을 선택할 수 있고 즉각적인 효과가 있다.

4) 두피 문신

탈모 부위에 모발과 비슷한 색깔로 문신하는 것으로 시간이 지나면 색이 빠질 수 있다.

5) 두피 스케일링

두피에 있는 각질이나 비듬, 불순물 등 이물질을 제거하여 모공 주위를 깨끗하게 함으로써 탈모 진행을 억제하고 두피를 건강하게 관리할 수 있다. 일반적으로 주 1

회 두피 스케일링을 받는 것이 좋다.

6) 탈모 샴푸, 토닉

홈케어용(탈모 고민이라면 두피 탈모 전용 전문 브랜드 추천)

7) 집중 프로그램

유전적 또는 환경적 요인과 스트레스 등으로 인한 탈모일 때, 탈모 전문센터의 집중 관리 프로그램을 통해 모발이 새로 나거나 건강한 두피와 모발로 관리할 수 있다.

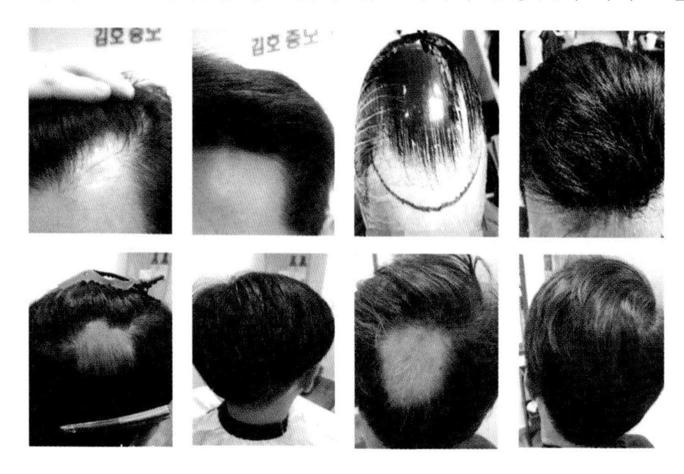

Ⅱ. 누드증모술의 이해

탈모가 진행 중인 경우에는 모근이 약하고 모발이 탈락될 수 있기 때문에 헤어증모술(고객의 모발에 일반 모발을 엮어서 숱을 보강하는 기법)은 한계가 있다. 또한 탈모가 발생한 지 오래되었거나 흉터 등으로 두피가 피부화되어 모낭이 없는 경우에도 머리카락이 자라지 않아서 헤어증모술을 할 수 없다. 이럴 때 탈모 부위를 완벽하게 커버하는 방법이 바로 누드증모술이다. 누드증모술은 피부와 유사한 얇은 인조 스킨을 활용해서 탈모 부위에 본을 뜬 다음 누드증모술 재료를 적절한 크기로 잘라 맞춤 커버할 수 있다.

M자 탈모, 원형 탈모, 이마축소, 두피 흉터, 항암 탈모 등 두상뿐만 아니라 눈썹, 구레나룻, 턱수염, 겨드랑이, 무모증 등 신체 전반에 걸쳐 털이 필요한 부위에 모량을 완벽하게 복원시키기 때문에 다양하게 활용할 수 있다.

누드증모술의 고객은 헤어 스타일에 가장 민감한 연령대인 20대~30대가 주를 이루고 있으며, 숱 보강할 모량이 많아야 하므로 원포인트 증모술로 해결하기 힘든 심각한 M 탈모 등을 완벽하게 커버할 수 있다.

1. 누드증모술 장단점

- 장점 - 접착식은 마치 내 두피처럼 느껴지며 밀착도가 100%여서 자연스러움을 연출할 수 있으며 2주 동안 고정식이라는 것이 장점이다.
- 단점 - 부착 시 글루나 테이프를 사용하기 때문에 피부 알레르기가 발생할 수 있고, 피부를 덮어서 커버하므로 약간 답답한 느낌이 있다. 또한 완벽하게 밀착해야 하기 때문에 고객이 직접 착용하기 어려울 수 있다.

2. 누드증모술 재료

누드증모술에 사용하는 재료는 나노스킨(5×5, 5×18)과 수염망(5×5)이 있다.

1) 나노스킨

나노스킨은 스킨에 모발을 싱글 낫팅기법으로 심어 놓은 제품으로 두피에서 모발이 올라오는 것처럼 보이고, 우레탄 PU 스킨의 두께는 0.03mm, 0.06mm로 얇고 섬세하여 티가 나지 않는 장점이 있다.

다만 스킨의 두께가 매우 얇아서 땀과 피지, 열이 많은 고객이 사용하면 스킨이 빨리 삭을 수 있으며, 강한 글루를 사용해 자주 탈부착하면 수명이 짧아진다.

2) 올스킨

올스킨은 샤스킨에 모발을 심어 놓은 제품이다. 나노스킨보다는 조금 두꺼운 단점이 있지만 내구성이 좋아서 가격이 부담스럽든지 땀과 열이 많은 분에게도 좋다. 또한 수명이 나노스킨보다 길다.

3) 수염망

수염망은 P30 망에 싱글 낫팅기법으로 모발을 심은 제품으로 두피가 시원하고 답답하지 않은 장점이 있다. 고객 모발과 가모는 링을 사용해 고정해준다.

누드증모술 제품은 사이즈에 따라 5가지로 분류한다.

① 나노스킨 小 (5cm×5cm)

② 나노스킨 大 (5cm×15cm/5cm×18cm)

③ 스위스 수염망(5cm×15cm)

④ 나노스킨 음모 패드(여성 무모증용) 大, 中, 小

⑤ 누드 증모 (맞춤: 나노스킨 & 망) 원형 탈모, 흉터 커버, 항암 탈모, 눈썹, 구레나룻, 콧수염, 턱수염 등

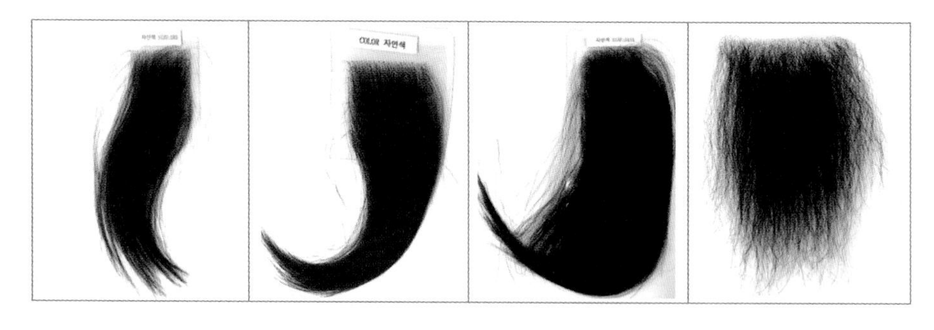

3. 누드증모술 부재료

1) 워커 양면테이프(핑크, 3일~5일용)

두피에 자극 없는 라운드형 모양으로 제작된 테이프

2) 노테이프 글루(접착제~3주용)

장기간 고정 시 사용하는 가발 접착제(샌드위치식 고정할 때)

피부에 해가 없는 실리콘 성분으로 접착력이 강하고 물에도 강하여 일주일 이상 접착력을 유지할 수 있다. 가발 테이프를 가발 안쪽에 부착하고 노테이프 글루를 테이프면 위에 얇게 발라 고정한다.

3) 스켈프 프로텍터

접착력 강화제 겸 피부 보호제

고객의 피부가 예민하거나 지속 시간을 며칠 더 늘리고 싶을 때 좋은 제품으로 접착제나 테이프로부터의 피부 자극, 염증 등을 예방하는 보호벽을 형성해준다. 또한 접착제의 접착력과 지속력을 개선해주기 때문에 운동경기를 하거나 지성피부인 고객들에게 추천한다.

4) 글루 리무버

글루나 테이프를 떼어낼 때 사용하고, 제품에 남은 찌꺼기를 제거할 때도 사용한다.

5) 스킬 바늘

고객 모와 누드증모술 모발을 엮어 매듭을 만들 때 사용한다.

6) 익스텐션 링

모발을 링 안으로 넣어 펜치로 눌러 고정할 때 사용한다.

7) 펜치

익스텐션 링을 눌러 고정하는 도구이다.

8) 수염망

낫팅(모발 심기)할 때 사용하는 망이다.

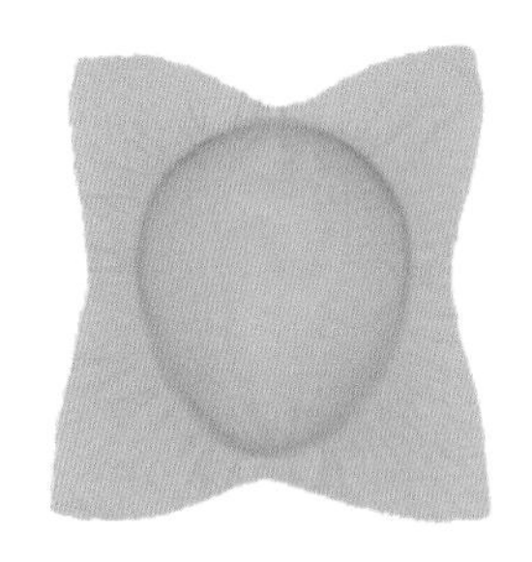

9) 낫팅 바늘

낫팅(모발심기)에 쓰는 도구이다.

10) 산 처 리 모

누드증모술을 제작할 때 사용하는 모발이다.

4. 누드증모술 디자인

누드증모술은 각 커버 부위에 따라 다양한 패턴을 디자인할 수 있다. 누드증모술 패턴 도해도는 다음과 같다.

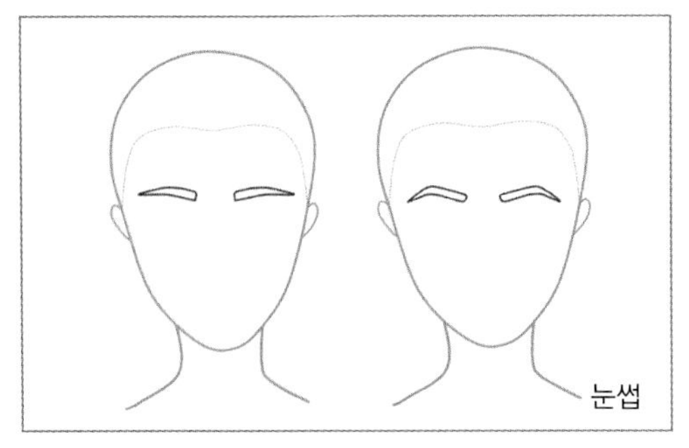

눈썹

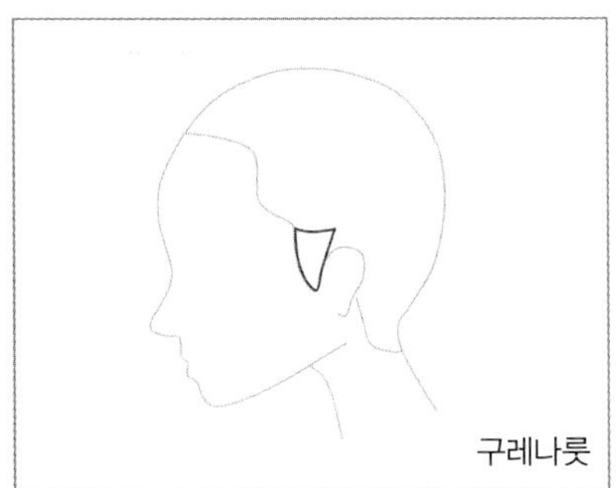

구레나룻

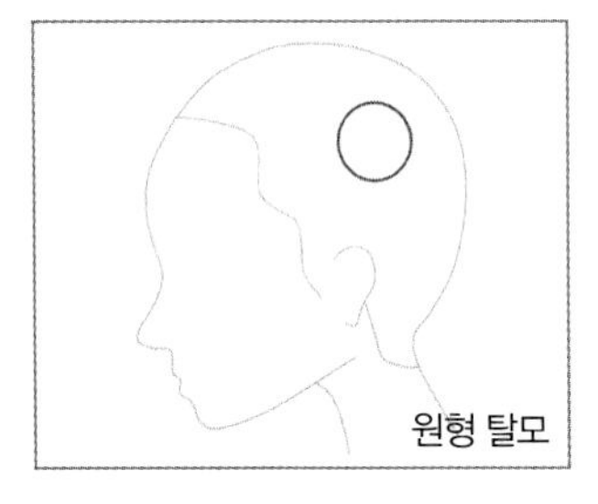

원형 탈모

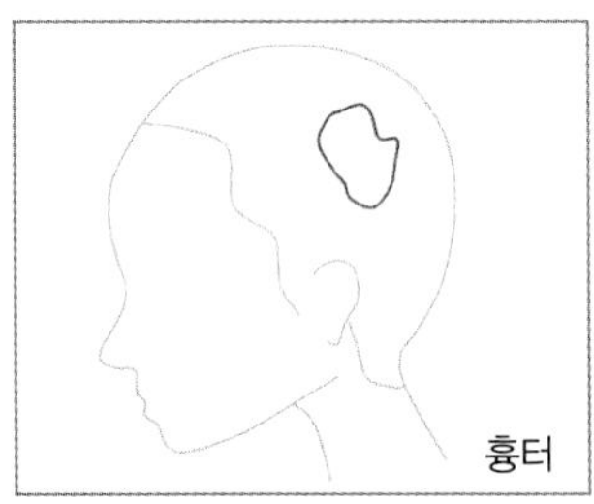

흉터

1) M자 탈모 – 테이프식, 접착식(M자 탈모 부위)

M자 탈모는 이마라인을 시작으로 점점 깊어지는 탈모 형태로 노출이 되는 민감한 부위이기 때문에 마치 내 두피에서 모발이 있는 듯한 느낌을 주기 위해 두피에 밀착시키는 방법인 접착식이 가장 이상적이다.

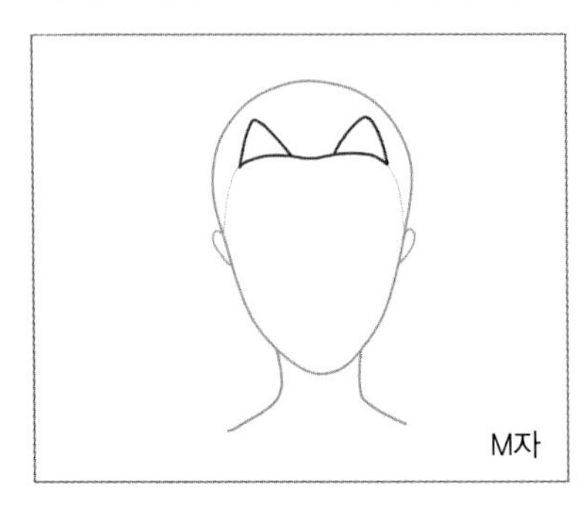

M자

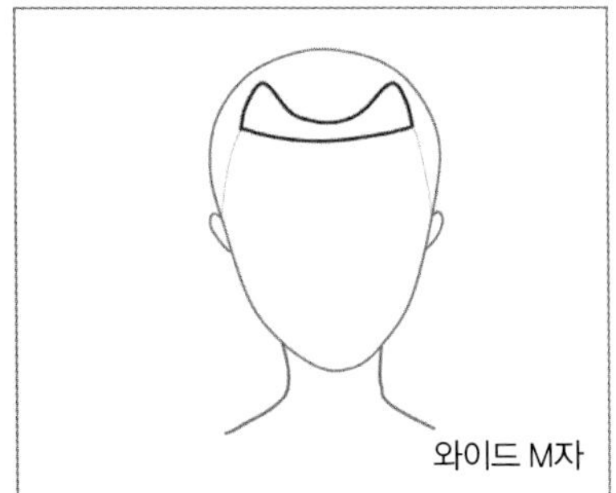

와이드 M자

(1) M자 탈모 패턴 뜨기

① M자 탈모 부위를 위해 눈썹 면도기로 밀어서 모양을 만들어준 후 모발에 물이

나 젤을 바르고 벨크로를 이용해 모발을 깨끗하게 붙여 준비한다.

② 비닐랩을 이용해 이마 M 부위에 랩이 밀착되도록 뒤통수에 묶는다. 이때 비닐랩이 울지 않게 깔끔하게 펴서 래핑하는 것이 중요하다.

③ 수성 펜으로 랩 위에 M자 부위를 그려서 디자인한다.

– 남자일 경우: 남성스러움을 표현하기 위해 약간 스퀘어 느낌으로 그려준다.

– 여자일 경우: 여성스러움을 표현하기 위해 둥근 곡선 느낌으로 그려준다.

④ 좌우를 표시하고 수성펜이 번지지 않게 위에 테이프를 한 번 더 붙인다.

⑤ 디자인한 패턴을 떼어낸 후 민두 마네킹에 디자인한 패턴을 올려 고정한다.

⑥ 디자인 위에 양면테이프를 붙이고 누드증모패드를 준비한다.

⑦ 누드증모패드에 물을 분무하여 머리카락 낫팅한 모류 방향을 파악하고, 디자인한 랩 위에 얹어서 디자인 모양대로 컷팅한다. 패드를 자를 때는 초크 가위나 도루코 날을 이용하여 깔끔하게 잘라준다.

(2) M자 탈모 시술 방법

① 거즈에 스켈프 프로텍터를 뿌려 고객 M자 부위를 닦는다. 스켈프 프로텍터는 고객 피부 유분기를 없애주면서 동시에 접착력을 강화하는 역할을 한다.

② 컷팅해 준비한 누드증모패드 바닥 쪽에 양면 테이프를 붙이고, 바늘을 이용해 노테이프 글루를 골고루 얇게 펴 바른다. 이때 최대한 얇게 발라야 접착력을 높일 수 있다.

③ 냉풍 드라이로 3분~5분 정도 건조해준다. 손으로 글루 부분을 만졌을 때 달라붙지 않는 정도가 되면 M자 부위에 부착한다.

④ 누드증모를 부착할 때는 길고 단단한 바늘로 누드증모 중간을 눌러 고정한 후 안쪽에서 바깥쪽으로 밀어내듯 붙여서 패드 안에 공기가 최대한 없도록 해줘야 유지력이 오래간다.

⑤ 어느 정도 시간이 지난 후 접착이 잘되었는지 확인하고 빗질하여 스타일링한다.

2) 깊은 M자 탈모 (이마축소술)

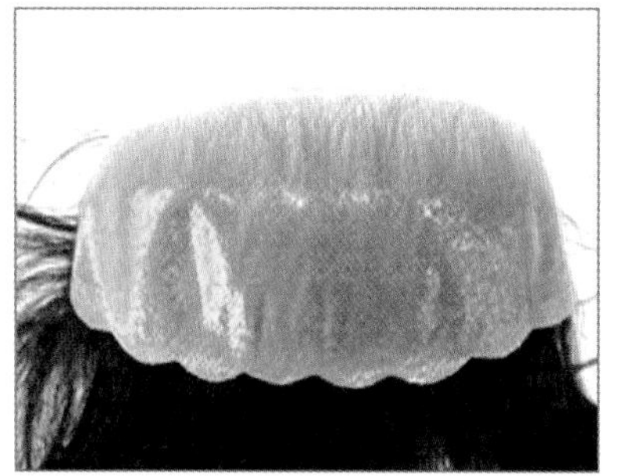
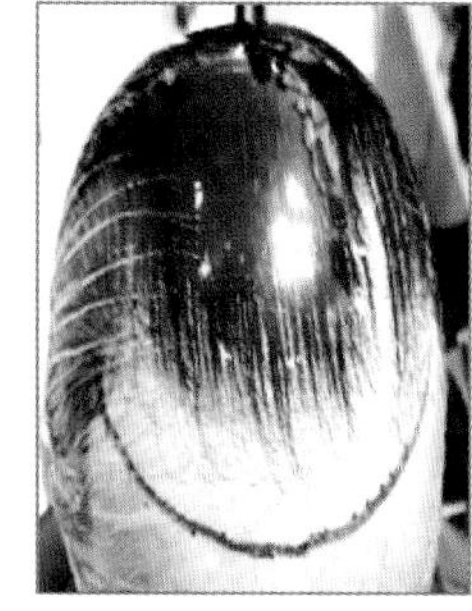
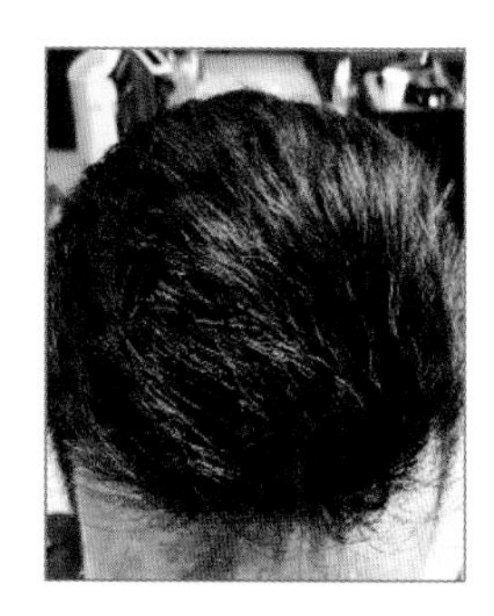

M자 탈모가 많이 진행되어 M자가 넓어진 경우에도 M자 탈모와 마찬가지로 노출이 되는 민감한 부위이기 때문에 마치 내 두피에 모발이 있는 듯한 느낌을 주기 위해 두피에 밀착시키는 방법인 테이프식 또는 접착식을 하는 것이 가장 이상적이다.

(1) 깊은 M자 탈모 패턴 제작

① M자 탈모 부위를 위해 눈썹 면도기로 밀어서 모양을 만들어준 후 모발에 물이나 젤을 바르고 벨크로를 이용해 모발을 깨끗하게 붙여 준비한다.

② 비닐랩을 이용해 이마 M자 부위에 랩이 밀착되도록 뒤통수에 묶는다. 이때 비닐랩이 울지 않게 깔끔하게 펴서 래핑 하는 것이 중요하다.

③ 수성 펜으로 랩 위에 M자 부위를 그려서 패턴을 디자인한다.

- 남자일 경우: 남성스러움을 표현하기 위해 약간 스퀘어 느낌으로 디자인
- 여자일 경우: 여성스러움을 표현하기 위해 둥근 곡선 느낌으로 디자인

④ 좌우를 표시하고 수성펜이 번지지 않게 위에 테이프를 한 번 더 붙인다.

⑤ 디자인한 패턴을 떼어낸 후 민두 마네킹에 디자인한 패턴을 올려 고정한다.

⑥ 디자인 위에 양면테이프를 붙이고 누드증모패드를 준비한다.

⑦ 누드증모패드에 물을 분무하여 머리카락 낫팅한 모류 방향을 파악하고, 디자인한 랩 위에 얹어서 디자인 모양대로 자른다. 패드를 자를 때는 초크 가위나 도루코 날을 이용하여 깔끔하게 잘라준다.

(2) 깊은 M자 탈모 누드증모 순서

① 거즈에 스켈프 프로텍터를 뿌려 고객 M자 부위를 닦는다. 스켈프 프로텍터는

고객 피부 유분기를 없애주면서 동시에 접착력을 강화하는 역할을 한다.

② 컷팅해 준비한 누드증모패드 바닥 쪽에 양면테이프를 깔고 노테이프 글루로 바늘을 이용해서 골고루 얇게 펴 바른다. 이때 최대한 얇게 발라야 접착력 높일 수 있다.

③ 3분~5분 정도 냉풍 드라이 건조해주는데 글루가 손으로 만졌을 때 달라붙지 않을 때 M자 부위에 부착한다.

④ 누드증모를 부착할 때는 길고 단단한 바늘로 누드증모 중간을 눌러 고정한 후 안쪽에서 바깥쪽으로 밀어내듯 붙여서 패드 안에 공기가 최대한 없도록 해줘야 유지력이 오래간다.

⑤ 어느 정도 시간이 지난 후 접착이 잘되었는지 확인하고 빗질하여 스타일링한다.

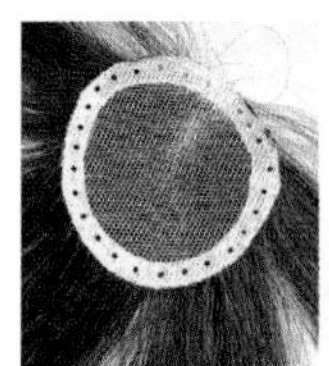  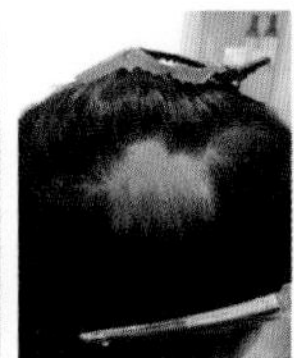 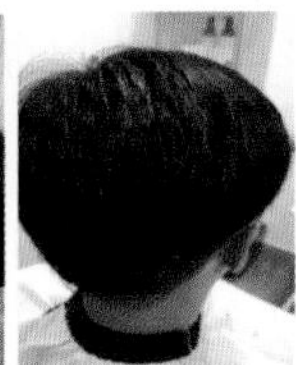 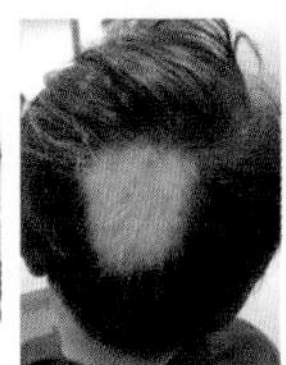 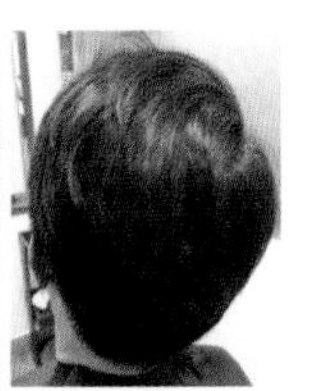

3) 원형 탈모

원형 탈모는 모발이 다시 자라날 확률이 높으므로 본드를 이용한 고정식은 적합하지 않다. 탈모를 완벽하게 커버하면서 남은 잔모와 두피를 건강하게 관리할 수 있는 두피 성장 탈모 케어에 목적을 둔 링이나 스킬을 이용한 고정법을 추천한다.

스킬이나 링으로 고정하기 위해서는 원형 탈모를 커버할 부위보다 0.5cm 정도 큰 사이즈로 본을 떠야 한다.

패턴을 뜨기 전에 먼저 사진을 찍어두는 것이 좋고, 증모 전 모발 방향성을 반드시 점검한다.

(1) 원형 탈모 패턴 제작

① 증모할 원형 탈모 부분에 랩을 이용해서 두상에 밀착시켜서 랩을 X자로 꼬아준 다음 고객에게 잡게 한다.

② 원형 탈모 부위를 수성펜으로 점 찍어두고, 얇게 테이핑 처리한다.

③ 탈모 부위를 그려주고 0.5cm 크게 한 번 더 유성펜으로 그려준 다음 모류 방향을 표시하고, 지워지지 않도록 한 번 더 테이핑 처리한다.

④ 랩을 벗긴 후 패턴대로 재단한다.

⑤ 재단한 패턴을 고객의 탈모 부위에 대고 수정할 부분이 있는지 확인한다.

⑥ 패턴 위에 양면테이프를 붙이고, 패턴 사이즈에 따라 수염망 또는 올망을 이용해 모류 방향에 맞게 붙인다.

⑦ 패턴 사이즈에 맞게 모발을 가르고, 가위나 아트 칼 등을 이용하여 재단한다.

⑧ 재단한 증모 패치에 0.5cm 테두리를 만들기 위해 블랙 샤스킨을 이용해 박음질하고 나머지는 잘라낸 다음 0.5cm 테두리에 펀칭한다.

(2) 원형 탈모 누드증모 방법 (스킬 고정법 / 링 고정법)

스킬 고정법

① 탈모 부위에 따라 탑, 정수리인 경우 고객 모발을 사방 빗질하고, 사이드, 뒤통수, 네이프 등 두상의 각도가 떨어지는 라인일 경우는 아래 방향으로 빗질한다.

② 증모 패치의 모류 방향을 체크하고, 탈모 부위에 올려놓고 핀셋으로 움직이지 않도록 고정한 후 천공 부위에 고객 모발을 빼내어준다.

③ 위에서 고객 모발, 천공에서 빼낸 고객 모발, 제품의 가모를 15~20가닥씩 잡고 3개 정도 스킬 고정한다.(스파이럴넛, 스핀링크, 더블스킬 기법 가능) 이때 각도는 15°를 유지한다.

④ ③과 마주 보는 아랫부분에서 3개 고정한다.

⑤ 좌측에서 3개 고정, 우측에서 3개 고정한다.

⑥ 대각선쪽을 고정하여 마무리한다.

링 고정법

① 탈모 부위에 따라 탑 정수리인 경우 고객 모발을 사방 빗질하고, 사이드, 뒤통수, 네이프 등 두상의 각도가 떨어지는 라인일 경우는 아래 방향으로 빗질한다.

② 증모 패치의 모류 방향을 체크하고, 탈모 부위에 올려놓고 핀셋으로 움직이지 않도록 고정한 후 천공 부위에 고객 모발을 빼내어준다.

③ 고객 모, 천공에서 빼낸 모, 가모를 링 사이즈만큼 왼손 엄지 검지로 모량을 15° 각도로 잡는다.

④ 스킬 바늘에 링을 끼워서 가모에게 걸고 링을 엄지로 밀어 밖으로 빼내고, 왼손 엄지 검지를 이용해 링 밑에 섹션모를 잡고 15° 각도로 펜치를 100% 텐션으로 집어주고, 1/2 지점에서 다시 한 번 집어준다.

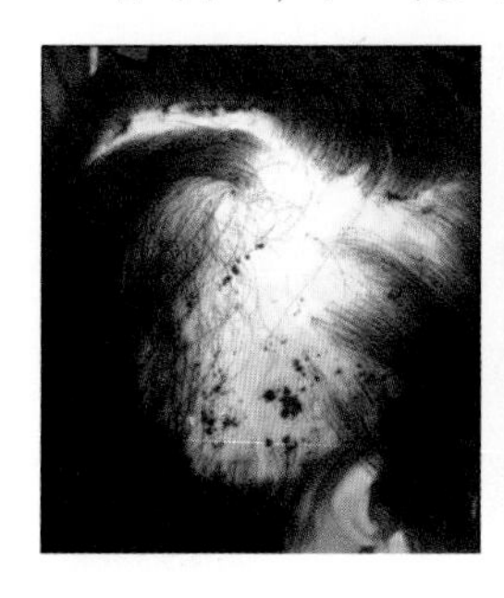
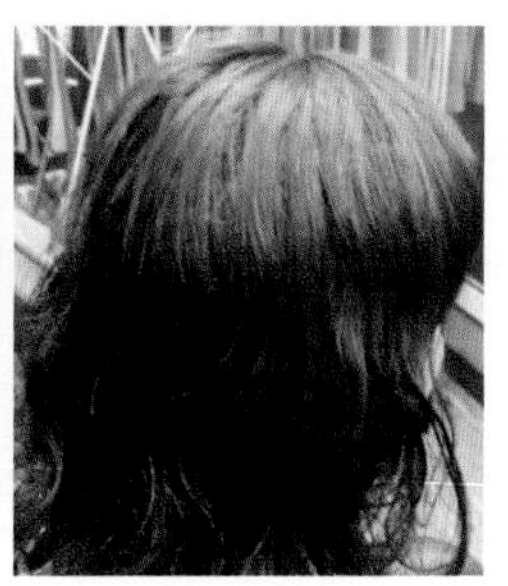

4) 흉터 커버

피부에 흉터가 생기면 피부조직이 파괴된 상태로 재생이 되지 않기 때문에 모발이 더 이상 자랄 수 없다. 따라서 흉터 커버를 할 때는 본드를 이용해 접착식이나 샌드위치식 또는 스킬, 링 고정법 모두 가능하다.

(1) 흉터 커버 패턴 제작

흉터를 커버할 때는 스킨용 또는 모발용에 따라 패턴 사이즈가 달라진다. 본드를 이용한 접착식이나 샌드위치식은 스킨용이며, 탈모 부위만 패턴을 뜬다. 스킬이나 링 고정은 모발용이며 탈모 부위보다 0.5cm 크게 패턴을 떠야 한다.

스킬이나 링 고정은 원형 탈모 방법과 같고, 접착식은 M 탈모 방법과 같다.

(2) 흉터 커버 누드증모 방법 – 샌드위치 기법

누드증모술로 흉터 커버를 할 때 만드는 패턴은 접착식과 방법이 같고, 증모 순서는 다음과 같다.

① 패턴을 준비한다.

② 고객 탈모 부위에 스켈프 프로텍터 작업 후 양면테이프를 재단하여 붙인다.

③ 모발을 0.5cm 간격으로 양면테이프에 돌아가며 붙여준다.

④ 패치에도 스켈프 프로텍터를 뿌린 후 양면테이프를 붙이고 빗살에 패치 모발을 끼우고 글루를 이용해 소량 바르고 송곳을 이용해 얇게 펴 발라준 후 3분~5분 글루가 꾸덕꾸덕해질 때까지 냉풍 건조한다.
⑤ 꼬리빗 등을 이용해 탈모 부위에 맞게 패치 가운데를 먼저 누르고, 모류 방향을 확인한 후 바깥쪽으로 눌러주면서 부착한다.

5) 두상 외 부위 커버 (눈섭, 구레나룻, 수염 등)

눈썹이나 눈썹이나 구레나룻는 원형탈모 등 질병으로 인해 탈모가 되는 경우가 많지만, 단순 미용 목적으로 구레나룻, 콧수염, 턱수염을 하고 싶은 고객도 있다. 따라서 헤어 외에 기타 부분을 누드증모술로 증모하는 방법도 익혀두는 것이 좋다.

각 부위를 누드증모하는 방법은 다음과 같다.

(1) 눈썹 패턴 제작

① 눈썹 모양을 눈썹연필로 그려본 후 원하는 모양이 완성되면 이마에 양면테이프를 붙이고, 랩을 앞에서 뒤로 당겨서 뒤통수에 묶어준다.
② 테이핑을 한 번만 한 다음, 유성펜으로 눈썹 모양 따라 라인을 그리고, 밑그림이 지워지지 않게 테이핑 처리한다.
③ 랩을 제거하고 마네킹에 아스테이지 캡을 고정한 다음 패턴 밑에 양면테이프를 붙이고 캡에 고정한다.
④ 수염망을 그 위에 팽팽하게 고정한다.
⑤ 눈썹 방향성에 따라 산 처리 모를 이용해 싱글 낫팅기법으로 증모한다.
⑥ 낫팅하고 난 뒤 정당한 길이로 애벌 커트해준다.
⑦ 건강모용 매직이나 다운 펌제를 이용해서 모류 방향을 만들어준 후 랩으로 눌러준다.
⑧ 적외선 열처리 10분 한다.
⑨ 약산성 샴푸로 헹굼 처리한다.
⑩ 마무리 컷팅한다.(눈썹용 브러쉬로 빗질해주면서 모양을 잡는다.)

(2) 구레나룻 패턴 제작

① 피부에 양면테이프를 붙이고, 랩을 감싸준다.
② 한 번만 테이핑한 다음 유성펜으로 구레나룻 모양 라인을 그려준 다음 지워지지 않게 테이핑 처리를 한 번 더 한다.
③ 랩을 제거하고, 마네킹에 아스테이지 캡을 고정한 다음 패턴 밑에 양면테이프를 붙이고 캡에 고정한다.
④ 그 위에 수염망을 팽팽하게 고정한다.
⑤ 구레나룻 방향성에 따라 산 처리 모를 이용해 싱글 낫팅을 한다.
⑥ 적당한 길이로 애벌 커트해준다.
⑦ 건강모용 매직이나 다운 펌제를 이용해서 모류 방향을 만들어준 후 랩으로 눌러준다.
⑧ 적외선 열처리 10분 한다.
⑨ 약산성 샴푸로 헹굼 처리한다.
⑩ 마무리 컷팅한다.

6) 낫팅

누드증모술을 할 때는 나노스킨, 수염망 등 이미 모발을 심은 제품을 사용하기도 하지만 탈모를 커버할 부위에 따라 맞춤형으로 제작하기도 한다. 고객의 탈모 부위에 정확한 커버를 하기 위해서는 필요한 모량과 크기를 만들어야 하는데, 이 중 낫팅은 주로 싱글낫팅 기법을 많이 사용한다.

(1) 싱글낫팅

싱글낫팅은 전체 한 번 빼내는 기법으로 눈썹, 구레나룻, 턱수염, 콧수염 등 만들기 할 때 사용하기 적합한 낫팅법이다. 각도가 전혀 없는 낫팅법으로 모발을 심을 때 가장 많이 사용하는 낫팅 방법이다. 일자로 낫팅을 하지 않고 지그재그 형태로 낫팅을 해주어야 서로 모발이 받쳐주기 때문에 갈라지지 않는다.

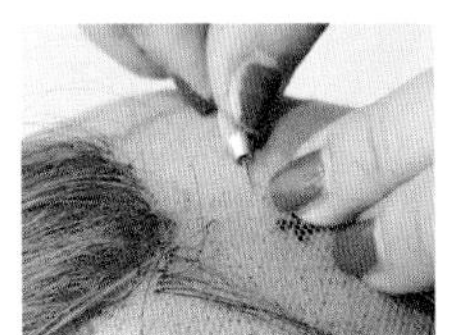 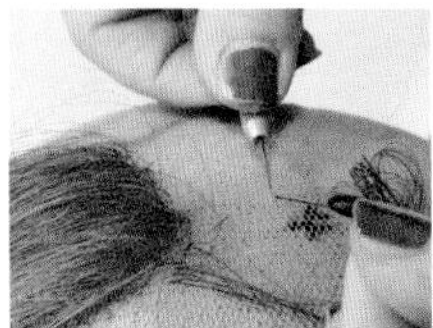 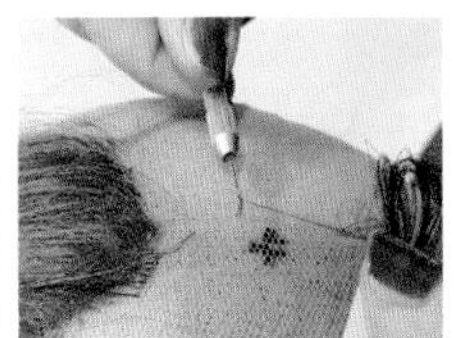 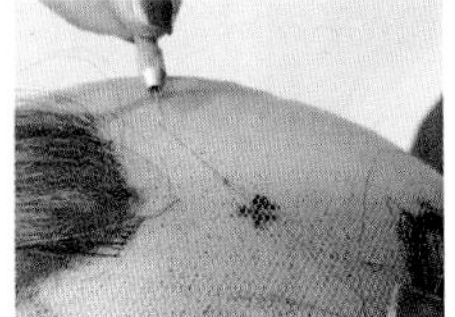

5. 누드증모술 스타일링

누드증모술은 100% 천연 모(인모)를 사용해 제작하기 때문에 펌, 염색 등 다양한 미용시술이 가능하다.

1) 누드증모술 커트

누드증모술을 한 곳과 하지 않은 곳은 모발 숱이 차이가 나기 때문에 모류 방향을 확인하여 컷 또는 펌을 해야 한다. 특히 누드증모술을 자주 하는 헤어라인 쪽의 모발은 연모인 경우가 많고 거의 잔머리이다. 이 부분에 누드증모술을 붙이면 고객의 모발과 누드증모술의 모발이 동떨어져 부자연스러워 보인다. 그런 부자연스러운 라인 부분을 자연스러운 컷을 이용하여 연결하게 해주는 것이 중요하다.

누드증모술을 한 후 자연스럽게 커트할 때는 다음 3가지 포인트를 꼭 유념해야 한다. 패턴 베이스의 라인 부분이 고객의 모발과 자연스럽게 연결되어야 하므로 베이스의 삼각형 선 모양대로 섹션을 0.5cm 간격으로 떠서 레저날로 긁어준다. 단 레저날을 사용할 때는 날을 세워서 커트해준다. 또한 두피에서 1cm부터 안쪽에는 3번~4번 다음 2cm 띄워 2번~3번 마지막 끝으로 갈수록 모량이 없으므로 1번씩 끝으로 갈수록 횟수를 줄여 나가면서 커트한다.

(1) 패턴 베이스 라인 정리

페턴 베이스 주변 라인을 족집게로 뽑아 모량을 조절하여 라인을 자연스럽게 연결해준다.

(2) 앞쪽 페이스라인 커트

페이스라인은 대부분이 잔머리 위주이기 때문에 긴 모발로 되어 있는 누드증모만 따로 논다. 이때 레저날을 세워서 커트하는데 최대한 두피에서 0.3cm 다음 0.5cm 다음 0.8cm 최대한 섬세하게 작업을 해야 자연스럽게 연출할 수 있다.

2) 누드증모 펌

누드증모술을 하는 고객이 펌 스타일을 원하면 제품에 미리 펌 작업을 하는 것이 좋다.

제품에 미리 펌을 하는 이유는 누드증모술은 부착 후 24시간 이내에 물이 닿으면 접착력이 떨어지기 때문이다. 누드증모술을 펌하는 방법은 다음과 같다.

① 누드증모 모발에 전처리제를 도포한다.

② 뿌리 1cm 띄우고 멀티펌제(1제)를 도포한다.

③ 원하는 롯드를 선정하여 와인딩한다. 와인딩 후 비닐캡을 씌운다.

④ 자연 방치 15분~20분(가모는 살아 있는 모발이 아니고 죽어 있는 산 처리 된 모발이기 때문에 타임이 길어지면 안 된다)

⑤ 중간 린스 후 타올 드라이한다.

⑥ 과수 중화 5분(2회)한다.

⑦ 약산성 샴푸로 헹구고, 린스나 트리트먼트로 마무리한다.

3) 누드증모 염색

(1) 산화제 농도별 사용 방법

1.5%	손상이 심하고 탈색된 모발에 착색. 손상이 적고 착색력이 뛰어나며 명도가 어두워질 수 있고 톤 업이 안 된다.
3%	0.5~1 level 리프트 업 가능. 톤 인 톤(Tone in Tone), 톤 온 톤(Tone on Tone), 모발 색상이 #4 level 시 #4~5 level 색상 연출
6%	1~2 level 리프트 업 가능하고 모발 색상이 #4 level 시 #5~7 level 색상 연출
9%	3~4 level 리프트 업 가능하고 밝은 명도 표현에 사용한다. 모발 색상이 #4 level 시 #7~8 level 색상 연출
탈색	5~6 level 리프트 업 가능하고 선명한 명도 표현에 사용한다.

(2) 산화제 비율별 사용 방법(염모제 1제: 산화제 2제 비율)

1:1 염모제에 맞춰 농도별 레벨을 원할 시 사용

1:2 염모제로 1~2 level 리프트 업, 건강한 모발 탈색 시 사용

1:3 안정적 탈색 또는 모발의 기염 부분 잔류색소 제거 시 사용

1:4 탈염제를 이용하여 검정 염색 입자 제거 시 사용

ex

고객이 8레벨의 모발을 원하는 경우
피스의 가모는 3레벨이기 때문에 고객이 원하는 8레벨(고객 모발과 같은 레벨)을 만들고자 할 때는 3레벨에서 고객이 원하는 레벨만큼을 더한 명도의 염색제를 사용해 5레벨을 UP시킨다.
이 때 6% 산화제를 사용하면 원하는 만큼 밝아지지 않기 때문에 9% 산화제를 사용해야 하며, 작업 시간은 30분~40분 자연 방치 후 색 테스트를 보고 헹구면 된다.

(3) 손상을 최소화하면서 하이라이트 빼는 법

블루(1) + 화이트파우더(2) = 1 : 2 자연 방치(15분~20분)

(큐티클이 열림, 멜라닌 색소 희석, 최대한의 하이라이트 작업)

블루(1) + 화이트 파우더(3) + 과수 20v(6%) 1 : 3 = 30㎖ : 90

(과수를 3배 넣는 이유: 최대한 모발에 상처 주지 않고, 손상 최소화하면서 레벨 up)

(4) 원색 멋 내기 컬러

중성 컬러 매니큐어(원색의 원하는 컬러)

왁싱 매니큐어 산성 컬러 25분~30분

4) 누드증모 관리법

누드증모술을 한 이후에는 세수할 때 이마 부분을 최대한 조심스럽게 톡톡 두드린다. 또한 샴푸한 다음에는 찬 바람 건조 후 손으로 빗어 스타일링 해야 한다. 누드증모술을 하고 일주일 정도는 사우나를 피하는 게 좋다. 사우나를 하면 열이나 땀으로 고정 부위가 손상되어 누드증모술의 라인이나 테두리 안쪽 부분이 떨어질 수 있기 때문이다. 관리 소홀로 모발이 엉켰을 때는 엉킨 모발의 끝부분에 오일을 바르고 꼬리빗 끝으로 터치하듯 한 올씩 풀어주고 클리닉과 코팅 처리한다.

6. 누드증모술 고객 유치 및 관리

누드증모술은 모발이 전혀 없어 피부가 일정 부분 드러난 부위, 예를 들어 M자, 흉터, 원형 탈모, 무모증, 구레나룻, 눈썹, 콧수염 등 다양한 탈모 부위를 완벽하게 커버할 수 있는 증모술이다.

항암 환자 등 부분 탈모증으로 고민하는 사람들이 많음에도 불구하고 누드증모술은 아직 인지도가 낮아서 시술이 필요한 사람들도 몰라서 못 받는 경우가 많다. 따라서 누드증모술은 '붙이는 증모술', '이마축소 증모술', '헤어라인 성형 증모술' 등 대중이 알기 쉬운 단어를 활용해 최대한 많이 홍보하는 것이 필수적이다.

또한 누드증모술은 고객이 알고, 보는 순간 바로 구매로 이어지기 쉬우므로 샵에 미리 제품들(M자 모양, 이마라인 모양, 눈썹 등)을 준비해두고 상담할 때 적절한 제품을 소개하는 것이 중요하다. 고객이 방문하였을 때는 미리 준비한 누드증모술 시술 전후 사진을 보여주고, 고객에게 맞춤형 누드증모술을 제작하면 탈모 커버 전문디자이너로서의 신뢰를 높일 수 있다.

고객은 누드증모술이 처음이기 때문에 낯설고, 탈부착도 서투를 수 밖에 없다. 그러므로 누드증모술 후 테이프나 접착제 등 적절한 고정 방법으로 직접 부착할 수 있도록 충분히 교육하고, 만약 관리가 어려우면 언제든지 재방문할 수 있도록 유도한다.

붙임머리 부문

집필위원

윤상희 이정수 정경자 정성녀

붙임머리(Hair Extension)는 두피와 가까운 머리카락 부분에 길이가 긴 다른 가발 피스를 붙이거나 땋기를 하여 머리카락의 길이가 늘어난 것처럼 보이게 해주고, 숱을 풍성하게 만들어주는 기법이다.
붙임머리 기법은 고대 이집트 시대 때부터 성행했는데, 햇빛 방지용으로 그물 같은 것에 인모(人毛)를 엮어서 머리에 쓰고 다녔던 것이 그 시초이다. 이후 고대 그리스, 로마, 프랑스 귀족들이 가발이나 붙임머리 기법을 활용해서 신분을 알리는 도구 또는 패션 아이템으로 사용했다.
열대 기후인 아프리카 등지는 지대의 특성상 체온이 쉽게 상승하기 때문에 그 지역 주민들은 체온이 급상승하는 것을 막고 환경에 적응할 수 있도록 진화했는데, 그중 하나가 곱슬머리이다. 곱슬머리는 햇볕이 두피에 바로 닿는 것을 차단할 수 있고, 공기가 잘 통해서 두피에서 나오는 땀 또는 노폐물 등을 빠르게 증발시켜 두피를 시원하게 하고, 체열을 공기 중으로 빠르게 내보낼 수 있다. 하지만 심한 곱슬머리를 적절한 관리 없이 방치하게 되면 모발이 자라면서 두피로 파고들어 두피에 염증이 생길 수 있어서 삭발하여 가발을 착용하기도 하고, 미용 목적으로 스트레이트 헤어로 매직 펌하거나 붙임머리, 땋기, 가발 등 여러 방법으로 헤어 스타일에 변화를 준다.
아름다움에 대한 욕망은 시대를 초월하고, 불편함을 감수하더라도 아름답고 싶은 사람의 욕망은 끝이 없다. 이는 중세 서양 귀족들이 남녀노소 불문하고 불편한 하이힐을 신고, 가발을 쓰고, 코르셋을 입거나, 동양에서 무거운 가체, 전족 등이 유행했던 것으로 잘 알 수 있다.
과거뿐만 아니라 현대인들도 뼈를 깎는 고통과 살을 찢는 고통을 감수하면서도 성형을 하는 것을 보면 아름다움에 대한 열망은 시대를 불문하고 여전하다.
헤어 부문에서 아름다움을 말해보자면, 풍성하고 긴 머리카락은 여성의 아름다움을 한층 더 끌어올려 준다. 붙임머리도 속눈썹 연장이나 증모술처럼 한번 시작하면 중독성이 있어서 고정고객 확보가 쉽다. 또한 붙임머리는 고부가가치 매뉴얼인데다 아무나 할 수 없는 기술 영역이기 때문에 붙임머리 매뉴얼을 도입한다면 미용실 매출에 지대한 공헌을 할 수 있다. 뿐만 아니라 붙임머리는 숙련도에 따라 소요 시간이 줄일 수 있고, 염색 등 미용으로 표현이 어려운 다양한 스타일을 연출할 수 있어 고객 만족도가 높은 서비스이다. 따라서 1인 샵 운영이 가능하고, 100% 예약제를 통해 고객관리가 편리하다는 장점 등이 있다. 이러한 특징으로 붙임머리 전문점은 꾸준히 증가하는 추세이다.

고객이 붙임머리를 원하는 목적은 다음과 같다.

– 짧은 머리를 길게 하고자 할 때
– 잘못 커트해서 긴 머리를 복구하고자 할 때
– 숱이 없어서 풍성하게 숱 보강을 하기 위해
– 염색, 탈색 시술로 머리를 손상시키지 멋을 내고 싶을 때
– 잦은 염색이나 탈색으로 모발이 끊어져서 머리 스타일이 나지 않을 때
– 항암 치료가 끝난 후 머리카락이 조금 자라서 스타일을 내고 싶을 때
– 긴 머리를 하고 싶지만, 머리를 기르는 시간이 너무 길어서 힘들 때
– 헤어스타일 변화를 주고 싶을 때

지금부터는 붙임머리를 할 때 사용하는 재료와 다양한 붙임머리 기술, 그리고 관리법에 대해 알아본다.

Ⅰ. 붙임머리 재료

붙임머리 모발 종류는 천연 생모, 달비모, 레미모, 일반 모로 나눌 수 있다.

■ 붙임머리용 모발

붙임머리를 할 때 사용하는 모발은 합성모(고열사모), 혼합모, 인모로 구분할 수 있다. 각자의 특징은 다음과 같다.

▣ 합성모(고열사모)

합성모(고열사모)는 가격이 저렴하다는 장점이 있단, 단, 인모와 다르게 빛이 나서 부자연스럽고, 염색, 펌 등이 불가하다. 또한 드라이 외에 스타일링이 어렵고, 엉킴 현상이 생기면 사용할 수 없다.

▣ 혼합모

혼합모는 인모와 합성모를 섞어서 만든 모발로 인모보다 가격이 저렴하다. 인모와 유사하나 인모만큼 자연스럽지 못하고, 펌, 염색이 원하는 컬이나 컬러로 나오지 않으며, 인모인 부분만 컬, 염색된다는 특징이 있다.

▣ 인모

인모는 다른 합성모나 혼합모에 비해 가격이 비싸고, 사람 머리에 있는 머리카락처럼 영양을 줄 수 없어서 장기간 사용하면 모발이 까칠까칠하고 부스스해진다. 단, 펌, 염색 등이 가능하며 스타일링이 자유롭고 붙임머리를 했을 때 내 모발과 같이 자연스럽다는 장점이 있다.

■ 붙임머리 부재료

부재료는 붙임머리를 하기 위한 부자재 도구이다.

▣ 붙임머리용 고무줄

붙임머리용 고무줄은 고객 모발과 붙임머리 모발을 연결한 부분을 단단히 고정할 때 쓰인다. 컬러는 블랙, 브라운, 라이트 브라운 등이 있다.

▣ 실리콘(단백질)

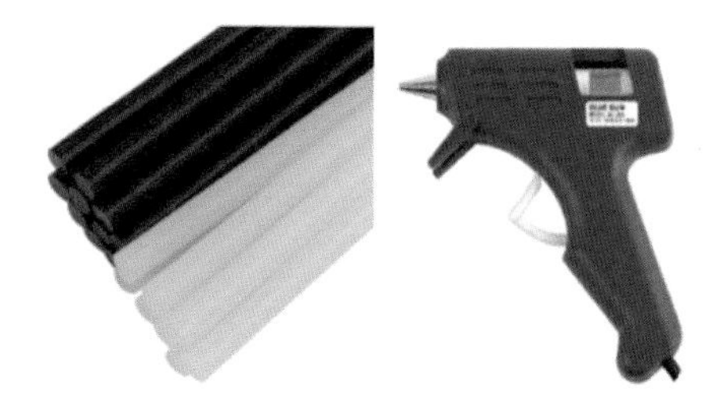

열을 가해 글루의 형태로 모발과 모발을 붙일 때 사용한다.

▣ 글루 리무버

실리콘이나 단백질을 제거할 때 쓰는 전용 리무버이다.

▣ 링

모발을 링 안으로 넣어 펜치로 눌러 고정한다.

▣ 펜치

붙임머리 링을 집는 도구이다.

▣ 고무링

모발을 링 안으로 넣어 전용 열을 가하는 기계로 열을 주면 수축하여 고정된다.

▣ 스킬

모발과 붙임머리 재료를 매듭지어 고정하고자 할 때 사용한다.

▣ 곡바늘

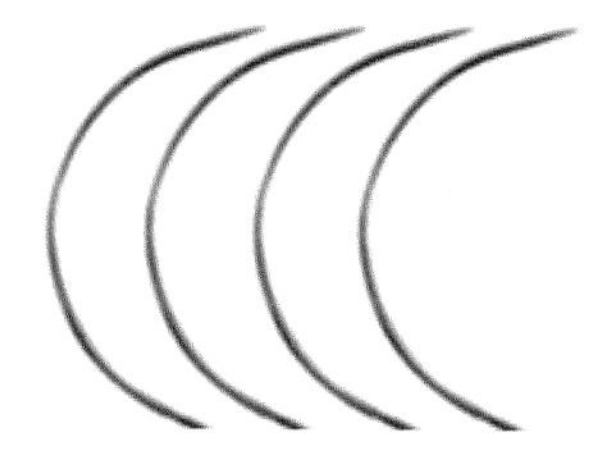

레이스 붙임머리를 모발에 엮어줄 때 사용한다.

▣ 레이스 붙임머리용 실

레이스 붙임머리를 모발에 엮어줄 때 사용한다.

▣ 붙임머리용 쿠션 브러시

붙임머리를 고정한 매듭 부분의 손상을 최소화하기 위해 빗살 간격이 널찍한 철 쿠

션 브러시를 사용한다.

■ KIMHO 붙임머리

KIMHO 붙임머리 재료는 100% 천연 인모를 사용하며, 특징은 다음과 같다.

- 모발의 질이 최고급이다.
- 모발은 달비모와 같다.
- 매듭은 작고 모발량이 많아서 시술자가 붙임머리를 쉽고 빠르게 할 수 있다.
- 붙임머리 후 가벼운 무게감으로 고객 만족도가 높다.
- 고정 방법은 스킬, 땋기, 레이스, 더블 스핀 등이 있다.
- 붙임머리 후 100% 펌, 염색이 가능하다.

▣ KIMHO 붙임머리 제품의 구조

	KIMHO 익스텐션
길이	16"~20" (타사 18"~22"와 같다)
고정부	얇고 길다. (증모용에 가까운 붙임머리) 4.5cm~5cm (타사 3.5cm~4cm)
제품(컬러)	#1, #1b, #2, #4, #6, #8
팁	전 세계 최초 4팁 스킬 (4팁 스킬 디자인 특허 출원번호 30-2016-0030044) 〈특징〉 일반적으로 모든 팁 익스텐션은 뭉침 현상이 있어서 떨어지는 모량이 무거워 보이지만, 4팁 제품은 떨어지는 부위가 퍼짐성이 넓고, 얇고, 깃털처럼 가벼워서 스타일링을 할 때 자연스러움과 섬세함을 돋보이게 컷팅 처리하기가 매우 쉽다.

Ⅱ. 붙임머리 종류

붙임머리는 그 오랜 역사만큼이나 다양한 기법으로 발전해왔다.

■ 실리콘 붙임머리

실리콘 붙임머리는 가장 처음 대중적으로 미용실에 도입한 붙임머리 기법이다. 고객의 모발이 짧거나 숱이 많은 경우 한 섹션당 한 다발의 모발을 붙이는 방법으로 이음 부분을 실리콘으로 녹여 손으로 살살 비벼서 붙인다.

장점	붙임머리 방법이 빠르고 쉽다 미노 줄을 잘라서 붙이고 실리콘이 저렴하기 때문에 재료비 절감 효과가 있다.
단점	재사용이 불가능하다. 붙임머리 제거 시 실리콘이 남아서 지저분하다. 붙임머리 시 고객 모발에 손상이 있다. 실리콘이 열에 약한 재질이기 때문에 사우나, 드라이기 사용 등 열을 가하게 되면 고정부의 실리콘이 녹아서 모발이 엉킨다. 두피에 자극을 주어 두피 트러블을 유발한다. 취침 시 고정부의 배김 현상이 있어 불편하다. 실리콘 덩어리로 인한 이질감을 고객이 느끼게 된다. 한 섹션당 한 다발의 모발을 붙이는 형태이기 때문에 한 번에 많은 양을 붙여야 하므로 무겁고 불편할 수 있다.

■ 단백질 팁 벌크 붙임머리

단백질 팁 벌크 붙임머리는 모발 연결부위가 단백질 팁으로 만들어져서 나온 제품이다. 팁 부분을 열에 녹여서 고객 모발에 붙여주는 방식이다.

장점	붙임머리 비용이 저렴하다. 팁을 살짝 녹여서 덮어 고정하는 방식이라 붙임머리 소요 시간이 비교적 짧다. 붙임머리 방법이 쉽다.
단점	단백질팁이 열에 약하다 보니 일상생활을 할 때 잘 떨어진다. 제거할 때 모발 손상이 있다. 리터치가 불가능하다. 재사용이 불가능하다. 붙임머리 제거 시 실리콘이 남아서 지저분하다. 붙임머리 시 고객 모발에 손상이 있다. 실리콘이 열에 약한 재질이기 때문에 사우나, 드라이기 사용 등 열을 가하게 되면 고정부의 실리콘이 녹아서 모발이 엉킨다. 두피에 자극을 주어 두피 트러블을 유발한다. 취침 시 고정부의 배김 현상이 있어 불편하다. 실리콘 덩어리로 인한 이질감을 고객이 느끼게 된다. 한 섹션당 한 다발의 모발을 붙이는 형태이기 때문에 한 번에 많은 양을 붙여야 하므로 무겁고 불편할 수 있다.

■ 링 붙임머리

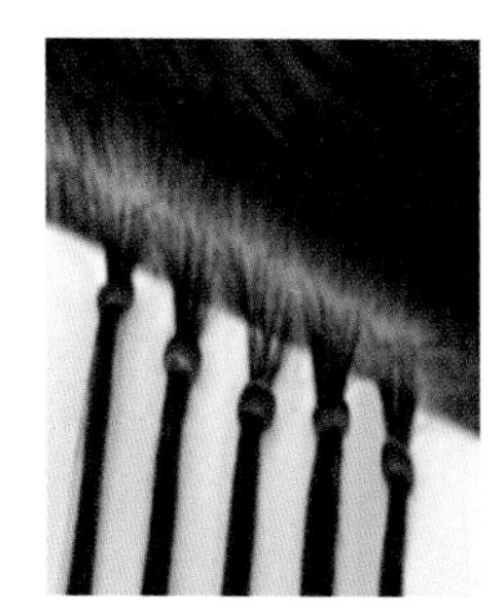

링 붙임머리는 제품에 금속 링이 달려있어서 링 사이로 고객 머리카락을 넣어서 펜치로 눌러 고정해주는 방식이다.

장점	붙임머리 소요 시간이 짧고, 방법이 비교적 쉽다.
단점	금속성 링으로 인해 금속 알레르기가 있는 사람은 두피 트러블을 유발한다. 취침 시 링 두께에 의해 두피가 짓눌려 염증이 생기는 경우가 발생한다. 전문적인 기술 없이 일반인도 붙임머리를 할 수 있기 때문에 서비스 단가가 비교적 낮다. 한 섹션당 한 다발의 모발을 붙이는 형태이기 때문에 붙임머리를 하게 되면 한 번에 매우 많은 양을 붙여야 하므로 무겁고 불편할 수 있다. 유지 기간이 한 달로 짧다. 리터치가 불가능하다. 만약 강제로 리터치하면 고객 모발에 가하는 고통이 심하고, 견인성 탈모를 유발할 수 있다. 제거할 때 펜치를 사용하다 보면 링을 누를 때 머리카락까지 눌려 모발이 끊어져서 나오기도 한다. 붙임머리를 잠깐 할 때는 괜찮지만 오래 하는 것은 선호하지 않는다.

■ 스티커 붙임머리

스티커 붙임머리는 고정 부위에 스티커가 부착되어 있는 제품으로 열을 가해서 살짝 녹인 다음에 모발에 붙이는 방식이다.

장점	소요 시간이 짧다.
단점	스티커가 넓다 보니 머리를 묶었을 때 티가 난다.

■ U팁 붙임머리

U팁 붙임머리는 실하나에 우레탄 두 개가 연결되어 있다. 손으로 스킬 땋기를 하거나 코바늘(스킬 바늘)을 이용해서 많이 사용하는 제품이다.

장점	우레탄이 열에 좀 더 강하게 나온 제품이다. 리터치가 가능하다. 여러 가지 고정 방식으로 붙임머리가 가능하다. 팁이 양 쪽으로 되어 있어서 한 번에 많은 양을 숱 보강 할 수 있다.
단점	빗질할 때 우레탄 팁 부분이 빗에 걸려 손상될 수 있다. 고정 기법에 따라 붙임머리 후 모발이 양쪽으로 갈라질 수 있다.

■ 노 팁 붙임머리

노 팁 붙임머리는 우레탄이나 단백질 팁이 없이 실과 머리카락으로 만들어진 제품이다. 기존 붙임머리 제품의 단점을 보완해 한층 업그레이드한 제품으로 증모술과 붙임머리의 중간 정도이다.

장점	두피 트러블이 적다. 제품 중량이 가벼워서 타 붙임머리에 비해 무게감이 느껴지지 않는다. 빗질이 잘 된다. 붙임 머리가 자연스러워서 티가 나지 않는다. 모발 숱이 없는 가늘고 힘없는 모발에도 붙임머리를 할 수 있다.
단점	노 팁 붙임머리는 한 번에 붙임머리하는 모발의 양이 적기 때문에 타 붙임머리보다 재료가 많이 필요하고, 비용 부담도 크다. 스티커 부분이 끈적거린다.

■ 레이스 붙임머리

장점	붙임머리 작업 시간이 짧다. 한 번에 많은 양을 붙임머리 할 수 있다. 붙임머리 기법이 비교적 간단하다.
단점	레이스 붙임머리를 고정할 때 사용하는 금속 링이 두피에 닿기 때문에 금속 알레르기 등이 있는 분들은 레이스 붙임머리가 불가하다. 잘 때 고정부위가 배길 수 있다. 한 번에 통레이스 붙임머리를 사용하는 경우 고객이 무게감을 느껴 불편할 수 있다.

Ⅲ. 붙임머리 기법

붙임머리 기법은 크게 스킬을 이용한 방법과 손으로 땋는 방법으로 나눌 수 있다.

붙임머리 매듭 비교 사진

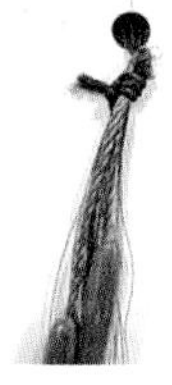

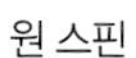
원 스핀

더블 스핀

트위스트 땋기

크로스 땋기

■ 스킬 매듭법

스킬 매듭법에는 원 스핀과 더블 스핀 기법이 있다.

- 원 스핀: 매듭의 크기가 가장 작다. 한 바퀴를 돌려서 붙임머리를 고정하기 때문에 짧은 머리에는 작업이 어려울 수 있다.
- 더블 스핀: 매듭 크기가 원 스핀보다 더 크다. 짧은 머리에 사용하기 좋다. 스킬법 중에 밀리지 않는 가장 단단한 스킬 법이다.

스킬 매듭법의 장단점은 다음과 같다.

장점	스킬 매듭법을 할 때 사용하는 붙임머리 제품은 양쪽 팁에 모발이 달려 있고 중간에 고정부가 있는 형태라서 한 섹션당 두 다발의 모발이 생성되기 때문에 풍성하고 자연스럽다. 고정부의 매듭 크기가 작아서 티가 나지 않는다. 두피 트러블이 잘 발생하지 않고, 이질감이 적다. 땋기에 비해 소요 시간이 짧다. 사우나, 드라이 등을 할 때도 팁 부분만 조심한다면 문제 되지 않는다.
단점	스킬이 없으면 작업이 불가하다. 둥근 한 개의 매듭 형태라서 두피 쪽에 연결된 부분의 힘이 가해져 두피에 무리가 간다. 재사용 시 기존에 고정한 매듭을 풀어내야 해서 시간이 걸린다.

■ 땋기 기법

붙임머리를 손으로 작업하는 방법은 트위스트 땋기, 세 가닥 땋기, 슬림 땋기 방법이 있다.

- **세 가닥 땋기**: 단단한 매듭으로 매듭 모양이 납작해서 두피 배김 현상이 없고, 두피 자극이 적다. 땋기를 하는 첫 매듭은 텐션을 넣어서 단단하게 해야 작업 후 풀리지 않는다.
- **트위스트 땋기**: 매듭이 꽈배기 모양 형태로 둥글다. 두피 배김 현상이 없고, 두피 자극이 적다. 두상이 커 보이는 현상이 덜하다. 세 가닥 땋기에 비해 소요 시간이 짧다.
- **슬림 땋기**: 트위스트 땋기와 시술 방법은 동일하나 모발량을 적게 잡고 작업한다. 모발이 얇고 숱이 없는 분들께 주로 사용하고, 두상이 작아 보이게 하는 효과를 준다.

※ 세 가지 땋기 기법 모두 초보자가 작업하기 어려우면, 첫 매듭을 더블 스핀 매듭을 한 다음 땋기를 하면 미끄러지지 않고 쉽게 붙임머리를 할 수 있다.

장점	땋기 고정법을 할 때 사용하는 붙임머리 제품은 양쪽 팁에 모발이 달려 있고 중간에 고정부가 있는 형태라서 한 섹션당 두 다발의 모발이 생성되기 때문에 풍성하고 자연스럽다. 스킬 매듭에 비해 매듭 두께가 작다. 두피 트러블이 적다. 긴 땋은 모양의 매듭 형태가 되어서 힘이 골고루 분산된다. 따라서 두피의 통증이 현저히 적다. 이질감이 적기 때문에 잠잘 때 불편함이 없다. 특별한 작업 도구가 없어도 손과 고무줄만 있으면 붙임머리가 가능하다.
단점	땋기 기법은 다른 익스텐션보다 어려운 기술이므로 연습을 충분히 해야 정확하게 작업할 수 있다. 작업 소요 시간이 비교적 길다.

Ⅳ. 붙임머리 도해도

보통 붙임머리 작업을 위해 섹션을 나눌 때는 바람이 불었을 때 헤어라인과 네이프 부분의 붙임머리 매듭이 보이지 않게 하기 위해서 1.5cm~2cm 정도 띄우고 시작한다.

- 사이드: 3단~ 4단
  4단을 할 경우 첫째 단과 넷째 단은 촘촘히 달고 가운데는 조금 느슨하게 지그재그로 단다.
- 뒤통수: 4단~6단
  고객의 모발과 길이에 따라 조절하여 들어간다.

단과 단 사이는 2cm~3cm 정도로 나눈다.
붙임머리 작업 시 고정 기법에 따라 섹션의 크기가 달라진다.

- 스킬 기법: 가로 0.7cm / 세로 0.5cm
- 땋기 기법: 가로 1cm / 세로 0.7cm

이때 섹션의 모양은 U자 또는 V자 모양으로 섹션을 뜬다.

스킬 기법을 할 때는 섹션 간 0.7cm 간격을 두고 진행하며, 단과 단 사이는 벽돌 쌓기 방식으로 윗단과 아랫단의 섹션 위치가 겹치지 않게 한다.
땋기 기법의 경우, 섹션 간 간격을 띄우지 않는다. 단과 단 사이는 벽돌 쌓기 방식으로 윗단과 아랫단의 섹션 위치가 겹치지 않게 주의한다. 이렇게 붙임머리를 작업하면 고객의 두피에 무리가 가지 않고, 이질감이 적어서 고객 만족도를 높일 수 있다.
네이프 두 단 정도의 간격과 맨 윗단의 간격은 촘촘히 들어가고 중간 부분은 간격을 중간중간 1.5cm씩 띄워 들어가도 무방하다.
이렇게 하면 원재료를 절감할 수 있고, 고객도 무게감을 덜 느끼게 된다.

붙임머리를 할 때는 시술 각도가 매우 중요한데, 반드시 두상으로부터 15°를 유지하도록 한다.

다음 도해도 중 일자 섹션 도해도와 U자 섹션 도해도는 붙임머리의 기본형 도해도이다.

■ 일자 섹션 도해도

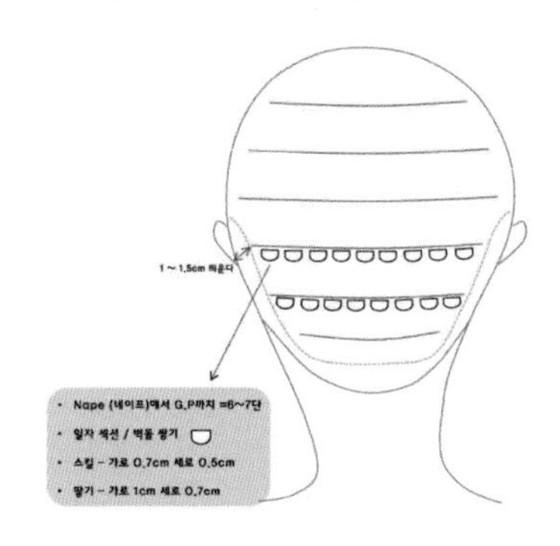

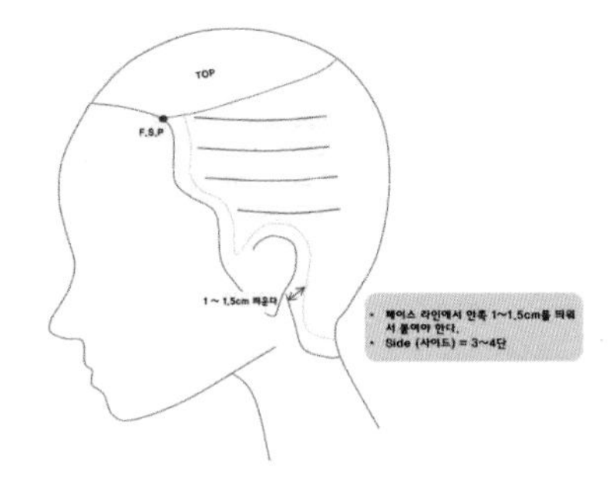

■ U자 섹션 도해도

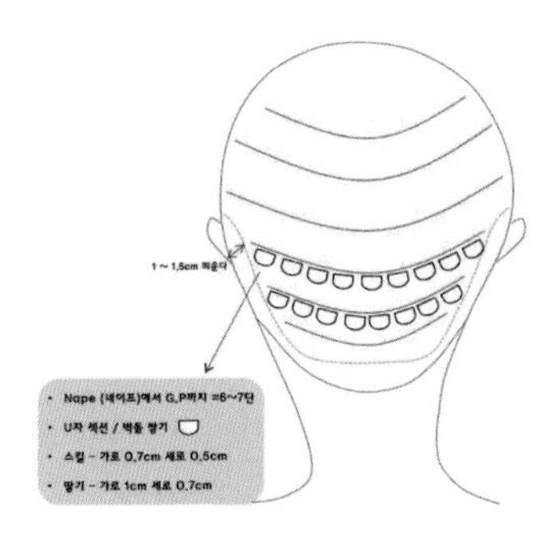

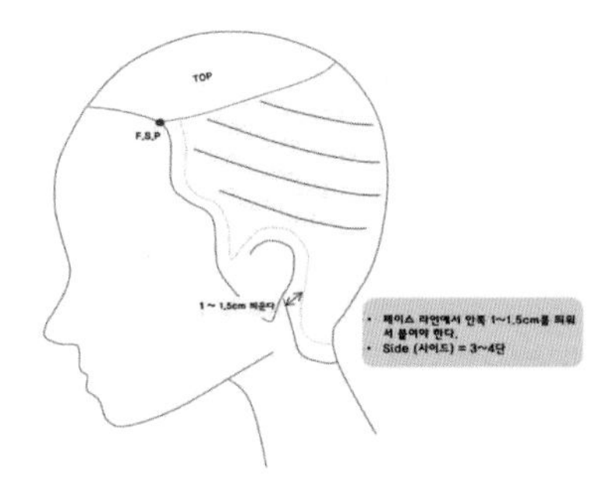

■ V자 섹션 도해도

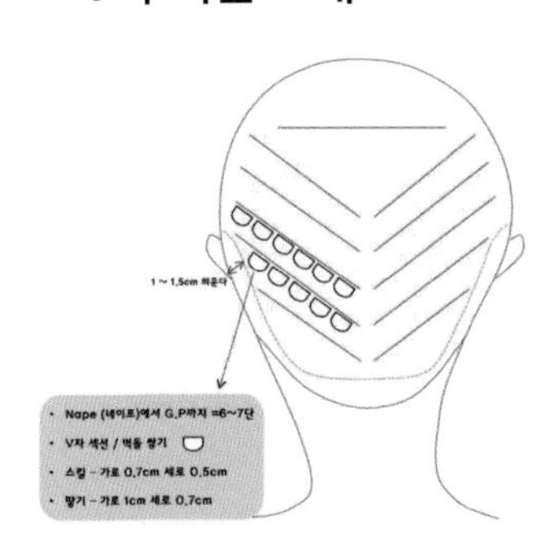

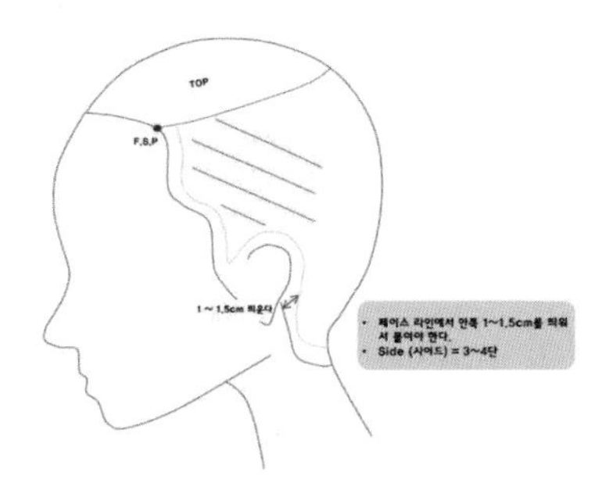

■ 브리지 붙임머리 도해도

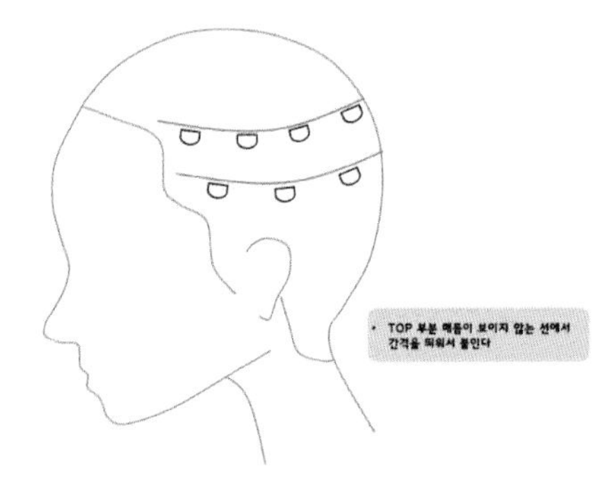

브릿지 붙임머리를 할 때는 TOP 부분 매듭이 보이지 않는 선에서 간격을 띄워서 고객 취향에 따라 가닥 가닥 붙인다.

■ 투톤 붙임머리 도해도

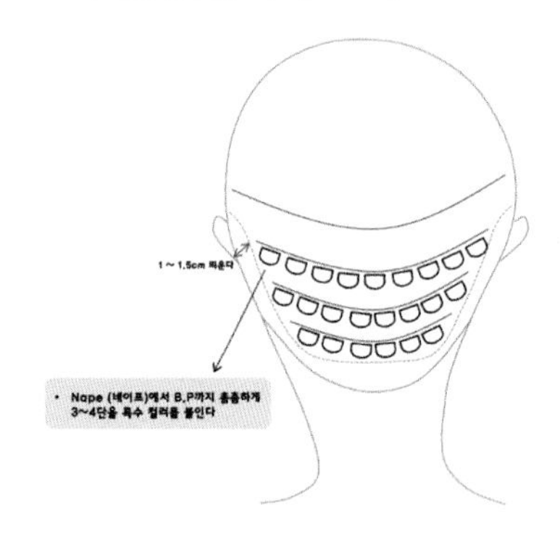

■ 옴브레 붙임머리 도해도

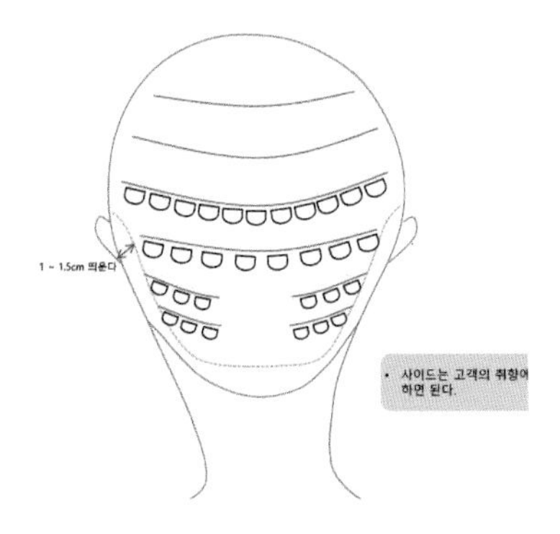

옴브레 붙임머리는 두 가지 헤어 컬러를 자연스럽게 그러데이션하는 기법이다.

■ 솜브레 붙임머리 도해도

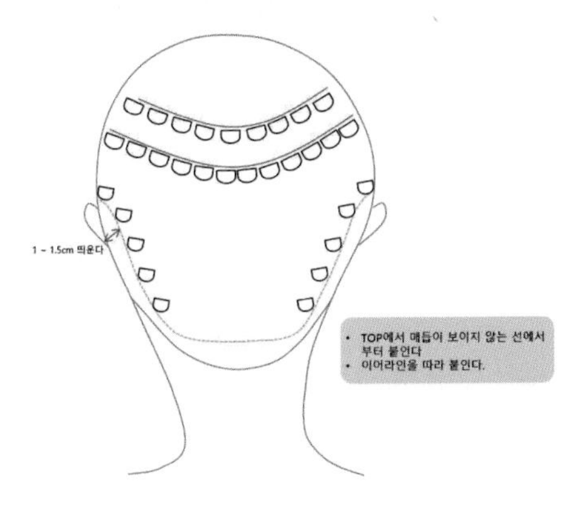

■ 솜브레 오른쪽 가르마 도해도

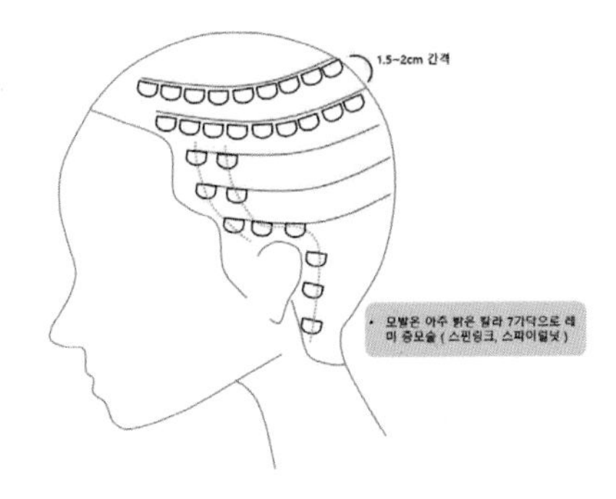

솜브레로는 soft + ombre의 합성어로, 옴브레는 컬러 차이나 명도 차이가 크지만, 솜브레로는 서로 비슷한 두 가지 컬러를 그러데이션 하는 기법으로 자연스러운 분위기 연출이 가능하다.

V. 붙임머리 기법에 따른 작업 순서

모든 붙임머리 작업은 붙임머리 후 고정 부위를 더욱 단단하게 하려면 매듭을 고무줄로 묶어주는 것이 좋다.

고무줄 묶는 순서는 다음과 같다.

① 왼손 엄지와 검지로 매듭 밑을 잡아 꾹 누르고, 중지, 약지, 새끼손가락을 사용해 고객 모와 붙임머리를 감싼다.

② 왼손 약지와 새끼손가락을 펴서 고무줄을 잡고, 고무줄을 위로 당겨 왼손 엄지와 검지로 고무줄을 잡는다.

③ 왼손 엄지, 검지 위로 나온 고무줄을 오른손 엄지와 검지로 잡아, 왼쪽으로 넘겨준다.

④ 왼쪽으로 넘긴 고무줄을 왼손 중지로 눌러 잡고, 왼손을 오른쪽으로 (시계 반대 방향으로) 돌리면 고무줄이 따라온다.

⑤ ③과 ④동작을 4~5회 정도 반복하여 고무줄을 단단하게 감아준다.

⑥ 감아진 위쪽 고무줄은 오른손 엄지와 검지로 잡아당기고, 밑에 고무줄은 중지로 감아 텐션을 주어 당겨준다.

⑦ 오른손을 내 몸쪽으로(시계 반대 방향으로) 엎은 다음 고무줄 사이로 왼손 엄지와 검지를 넣어 오른손을 원위치로 돌려준다.

⑧ 오른손 엄지, 검지로 잡은 고무줄을 왼손 엄지와 검지로 잡아당겨 묶어준다.

⑨ ⑥~⑧ 동작을 3번 반복해서 고무줄을 단단히 묶어준다.

⑩ 남은 고무줄을 0.5cm 정도 남기고 자른다. 이때 너무 짧게 자르면 고무줄이 풀어질 수 있으니 주의한다.

지금부터는 스킬을 활용한 붙임머리 기법부터 손으로 땋는 붙임머리 기법까지 하나씩 순서를 알아본다.

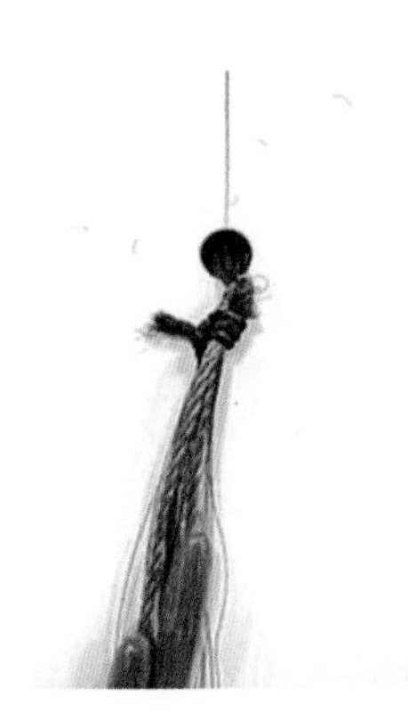

■ 원 스핀 기법

▣ 매듭고리 만드는 방법

팁을 왼손 엄지 검지 중지 약지로 잡고 스킬 바늘 뚜껑을 위로 향하게 하고 스킬 바늘 위에 있는 팁을 오른손 검지로 누른 후 한 바퀴 같이 돌려서 뚜껑 열고 엄지 검지에 있는 팁을 스킬 바늘에 넣고 그대로 빼준다.

▣ 작업 순서

① 가로 0.7cm, 세로 0.5cm를 U자 모양으로 섹션을 뜬 다음 하트 패널로 고정한다.

② 왼손 엄지, 검지로 고객 모를 잡고, 나머지 손가락으로 고객 모와 붙임머리 모발을 함께 잡고 스킬 바늘에 고객 모를 건다.

③ 스킬 바늘 뚜껑을 닫고 일자가 된 상태에서 스킬 바늘을 0.5cm 정도 빼준다.

④ 시계 방향으로 한 바퀴 돌린 후, 고객 모는 잡고, 붙임머리는 놓은 상태에서 왼손 검지로 중심부를 누른 후 스킬 바늘을 전진한다.

⑤ 고객 모만 위에서 아래로 (고객 모를 그대로 올려) 스킬 바늘에 걸고 빼낸다.

⑥ 빼낸 고객 모와 팁 모두 텐션을 잡아준다.

⑦ 매듭 바로 밑에 고무 밴딩을 손목 텐션을 이용해서 3회~4회 정도 돌린 후 매듭 묶음 처리한다.

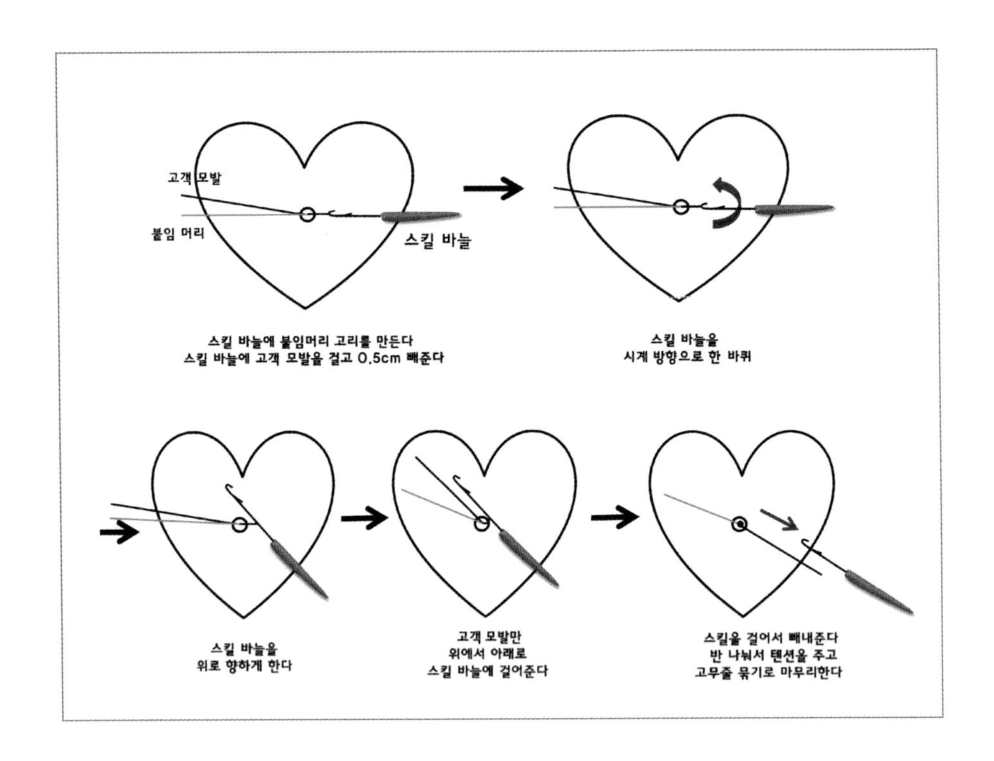

■ 더블 스핀 기법

▣ 매듭고리 만드는 방법

붙임머리를 왼손 엄지 검지, 중지 약지로 잡고, 붙임머리 고정부를 스킬 바늘대에 얹는다. 팁 두 개를 함께 잡고, 뒤에서 앞으로 한 번, 앞에서 뒤로 한 번, 총 두 번의 매듭을 만들어준다. (매듭 모양이 넥타이 모양)

▣ 작업 순서

① 가로 0.7cm, 세로 0.5cm를 U자 모양으로 섹션을 뜬 다음 하트 패널로 고정한다.

② 고객 모는 왼손 검지에 놓고 엄지로 잡고, 약지와 새끼손가락으로 잡는다.

③ 붙임머리는 중지에 따로 잡는다.

④ 고객 모를 스킬 바늘에 걸고 스킬 바늘 뚜껑을 닫고, 고객 모와 스킬 바늘이 일자가 되도록 한 후 스킬 바늘에 고객 모를 걸고 0.5cm 빼낸다.

⑤ 바로 스킬 바늘 전진 후 왼손 엄지 검지로 잡고 있던 고객 모를 위에서 아래로 스킬 바늘에 걸고 빼낸다.

⑥ 고객 모와 붙임머리를 각각 텐션을 주어 조여주고, 매듭 아래에 밴딩을 한다.

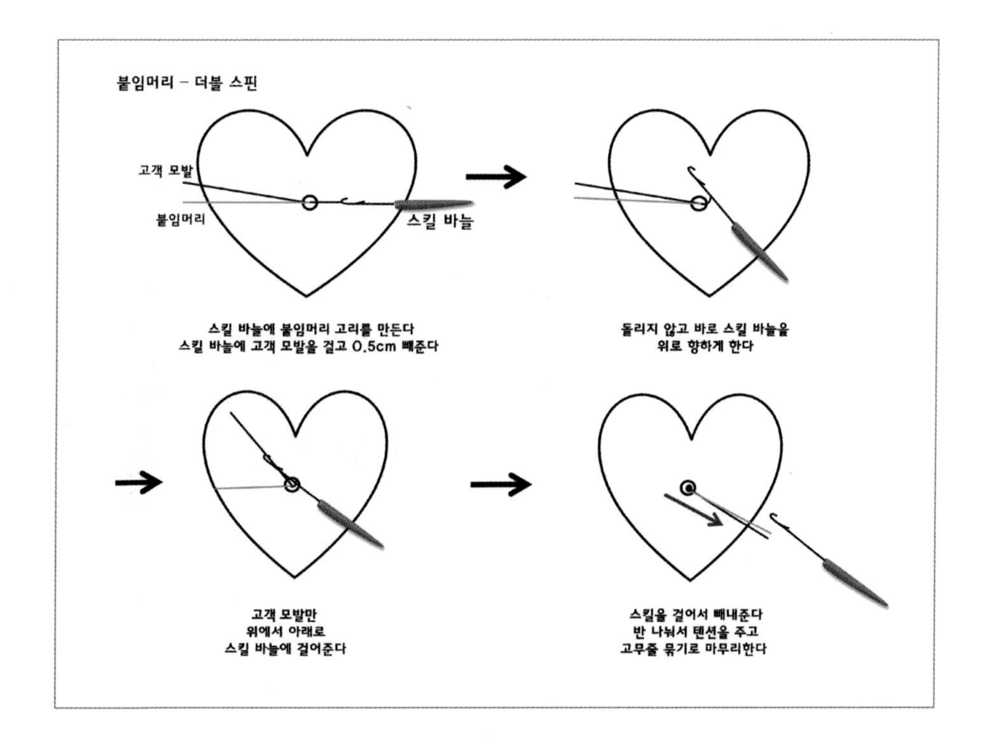

■ 트위스트 기법 (두가닥 땋기)

▣ 작업 순서

① 섹션은 가로 1cm 세로 0.7cm로 뜨고 고객 모를 사선으로 나눈다.

② 고객 모를 왼손은 엄지 검지, 중지 약지로 잡고, 붙임머리는 오른손 중지 약지에 한쪽을 잡고, 나머지 한쪽은 왼손 중지 위에 올린다.

③ 오른손 엄지 검지로 왼손 중지 약지에 있던 고객 모발을 잡아 오고, 오른손 중지로 왼손 엄지 검지에 있던 고객 모를 반대쪽으로 보내 당겨 잡는다.

④ 고객 모와 팁을 X자로 교차시켜 당겨주면서 크로스를 만들어준다. 뿌리를 바짝 당겨주면 크로스가 완성된다.

⑤ 팁을 X자로 교차시켜 양쪽으로 잡은 후 오른손 엄지로 중심부를 살짝 누른다.

⑥ 왼손 엄지 검지로 고객 모와 팁을 함께 잡고 꼬아준다. (엄지 검지로 꼬고, 중지 약지로 잡는 방법)

⑦ 왼쪽 꼬기가 다 되면 왼손 엄지로 중심부를 누른 후, 오른쪽도 마찬가지로 꼬아준다.

⑧ 양쪽 모두 딴딴하게 잘 교차시키며 오른쪽 팁이 왼쪽으로, 왼쪽 팁이 오른쪽으로 오게 하여 두 가닥을 교차시키며 꽈배기 꼬듯이 3회~4회 꼬아 두 가닥 땋기를 한다.

⑨ 마지막으로 고무 밴딩 처리를 해준다.

*슬림 땋기는 트위스트 땋기보다 얇게 하는 방법으로, 섹션 가로 0.7cm 세로 0.5cm 모량을 작게 잡는다. 모발이 얇거나 숱이 없으신 분, 두상이 커 보이지 않게 하고 싶으신 분에게 주로 사용한다.

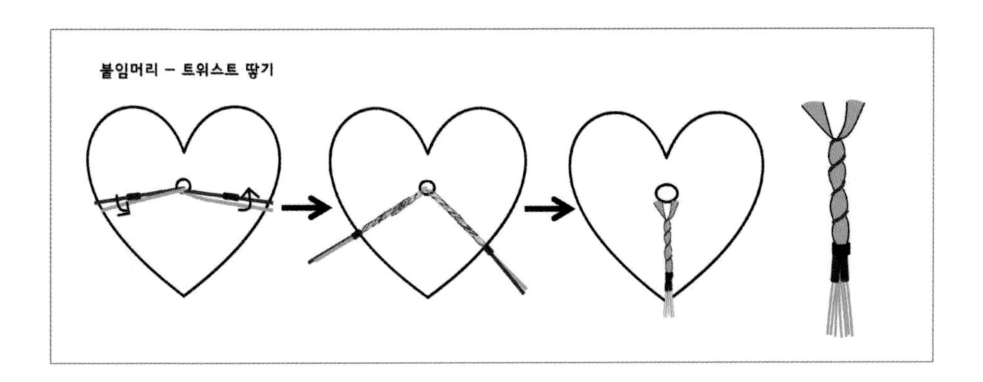

■ 크로스 기법 (세 가닥 땋기)

▣ 작업 순서

① 섹션은 가로 1cm 세로 0.7cm로 뜨고 고객 모를 1:2 비율로 사선으로 나눈다.

② 고객 모를 왼손 엄지 검지, 중지 약지로 잡고, 붙임머리는 오른손 중지 약지에 한쪽을 잡고, 나머지 한쪽은 왼손 중지 위에 올린다.

③ 오른손 엄지 검지로 왼손 중지 약지에 있던 고객 모발을 잡고, 오른손 중지로 왼손 엄지 검지의 모발을 반대쪽으로 보내 당겨주면서 크로스를 만들어준다.

④ 오른손 중지로 붙임머리의 팁과 고객 모를 한 번에 잡고, 왼손은 엄지와 검지에 고객 모를, 검지와 중지에 붙임머리 팁을 잡는다. (총 세가닥)

⑤ 만들어진 세 가닥으로 땋기를 한다. 이때 모발이 밀려나지 않고 기울어지지 않게 튼튼히 땋는다.

⑥ 팁의 위치까지 땋아준 후 고무 밴딩 처리를 한다.

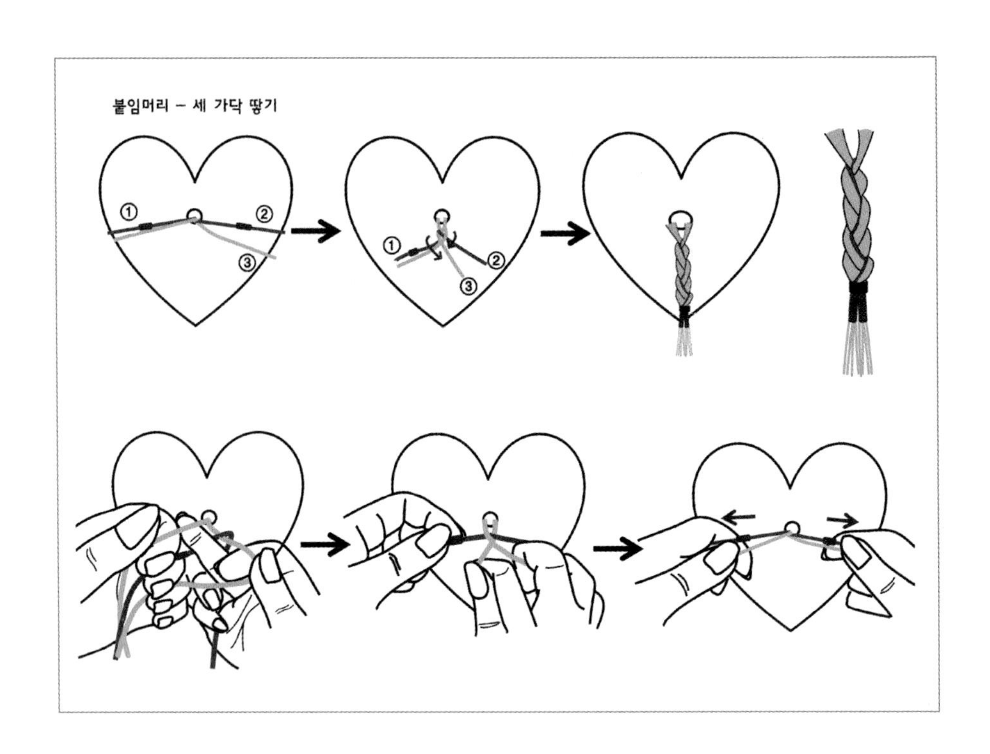

■ 레이스 붙임머리

▣ 작업 순서

① 레이스를 고객 두상 크기에 맞게 미리 사이즈를 재단한다.

② 고객 두상에 크게 라운드 섹션을 나눈다.

③ 붙임머리 전용 링으로 링 사이즈에 맞게 모발을 U자 섹션으로 떠서 링을 이용해 펜치로 15° 각도로 다운시켜 고정한다. 이때 링과 링 섹션 간의 간격을 띄우지 않

아야 한다.

④ 잘라놓은 레이스를 링 위에 올려놓은 후 첫 스타트 고정은 고객 모와 레이스 붙임머리에서 빼낸 모발, 그리고 시작점 앞 사이드 고객 모까지 총 3 부위의 모발을 같이 잡고 링으로 고정해주거나 곡 바늘에 실을 꿰어서 링과 레이스를 두 번 묶어준다.

⑤ 링과 링 사이로 건너가면서 한 번씩 묶어준 다음 마무리에 두 번 묶어준다.

■ 붙임머리 활용

▣ 레이스 붙임머리를 활용한 탈부착 고정식

스타일 변화 등 필요에 따라 간단하게 붙임머리 연출을 하고 싶다면 레이스 붙임머리 제품을 원하는 양만큼 재단한 후 클립이나 벨크로를 달아서 탈부착식으로 활용할 수 있다.

▣ 롱 다증모를 활용한 앞머리 길이 연장

두상의 탑이나 정수리 부위에 일반적인 붙임머리 제품을 사용하는 경우 고정 부위 매듭이나 팁이 노출되어 티가 날 수 있다. 이러한 경우 롱 다증모를 활용하면 앞머리 길이 연장 등 자연스러운 붙임머리를 할 수 있다. 또한 붙임머리를 할 때는 탑 정수리 부위와 사이드 부위 모량의 적절한 밸런스가 중요한데, 탑 정수리 쪽 모발 숱이 부족한 경우 붙임머리를 한 다음 전체 두상의 모량 밸런스가 맞지 않아서 부자연스러운 경우가 있다.

이때 롱 다중모를 활용하여 탑 정수리 쪽 숱을 보강해주면 좀 더 자연스러운 스타일을 연출할 수 있다.

롱 다중모를 활용할 때에는 스핀 2 기법을 사용한다.

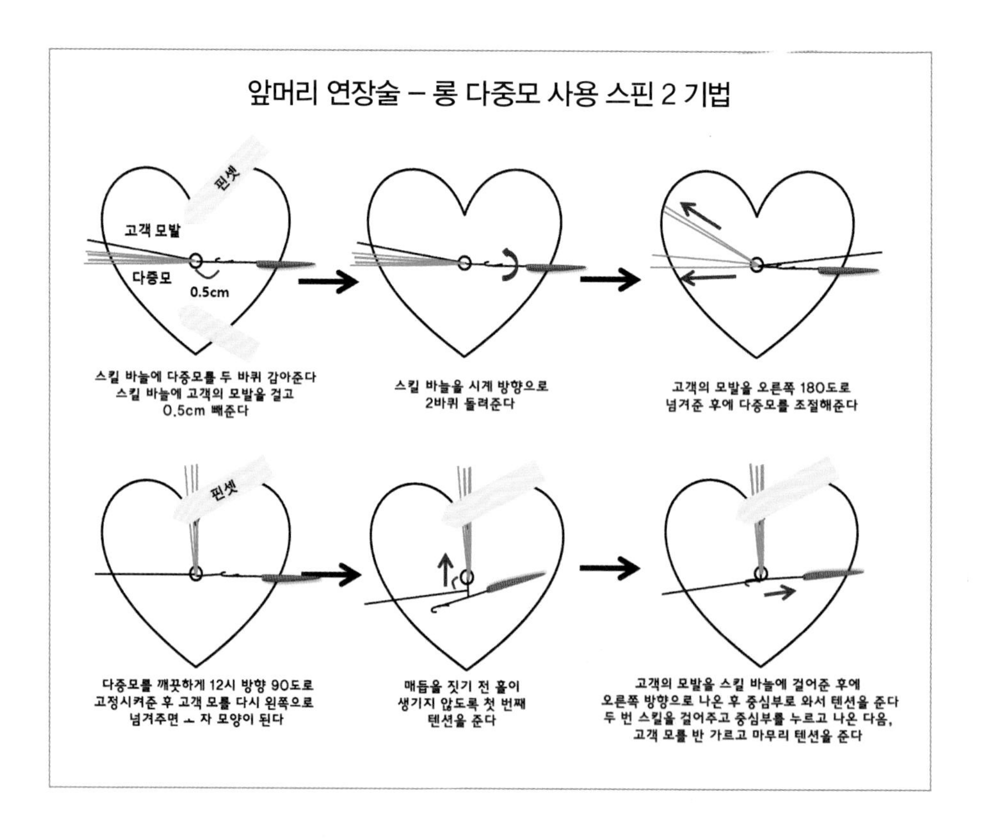

Ⅵ. 붙임머리 스타일링

붙임머리는 다양한 목적으로 찾는 고객들이 많아서 샵에 반드시 접목해 매뉴얼화 하는 것이 좋다.
샵 기존 매뉴얼에 붙임머리를 추가하여 다음과 같이 다양하게 응용할 수 있다.

▶ 염색+붙임머리
▶ 커트+붙임머리
▶ 하이라이트+붙임머리
▶ 업스타일+붙임머리
▶ 펌+붙임머리
▶ 헤어증모술+붙임머리
▶ 증모피스+붙임머리

지금부터는 붙임머리를 더욱 자연스럽게 연출할 수 있는 다양한 스타일링 방법에 대해 알아본다.

1. 커트

붙임머리를 작업할 때는 붙임머리 전과 후 총 2번 커트해야 더 예쁜 스타일을 연출할 수 있다.

1) 붙임머리 전 커트

붙임머리 완성도를 높이기 위해 고객 모발의 상태에 따라 적합한 디자인을 미리 만들어주어야 한다.

– 머리숱이 적고 힘이 없는 모발의 경우
  고객 모의 끝 라인만 질감 처리 후 붙임머리를 해야 자연스럽다.
– 머리숱이 많은 경우

고객 모발을 전체 질감 처리하고 디자인 커트한 후 붙임머리 작업을 하면 자연스럽게 연결할 수 있다.

- 곱슬머리의 경우

  먼저 매직 스트레이트를 한 다음 붙임머리를 하면 모발도 잘 마르고 고객 모와 붙임머리 모발의 일체감이 업그레이드 되기 때문에 더욱 자연스럽다.

2) 붙임머리 후 커트

붙임머리를 티 안나고 자연스럽게 연출하기 위해서는 커트가 가장 중요한 역할을 한다.

붙임머리 후 커트를 할 때에는 다음 사항을 반드시 고려해야 한다.

- 붙임머리 시 모발이 팁에 뭉쳐져 있기 때문에 일반 가위로 커트할 경우 뭉툭 하게 잘려 부자연스럽다.

  따라서 붙임머리 후 커트를 할 때에는 레이저 날을 사용해 아주 미세하게 조금씩 섹션을 잡고 버티컬 섹션으로 소량씩 잘라내야 자연스러운 커트를 완성할 수 있다.
- 붙임머리 커트를 할 때 가장 중요한 사항은 고객의 탑 부분에 덮여 있는 모발과 붙임머리 가장 윗 부분의 모발이 자연스럽게 연결이 되게 커트하는 것이다. 보여지는 부분인 이 부분에서 일체감이 보일 수 있도록 커트해야 티가 나지 않고 자연스럽다.
- 붙임머리 헤어는 팁으로 묶여 있어서 샴푸를 했을 경우 뭉침 현상이 발생하기 때문에 레이저 날을 사용해 붙임머리 모발 사이사이를 질감 처리해서 공기감을 형성해주면 고객이 홈케어를 할 때에도 편하게 손질할 수 있다.

2. 펌

붙임머리를 할 때 가장 많이 하는 펌은 일반펌과 세팅펌이 있다.

1) 일반펌

일반펌을 할 때는 펌 작업 시간이 다르기 때문에 고객이 원하는 컬에 맞춰 고객 모발과 붙임머리 제품을 따로 펌해서 준비한 다음 붙임머리를 해야 한다.

붙임머리 일반펌 순서는 다음과 같다.
① 가모에 전처리제를 바르고 치오펌제나 멀티펌제를 도포한다.
② 롯드 선정 후 트위스트 기법으로 와인딩 한다
③ 와인딩 후 고객이 원하는 스타일에 따라 15분~ 최대 30분 자연 방치한다.
④ 중간 린스 후 타올 드라이하고 말린 다음 과수 중화 5분 2회로 해준다.
⑤ 약산성 샴푸 후 트리트먼트로 마무리해준다.

※ 참고
일반펌을 한 가모는 늘어지는 경향이 있기 때문에 붙임머리 작업을 할 때 트위스트 기법으로 하는 것이 좋다.

2) 세팅펌

세팅펌은 고객 모와 붙임머리 제품을 같이 펌해야 일체감이 뛰어나고 자연스럽게 연출할 수 있다.

세팅펌 작업 순서는 다음과 같다.
① 고객 모가 건강모일 때 치오펌제로 애벌 작업을 먼저 10분~15분 한 후 헹굼 처리한다.
② 붙임머리 시술 완성 후 컬을 원하는 위치에서 고객 모와 붙임머리를 같이 세팅펌제로 연화 처리 15분 한다.
③ 약산성 샴푸로 헹굼 처리한다.
④ PPT를 모발에 골고루 바르고 꼬리 빗질 후 수분 20% 남기고 건조한다.
⑤ 원하는 세팅롤을 선택해서 와인딩한 다음 세팅펌기 건강모를 누른 후 10분~15분 방치한다.
⑥ 과수 중화 5분 2회로 해준다.
⑦ 약산성 샴푸로 샴푸 후 트리트먼트로 마무리해준다.

3. 붙임머리 후 관리 방법

1) 빗질

빗질할 때 굵은 쿠션 브러시로 머리카락 끝 부분부터 차츰차츰 위로 올라가면서 빗질한다.

두피 부분을 잡고 모발만 빗질해주면 두피도 자극이 없고, 붙임머리 고정부가 빠지거나 팁 부분이 빗에 걸리는 것을 방지할 수 있다.

2) 샴푸

- 붙임머리를 하면 끝부분이 가장 엉키기 쉽다. 따라서 샴푸를 하기 전에 모발 끝부분을 미리 빗질한 다음 트리트먼트를 도포하고, 두피 쪽은 스켈프 샴푸한다.
- 붙임머리용 샴푸로는 손상모용 샴푸나 세정력이 강하지 않은 모이스처한 종류의 약산성 샴푸를 사용하는 것이 좋다.
- 샴푸를 할 때는 머리카락이 엉키는 것을 방지하기 위해서 선 자세로 머리를 감고, 모발의 위쪽에서 아래쪽으로 물을 적시는 것이 좋다.
- 공병에 샴푸와 물을 넣어 섞은 후 두피 사이사이에 거품을 도포해 두피 마사지를 해준다. 만약 공병이 없다면 손바닥에 샴푸를 덜어 거품을 충분히 내준 다음 모발보다는 두피 쪽을 깨끗하게 씻어준다.

3) 샴푸 후 관리

붙임머리용 모발은 보습을 충분히 해줘야 오래도록 좋은 결을 유지할 수 있다.

따라서 샴푸 후에는 린스나 트리트먼트를 사용해주는데, 이때 보습성이 좋은 트리트먼트를 모발에 충분히 도포한 다음 2분~3분 정도 방치한다. 기다리는 동안 모발 끝부분을 빗질해서 결을 정리해주면 말릴 때 빨리 마르고 드라이 시 엉킴이 훨씬 덜하다.

단, 두피에는 트리트먼트가 닿지 않게 조심하고, 트리트먼트를 헹굴 때 모발을 세게 문지르면 코팅이 벗겨져서 머릿결이 손상되기 때문에 결 방향에 따라 부드럽게 헹궈준다.

두피는 꼼꼼하게 모발은 부드럽게 헹궈준 다음에는 보습을 위해 오일에센스나 가발 유연제 발라 마무리한다.

4) 드라이

타올 드라이를 한 뒤 에센스나 유연제를 바르고 모발 끝부분부터 말려주면서 두피 쪽은 찬 바람으로 꼼꼼히 말려주는 것이 좋다. 붙임머리 피스는 뭉쳐 있어서 말리는 시간이 오래 걸린다. 철 쿠션 브러쉬로 위에서 아래로 빗질하면서 말려주면 빠르게 마른다.

5) 취침 시 관리

취침 시 뒤척거리다가 붙임머리한 모발이 엉킬 수 있기 때문에 자기 전 모발을 양갈래로 느슨하게 땋아 묶고 자면 아침에 자연스러운 웨이브를 연출할 수도 있고 엉키지도 않는다. 샴푸 후에는 반드시 말린 후 잠자리에 들어야 한다.

6) 리터치

붙임머리용 제품은 두 달에서 석 달에 한 번은 교체해야 한다.
리터치 기간이 넘어가면 모발의 엉킴 현상이 생기고 매듭이 보여 표가 많이 난다.
또한 고객 모발이 자라면서 붙임머리 고정부가 내려와 샴푸 시 손가락에 걸림 현상이 심해져 견인성 탈모가 생길 수 있으므로 기간을 넘기지 않고 리터치 받는 게 좋다.

Ⅶ. 붙임머리 고객 관리

붙임머리는 길이 연장 또는 멋내기 목적으로 찾는 경우가 많아서 다양한 컬러로 작업한 작품을 진열하거나 디자이너가 직접 붙임머리를 하는 경우 붙임머리를 권유하기 유리하다.

붙임머리 부문에서 배우는 다양한 방법 중 고객의 모질과 성향 등을 파악해 적절한 방법으로 시술하면 완성도를 높일 수 있다.
예를 들어 약한 연모나 아주 가는 모발에 붙임머리를 할 때는 붙임머리를 받은 후 모발이 뽑히는 경우가 많아서 불만 확률이 높으므로 고객에게 붙임머리가 불가한 이유를 잘 안내해야 하고, 모발이 굵거나 강모인 경우 붙임머리를 할 때 모발을 평균보다 적게 잡고, 매듭과 고무줄을 감을 때 텐션을 줘서 단단히 마무리해야 풀리지 않는다.
또한 타사에서는 짧은 머리를 연장할 때 붙임머리용 모발을 두 피스 정도 권유하는데 두 피스를 다 사용하게 되면 머리가 무겁고, 두피가 아파서 불편할 수 있다. 따라서 붙임머리를 할 때는 목 쪽 부분 밑단을 촘촘하게 3단 정도 넣고 위에 부분은 길이가 비어 보이는 부분만 중간중간 지그재그로 붙여주고, 옆머리와 사이드 부분은 사선으로 섹션을 떠서 밑부분은 촘촘히, 윗부분은 지그재그로 붙임머리를 해준다. 이렇게 하면 제품을 한 피스 반 정도 쓰게 되는데, 자연스러운 길이 연장은 물론 재료 절감과 작업시간 단축까지 가능하다.
붙임머리는 좀 더 화려하고 특별하게 변신하고 싶은 여성분들이 많이 선호하는 매뉴얼이기 때문에 시각적으로 고객을 사로잡아야 함을 기억하고, 온라인상에서 홍보할 때는 단순한 길이 연장 외에 다양한 색깔을 활용해서 붙임머리를 한 사진들(옴브레, 솜브레, 투톤 붙임머리 등)을 업로드하면 고객 문의를 유도하기 쉽다.
고객의 부담을 줄이기 위해 붙임머리를 연달아서 할 때는 제거 비용은 따로 받지 않는다. 또한 리터치 또는 '숱 보강+길이 연장' 등 다양한 유형의 패키지 코스를 만들어 합리적인 금액으로 지속적인 관리를 받는 방법을 제시하면 고정 고객 형성에 용이하다.

보톡스증모술 부문

집필위원

김보민 김채민 이영선 임정숙 최수인 최정원

보톡스증모술은 원포인트 증모술로 커버가 어려운 비교적 넓은 정수리 쪽 탈모 부위를 쉽고 빠르게 증모할 수 있도록 다양한 형태로 디자인이 되어 있는 고정식 숱 보강 증모피스이다.

보톡스라는 명칭은 일반적으로 피부의 잔주름을 없애주는 주사제를 뜻하는데, 보톡스증모술 역시 탈모가 있는 부위에 내 모발과 같은 100% 인모로 머리숱을 보강해 동안으로 만들어준다는 의미에서 착안했다.

보톡스증모술은 내피 없이 특수 줄로 제작해서 고객의 모발과 두피는 건강하게 관리하면서 탈모 부위만 완벽하게 머리숱을 보강할 수 있는 두피성장 탈모케어가 목적이며, 착용 시 무게감이 거의 없고 통기력이 뛰어나기 때문에 착용감이 매우 편안하다는 점, 증모방법이 매우 간단하고 쉬우며 한 번에 많은 양의 모발을 증모할 수 있다는 점 등의 장점이 있다.

네이프 라인을 기준으로 하여 탑과 정수리 부위의 모량을 확인해 고객의 탈모 진행 정도(%)를 알 수 있는데, 보톡스증모술은 탈모 부위 숱 빠짐이 30~50% 진행되어 모발이 듬성듬성 있는 경우에 많이 사용한다. 또한 보톡스증모술은 머리숱 보강뿐만 아니라 정수리 쪽 볼륨감을 살리고자 할 때도 활용할 수 있다.

보톡스증모술을 고정할 때는 고객의 건강한 모발에 고정해야 견인성 탈모가 생기지 않고 안전하게 고정할 수 있다. 따라서 제품 사이즈가 탈모 범위 보다 1cm 정도 큰 제품을 선택해야 고정 시 안전하고 완벽하게 탈모를 커버할 수 있다.

보톡스증모술은 탈모 진행 정도에 따라 형태별, 부분별 7가지 디자인으로 구성되어 있으며, '동안으로 보석처럼 귀하고 아름답게 빛나라'라는 의미에서 제품명 역시 보석 이름으로 짓게 되었다. 기존에 없던 증모 디자인으로 전 제품 모두 디자인 특허를 획득했으며, 제품별 활용범위는 다음과 같다.

보톡스증모술 제품 안내

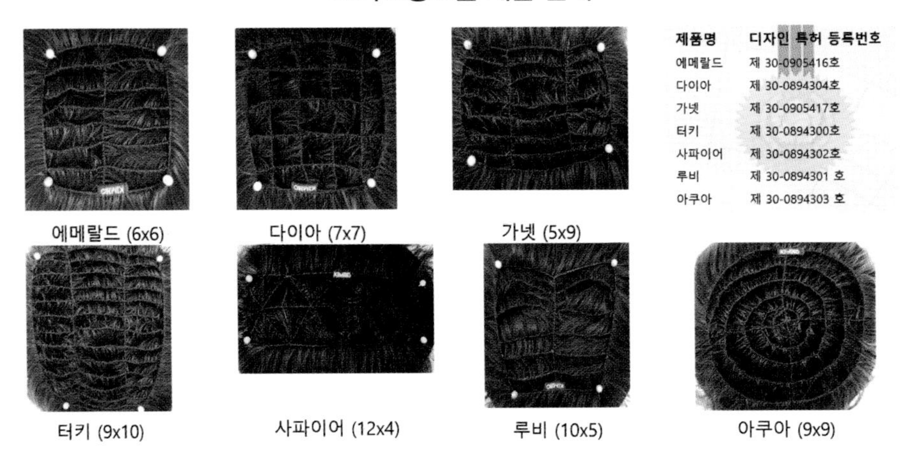

제품명	디자인 특허 등록번호
에메랄드	제 30-0905416호
다이아	제 30-0894304호
가넷	제 30-0905417호
터키	제 30-0894300호
사파이어	제 30-0894302호
루비	제 30-0894301 호
아쿠아	제 30-0894303 호

- 터키: 9cm × 10cm 크기며, 정수리, 탑, M자 탈모 부위의 탑 전체 커버에 사용할 수 있다.
- 루비: 10cm × 5cm 크기며, 앞머리 뱅, 정수리 등에 숱을 보강할 때 주로 사용한다.
- 에메랄드: 6cm × 6cm 크기며, 정수리, 탑 등의 숱이 부족한 부분에 숱을 보강할때 주로 사용한다.
- 사파이어: 12cm × 4cm 크기며, 앞머리, M자 탈모, 가르마에 사용하고, 탈모 커버뿐만 아니라 볼륨이 필요할 때도 활용할 수 있다.
- 아쿠아: 9cm × 9cm 크기며, 확산성 탈모(원형 탈모), 정수리에 숱을 보강할 때 주로 사용한다.
- 가넷: 5cm × 9cm 크기며, 정수리 가르마, 이마뱅 부위에 숱을 보강할 때 주로 사용한다.
- 다이아: 7cm × 7cm 크기며, 정수리, 탑 부위에 숱을 보강할 때 주로 사용한다.

보톡스증모술의 줄은 머리카락의 평균 두께(0.05mm ~ 0.12mm)보다 약간 더 두꺼운 0.3mm 머신줄로 제작되어 있고, 고객에게 고정할 때 모량 조절이 가능하다. 줄의 색상은 블랙 컬러라서 착용 후 고객 모발을 줄 사이로 빼냈을 때 줄이 거의 티가 나지 않는다.

보톡스증모술의 특징은 다음과 같다.

– 탈모 크기에 따라 부위별 탈모 커버가 가능하다.

– 보톡스 제품끼리 결합하여 다양하게 응용할 수 있다.

– 100% 프리미엄 인모로 제작해 펌, 염색 등이 가능하며 비교적 넓은 부위에도 증모할 수 있다.

– 증모 시 소요 시간은 커버 부위나 증모하는 모량에 비해 짧게 걸린다. (30분 ~ 1시간)

– 3주~4주에 한 번씩 리터치를 받아야 하기 때문에 고정 고객 확보가 용이하고, 샵 매출을 안정적으로 관리할 수 있다.

– 내 머리처럼 두피까지 샴푸가 가능하고, 수영, 사우나, 활동적인 운동을 해도 벗겨질 염려가 없다.

– 고정식 증모술이기 때문에 탈부착이 필요 없어서 출장, 합숙, 장기 여행 시 편하게 관리할 수 있다.

– 스킨 또는 망 재질의 내피가 없이 줄로 제작했기 때문에 매우 가볍고 통기성이 좋아서 착용감이 편안하다.

– 남아 있는 잔모와 두피를 케어할 수 있는 기능성 탈모 커버 제품이다.

– 탈모 커버와 탈모 관리를 동시에 할 수 있는 두피 성장 케어 제품이다.

– 줄과 줄 사이로 고객 모발을 빼내어 가모와 섞어주기 때문에 일체감과 밀착감이 뛰어나다.

Ⅰ. 보톡스증모술 고정

보톡스증모술을 하기 위해서는 익스텐션용 링과 익스텐션용 바늘, 증모용 바늘, 익스텐션 모발, 펜치, 니퍼, 머신줄 등이 필요하다.
보톡스증모술을 고정할 때는 고정하고자 하는 위치에 꼬리 빗질을 한 다음 줄의 라인에 따라서 일직선으로 섹션을 뜨는데, 링의 크기에 맞게 가모와 고객 모가 링 안에 꽉 차게 모량을 잡는다. 이때 고객 모발과 가모는 7:3의 비율로 고정하는데, 만약 고객 모발이 얇거나 약하면, 고정할 곳을 옮겨 건강한 모발에 고정한다.

또한 모든 새 제품은 가모에 유연제 처리가 되어 있어서 코팅을 벗겨내기 위해서 가볍게 알칼리 샴푸로 딥클렌징을 먼저 해준 후 가봉 컷, 펌, 염색 등을 미리 준비해 준다.

1. 보톡스증모술 고정 방법

보톡스증모술을 고정할 때는 링으로 고정하는 방법과 스킬을 이용해서 고정하는 방법이 있다. 고객의 두피와 모발의 컨디션에 맞게 링과 스킬을 혼합해서 작업하면 더욱 완성도 높은 보톡스증모술을 할 수 있다.

1) 링 고정법

① 링 크기에 맞는 섹션모를 뜬다.
② 두상 각 90°를 유지하여 링 사이로 섹션모를 통과시킨다.
③ 펜치로 링을 잡고, 섹션모를 잡은 왼손은 두상 가까이 각도를 내린다.
④ 펜치를 든 오른손의 각도를 내려서 링을 두피에 밀착시켜 1차 100% 집어준다.
⑤ 링의 2/3 지점에서 한 번 더 집어주어 고정력을 높여준다.

링으로 보톡스증모술을 고정할 때는 다음 사항을 반드시 유의해야 한다.
– 연모일 경우, 작은 흔들림에도 견인성 탈모가 생길 수 있어서 링과 링 사이는 띄

우지 않고 틈 없이 고정하는 것이 이상적이다.

- 건강모일 경우, 링과 링 사이를 촘촘하게 붙이면 안정적이긴 하지만 통기성이 약하고, 피지가 모이거나 샴푸를 할 때 샴푸 또는 트리트먼트 등 제품이 잔류해서 두피가 손상될 수 있으므로 살짝 띄우는 것이 이상적이다.
- 링의 크기가 다양하게 있으므로 필요한 링 크기를 선택해 사용할 수 있다.
- 연모나 약한 모발은 작은 크기의 링을 사용하면 고정력도 좋아지고 고객도 편안하다.
- 모발이 건강하고 노출이 적은 부위는 큰 크기의 링을 사용하여 고정하면 사용하는 링의 개수를 줄일 수 있어서 작업 시간을 단축시킬 수 있다.
- 링과 링 사이를 0.5cm 이상 띄우면 안 되는 이유는 샴푸 시 손가락이 링과 링 사이로 들어가 견인성 탈모가 생길 우려가 있기 때문이다. 링의 크기만큼씩 띄우는 것이 가장 안정적이다.
- 링 고정 시 시술자의 자세는 시술자가 두상의 시술 부위에 따라 위치를 이동하여 고정해야 한다.

2) 스킬 고정법

스킬을 하기 위해 잡는 모발은 일반 모(3가닥~5가닥) + 섹션모 [가모(3가닥~5가닥)+고객 모(3가닥~5가닥)]이다.

① 일반 모를 반으로 접어서 엄지, 검지로 잡고, 섹션모(가모+고객 모) 위에 올린다.

② 0.5cm 지점에서 스킬 바늘을 하늘을 보게 하고, 일반 모와 섹션모를 같이 한 번에 걸고 ㅗ자 모양을 만든다.

③ ㅗ자 모양에서 시계 방향으로 한 바퀴 돌린다.

④ 왼손으로 잡은 일반 모 + 섹션모를 10시~11시 방향 위로 올리면서, 스킬 바늘을 시계 방향으로 3바퀴~4바퀴 돌린다.

⑤ 왼손으로 잡은 일반 모 + 섹션모를 9시 방향 ㄱ자 모양으로 이동하면서, 스킬 바늘을 시계 방향으로 한 바퀴 돌린다.

⑥ 왼손으로 잡은 일반 모 + 섹션모를 9시 방향에서 6시 방향으로 내려오면서, 스킬 바늘을 시계 방향으로 3바퀴~4바퀴 돌리면서 내려온다.

(바퀴 수는 상황에 맞게 조절할 수 있다)

⑦ 왼손으로 잡은 일반 모 + 섹션모를 왼손 검지 위에서 스킬 바늘을 왼쪽으로 밀어 넣은 후 위에서 아래로 한 번 스킬을 걸어 매듭을 지어준다. 텐션을 주어 마무리한다.

스킬을 이용한 고정 방법은 링으로 고정했을 때 두피가 베길 수 있는 부위, 즉 링이 불편한 부위에 사용한다. 만약 금속 알레르기가 있는 고객이 보톡스증모술을 원하는 경우, 고정하는 모든 부분을 스킬로 작업해야 해서 스킬 고정법은 꼭 익혀두어 미리 숙련해서 스킬 작업 시 시간이 오래 걸리지 않게 주의해야 한다.

〈 보톡스증모술 고정 순서 〉

① 고객의 탈모 유형에 맞는 보톡스 증모피스를 선택한다. 이때, 고객님의 탈모 부위보다 피스의 크기가 조금 더 큰 크기를 선택해야 탈모 부위를 완벽하게 커버할 수 있다.

② 보톡스증모술 제품을 처음 사용할 땐 반드시 모발에 물을 충분히 적셔서 타올 드라이한다.

③ 물기를 30% 정도 남겨두고, 사방 빗질을 해서 뿌리 볼륨과 모류 방향을 잡아준다.

④ 고정하기 전 고객 두상에 살짝 얹어 스타일과 모류 방향 고려하여 고정할 위치를 잡는다. 제품의 앞뒤 구분이 없어서 방향을 정할 때 정확하게 한다.

⑤ 피스가 움직이지 않게 고정력이 있는 핀셋 또는 망클립으로 먼저 고정해준다.

⑥ 보톡스 제품의 가장자리 코너 부분에 모양 틀이 잡기 편하고, 움직이지 않게 망클립으로 가고정한다.

⑦ 줄 사이사이 위빙으로 고객 모발을 조금씩 빼낸 후, 잘 섞이게 빗질한다.

⑧ 피스 가장자리 줄 모발을 반으로 갈라서 한 줄은 아래로 나머지는 위쪽으로 모아 텐션을 주지 말고 악어핀으로 흘러내리지 않게 고정한다.

⑨ 섬세하게 모류 방향에 따라 빗질한다.

⑩ 섹션모(가모+고객 모)를 링 크기만큼 줄 라인선 모양에 따라 일직선이 되게끔 뜬다.

⑪ 링을 밀어 넣고, 섹션모를 두상 각 90°를 유지하여 링 사이로 통과시킨다.

⑫ 펜치로 링을 잡고, 섹션모를 잡은 왼손은 두상 가까이 각도를 내린다.
⑬ 펜치를 든 오른손의 각도를 내려서 링을 두피에 밀착시켜 1차 100% 집어준다.
⑭ 링의 2/3 지점에서 한 번 더 집어주어 고정력을 높여준다.
⑮ 작업 순서는 제품을 1번~10번까지 구역을 나누고 구역마다 텐션을 다르게 하여 링(3개~5개) 작업을 한다
⑯ 링으로 작업할 수 없는 부분은 스킬로 대신하여도 된다. 스킬로 매듭을 지을 때는 더블스킬 방법으로 한다.

링으로 보톡스증모술을 고정할 때 가장 중요한 것은 수시로 모류 방향 따라 꼬리 빗질을 잘하는 것이다. 또한 보톡스증모술이 줄로 제작되어 있어서 숙련되지 않은 초보자의 경우는 모양틀을 잡기 어려울 수 있다. 따라서 초보자의 경우 보톡스증모술을 쉽게 고정할 수 있도록 가고정을 미리 해두는 것이 좋고, 숙련된 후에는 가고정을 생략하고, 바로 고정한다.
가고정할 때는 큰 링으로 작업할 경우, 본고정 후 가고정을 제거할 때 줄이 울거나 고객 모발을 당겨서 아플 수 있으므로 망클립 또는 핀셋으로 흔들림 없이 단단하게 잡아주는 것이 좋다.

2. 보톡스 제품별 고정 방법

1) 터키

터키는 정수리, 탑, M자 탈모 부위를 전체 커버할 수 있는 보톡스증모술이다. 크기는 10cm × 11cm로 보톡스증모술 중 가장 큰 크기의 제품이다. 터키를 제대로 고정하기 위해서는 각 부분을 고정하기 전에 반드시 꼬리 빗질로 모류 방향을 잡아주면서 작업해야 한다.

터키 고정 순서는 다음과 같다.
① 제품을 모류 방향대로 빗질한다.

② 고정할 부위에 터키를 올려 핀셋으로 제품이 움직이지 않게 고정한다.

③ 줄 사이사이 위빙으로 고객 모발을 조금씩 빼낸 후, 잘 섞이게 빗질한다.

④ 보톡스 제품의 가장자리 코너 부분을 고정력이 있는 핀셋 또는 망클립으로 가고정해서 모양틀이 잡기 편하고, 움직이지 않게 한다.

⑤ 본고정을 할 때는 1번부터 가고정한 핀셋 또는 망클립을 제거하고 본고정에 들어간다.

- 1번은 무텐션으로 3개~5개 정도 고정한다.
  이때 줄이 당기지 않게 줄 라인선 모양에 따라 일자 형태로 떠서 고정한다.
- 2번은 20%의 텐션을 주어 3개~5개 정도 고정한다.
- 3번~4번은 30%~40%의 텐션을 주어 3개~5개 정도 고정한다.
- 5번~6번은 50%~60%의 텐션을 주어 3개~5개 정도 고정한다.
- 7번~8번은 70%~80%의 텐션을 주어 3개~5개 정도 고정한다.
- 9번은 90%의 텐션을 주어 고정한다.
- 10번은 100%의 텐션을 주어 고정한다.

터키(디자인 특허 30-0894300)

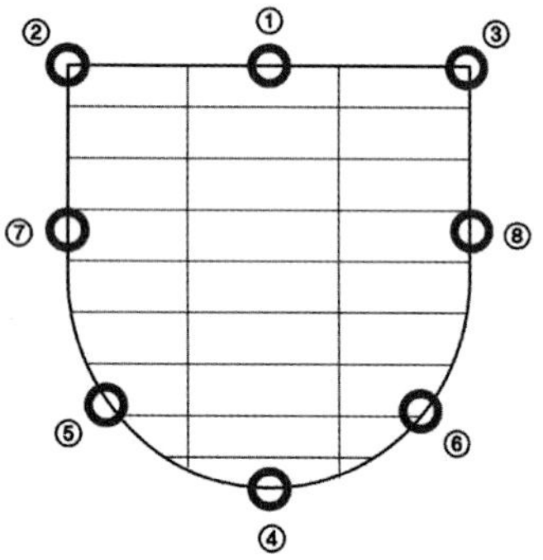

〈가고정 위치〉

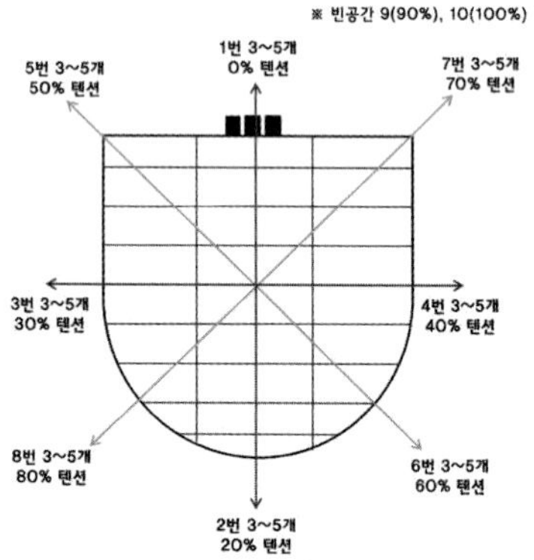

〈고정 순서〉

2) 루비

루비는 앞머리 뱅, 정수리 탑 부위 등 사용하고, 크기는 11cm × 6cm이다.
루비를 고정하는 방법에 대해 살펴보자.

① 제품을 모류 방향대로 빗질한다.

② 고정할 부위에 루비를 올려 핀셋으로 움직이지 않게 고정한다.

③ 줄 사이사이 위빙으로 고객 모발을 조금씩 빼낸 후, 잘 섞이게 빗질한다.

④ 보톡스 제품의 가장자리 코너 부분을 고정력이 있는 핀셋 또는 망클립으로 가고정해서 모양틀이 잡기 편하고, 움직이지 않게 한다.

⑤ 본고정을 할 때 1번부터 차례로 가고정한 핀셋 또는 망클립을 제거하고 그 자리에 본고정이 들어간다.

- 1번은 무텐션으로 3개~5개 정도 고정한다.
  이때 줄이 당기지 않게 줄 라인선 모양에 따라 일자 형태로 떠서 고정한다.
- 2번은 20%의 텐션을 주어 3개~5개 정도 고정한다.
- 3번~4번은 30%~40%의 텐션을 주어 3개~5개 정도 고정한다.
- 5번~6번은 50%~60%의 텐션을 주어 3개~5개 정도 고정한다.
- 7번~8번은 70%~80%의 텐션을 주어 3개~5개 정도 고정한다.
- 9번은 90%의 텐션을 주어 고정한다.
- 10번은 100%의 텐션을 주어 고정한다.

루비(디자인 특허 30-0905416)

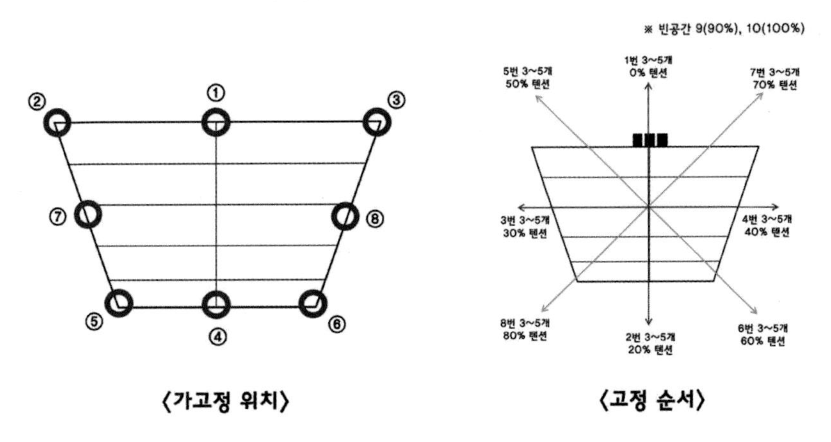

〈가고정 위치〉 〈고정 순서〉

3) 에메랄드

에메랄드는 정수리, 헤어 탑 쪽의 머리숱이 부족한 부분에 사용하는 작은 사이즈의 제품으로 크기는 7cm × 7cm이다.

에메랄드를 고정하는 방법에 대해 살펴보자.

① 제품을 모류 방향대로 빗질한다.

② 고정할 부위에 에메랄드를 올려 핀셋으로 움직이지 않게 고정한다.

③ 줄 사이사이 위빙으로 고객 모발을 조금씩 빼낸 후, 잘 섞이게 빗질한다.

④ 보톡스 제품의 가장자리 코너 부분을 고정력이 있는 핀셋 또는 망클립으로 가고정해서 모양틀이 잡기 편하고 움직이지 않게 한다.

⑤ 본고정을 할 때 1번부터 차례로 가고정한 핀셋 또는 망클립을 제거하고 그 자리에 본고정이 들어간다.

– 1번은 무텐션으로 3개~5개 정도 고정한다.
  이때 줄이 당기지 않게 줄 라인선 모양에 따라 일자 형태로 떠서 고정한다.
– 2번은 20%의 텐션을 주어 3개~5개 정도 고정한다.
– 3번~4번은 30%~40%의 텐션을 주어 3개~5개 정도 고정한다.
– 5번~6번은 50%~60%의 텐션을 주어 3개~5개 정도 고정한다.
– 7번~8번은 70%~80%의 텐션을 주어 3개~5개 정도 고정한다.
– 9번은 90%의 텐션을 주어 고정한다.
– 10번은 100%의 텐션을 주어 고정한다.

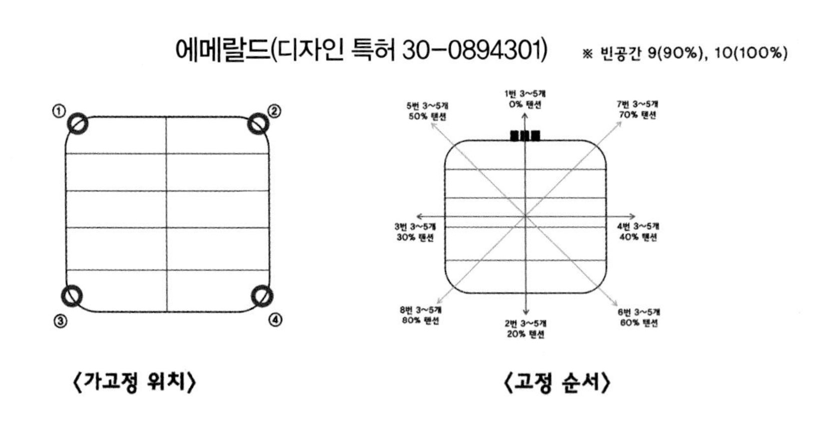

〈가고정 위치〉 〈고정 순서〉

4) 사파이어

사파이어는 M자 앞머리, 가르마, 사이드의 탈모 커버뿐만 아니라 볼륨이 필요할 때 사용하는 제품으로 크기는 12cm × 4cm이다.

사파이어를 고정하는 방법에 대해 살펴보자.

① 제품을 모류 방향대로 빗질한다.

② 고정할 부위에 사파이어를 올려 핀셋으로 움직이지 않게 고정한다.

③ 줄 사이사이 위빙으로 고객 모발을 조금씩 빼낸 후, 잘 섞이게 빗질한다.

④ 보톡스 제품의 가장자리 코너 부분을 고정력이 있는 핀셋 또는 망클립으로 가고정해서 모양틀이 잡기 편하고, 움직이지 않게 한다.

⑤ 본고정을 할 때 1번부터 차례로 가고정한 핀셋 또는 망클립을 제거하고 그 자리에 본고정이 들어간다.

- 1번은 무텐션으로 3개~5개 정도 고정한다. 크로스 부분 선을 먼저 고정한다. 이때 줄이 당기지 않게 줄 라인선 모양에 따라 일자 형태로 떠서 고정한다.
- 2번은 20%의 텐션을 주어 3개~5개 정도 고정한다.
- 3번~4번은 30%~40%의 텐션을 주어 3개~5개 정도 고정한다.
- 5번~6번은 50%~60%의 텐션을 주어 3개~5개 정도 고정한다.
- 7번~8번은 70%~80%의 텐션을 주어 3개~5개 정도 고정한다.
- 9번은 90%의 텐션을 주어 고정한다.
- 10번은 100%의 텐션을 주어 고정한다.

사파이어(디자인특허0-0894302)

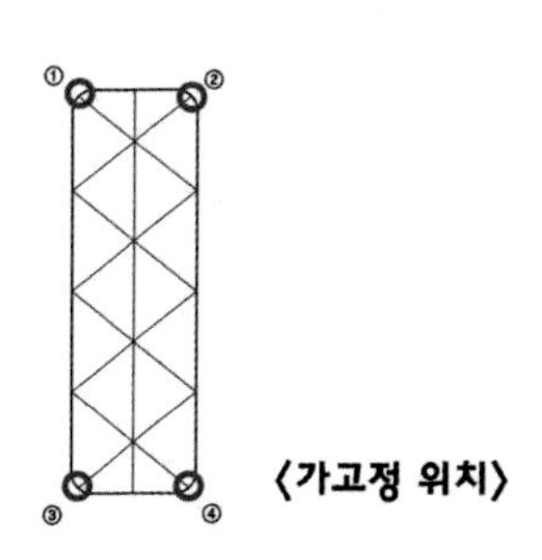

〈가고정 위치〉

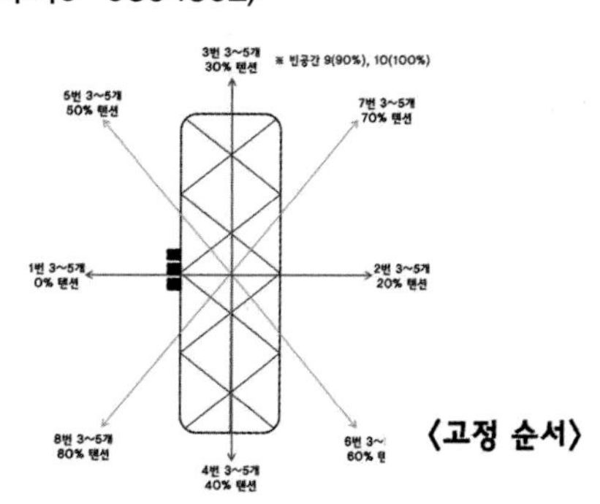

〈고정 순서〉

〈사파이어 활용법〉

사파이어는 가로, 세로 모든 방향으로 사용할 수 있는 제품이다. 사파이어 제품은 기본 방식 외에 M자 앞머리 숱을 증모하거나 가르마 부위의 볼륨감을 더해 숱을 보강하고자 할 때 사용할 수 있다.

■ M자 앞머리 증모

① 가르마를 커버할 때와 마찬가지로 M자 탈모에도 고정할 때, 테두리의 바깥쪽이 아닌 줄 안쪽으로 고정하여 모류 방향이 솟구치지 않도록 한다.

② 밑부분의 M자 부위에 고정할 모발이 없으면 위쪽에서 고객 모를 당겨와서 허공에 고정한다.

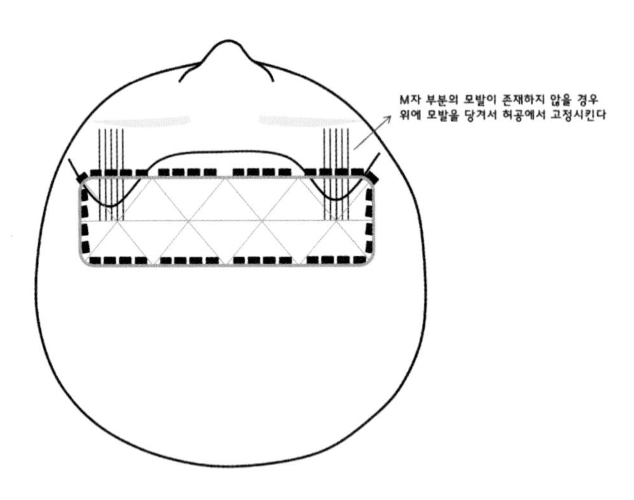

■ 가르마 부분의 볼륨감과 숱 보강을 동시에 할 경우 (가르마 라인 노출)

① 가르마 부위의 안쪽 1cm~1.5cm 부위에 사파이어를 한쪽 방향으로 놓고 고정한다.

② 기본고정 방법은 가장자리 테두리 바깥쪽으로 고정하지만 가르마 안쪽 부위에 바로 위치하는 쪽은 테두리 안쪽으로 고정해서 모류 방향이 반대쪽으로 가지 않게 고정하는 역할을 한다.

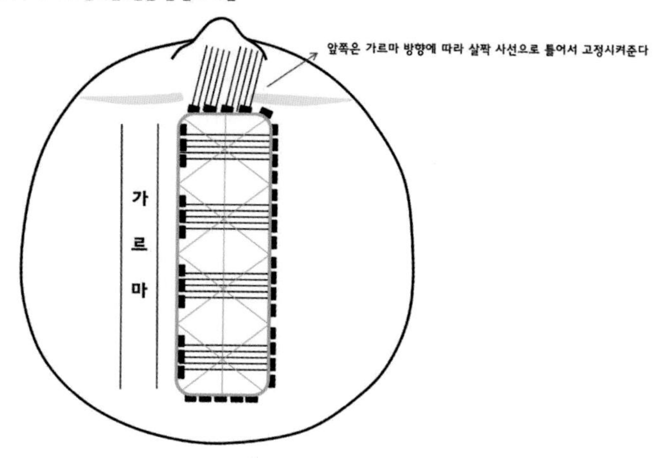

5) 아쿠아

아쿠아는 확장성 원형 빈모용에 사용하고, 제품 크기는 10cm × 10cm이다. 아쿠아는 사방으로 늘어나는 특징이 있어서 고정할 때 특히 유의해야 하고, 한쪽으로 잡아당기지 않게 주의해야 한다. 디자인 특성상 줄과 줄 사이가 멀기 때문에 바깥에서 2번째 줄의 가모와 고객 모를 섹션을 떠서 테두리 1번째 줄에 고정한다.
아쿠아를 고정하는 방법에 대해 살펴보자.

① 제품을 모류 방향대로 빗질한다.
② 고정할 부위에 아쿠아를 올려 핀셋으로 움직이지 않게 고정한다.
③ 줄 사이사이 위빙으로 고객 모발을 조금씩 빼낸 후, 잘 섞이게 빗질한다.
④ 보톡스 제품의 가장자리 코너 부분을 고정력이 있는 핀셋 또는 망클립으로 가고정해서 모양틀이 잡기 편하고, 움직이지 않게 한다.
⑤ 본고정을 할 때 1번부터 차례로 가고정한 핀셋 또는 망클립을 제거하고 그 자리에 본고정이 들어간다.

아쿠아(디자인특허30-0894303)

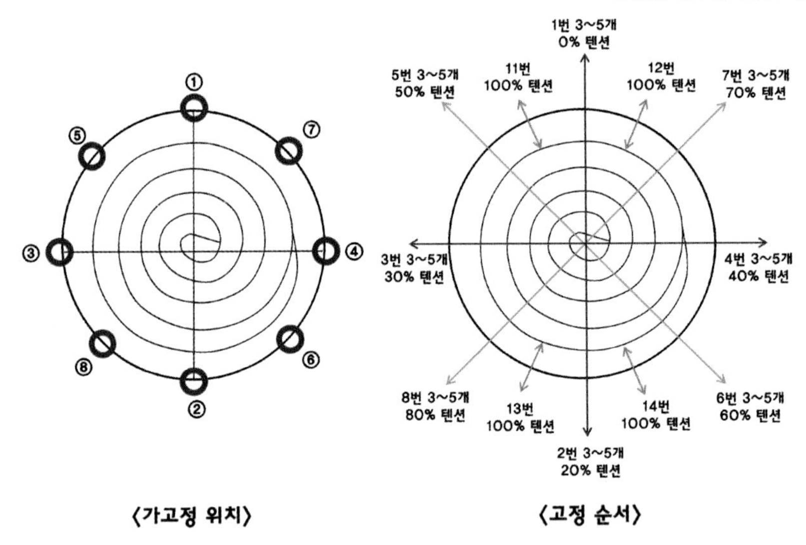

〈가고정 위치〉 〈고정 순서〉

- 1번은 무텐션으로 3개~5개 정도 고정한다. 크로스 부분 선을 먼저 고정한다. 이때 줄이 당기지 않게 줄 라인선 모양에 따라 일자 형태로 떠서 고정한다.
- 2번은 20%의 텐션을 주어 3개~5개 정도 고정한다.
- 3번~4번은 30%~40%의 텐션을 주어 3개~5개 정도 고정한다.
- 5번~6번은 50%~60%의 텐션을 주어 3개~5개 정도 고정한다.
- 7번~8번은 70%~80%의 텐션을 주어 3개~5개 정도 고정한다.
- 9번은 90%의 텐션을 주어 고정한다.
- 10번은 100%의 텐션을 주어 고정한다.
- 11번~14번은 100% 텐션을 주어 (외곽에서 2번째 줄) 고정한다.

6) 가넷

가넷은 정수리, 가르마, 이마 뱅 등을 증모할 때 사용하고 크기는 5cm × 10cm이다. 가넷을 고정하는 방법에 대해 살펴보자.

① 제품을 모류 방향대로 빗질한다.

② 고정할 부위에 가넷을 올려 핀셋으로 움직이지 않게 고정한다.

③ 줄 사이사이 위빙으로 고객 모발을 조금씩 빼낸 후, 잘 섞이게 빗질한다.

④ 보톡스 제품의 가장자리 코너 부분을 고정력이 있는 핀셋 또는 망클립으로 가고정해서 모양틀이 잡기 편하고, 움직이지 않게 한다.

⑤ 본고정을 할 때 1번부터 차례로 가고정한 핀셋 또는 망클립을 제거하고 그 자리에 본고정이 들어간다.

- 1번은 무텐션으로 3개~5개 정도 고정한다.
  이때 줄이 당기지 않게 줄 라인선 모양에 따라 일자 형태로 떠서 고정한다.
- 2번은 20%의 텐션을 주어 3개~5개 정도 고정한다.
- 3번~4번은 30%~40%의 텐션을 주어 3개~5개 정도 고정한다.
- 5번~6번은 50%~60%의 텐션을 주어 3개~5개 정도 고정한다.
- 7번~8번은 70%~80%의 텐션을 주어 3개~5개 정도 고정한다.
- 9번은 90%의 텐션을 주어 고정한다.
- 10번은 100%의 텐션을 주어 고정한다.

가넷(디자인특허30-0905417)

※ 빈공간 9(90%), 10(100%)

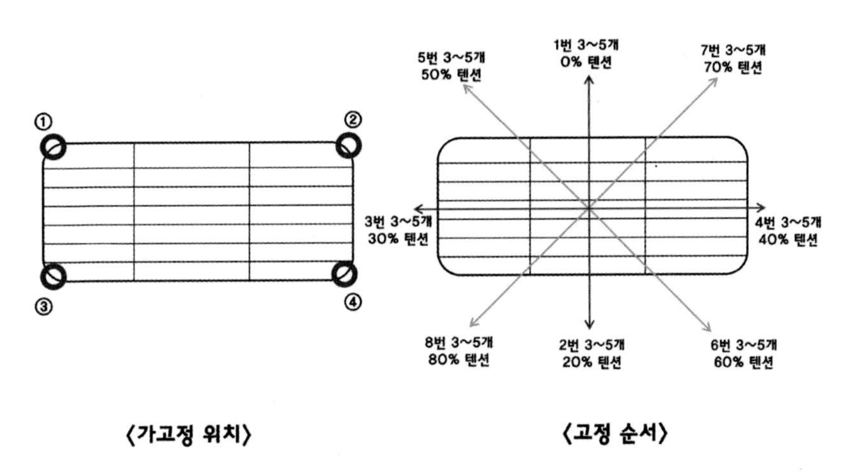

〈가고정 위치〉 〈고정 순서〉

7) 다이아

다이아는 헤어 탑 Medium 크기로 주로 사용하고, 제품 크기는 8cm × 8cm이다. 다이아를 고정하는 방법에 대해 살펴보자.

① 제품을 모류 방향대로 빗질한다.

② 고정할 부위에 다이아를 올려 핀셋으로 움직이지 않게 고정한다.

③ 줄 사이사이 위빙으로 고객 모발을 조금씩 빼낸 후, 잘 섞이게 빗질한다.

④ 보톡스 제품의 가장자리 코너 부분을 고정력이 있는 핀셋 또는 망클립으로 가고정해서 모양틀이 잡기 편하고, 움직이지 않게 한다.

⑤ 본고정을 할 때 1번부터 차례로 가고정한 핀셋 또는 망클립을 제거하고 그 자리에 본고정이 들어간다.

- 1번은 무텐션으로 3개~5개 정도 고정한다. 이때 줄이 당기지 않게 줄 라인선 모양에 따라 일자 형태로 떠서 고정한다.
- 2번은 20%의 텐션을 주어 3개~5개 정도 고정한다.
- 3번~4번은 30%~40%의 텐션을 주어 3개~5개 정도 고정한다.
- 5번~6번은 50%~60%의 텐션을 주어 3개~5개 정도 고정한다.
- 7번~8번은 70%~80%의 텐션을 주어 3개~5개 정도 고정한다.
- 9번은 90%의 텐션을 주어 고정한다.
- 10번은 100%의 텐션을 주어 고정한다.

다이아(디자인특허30-0905417)

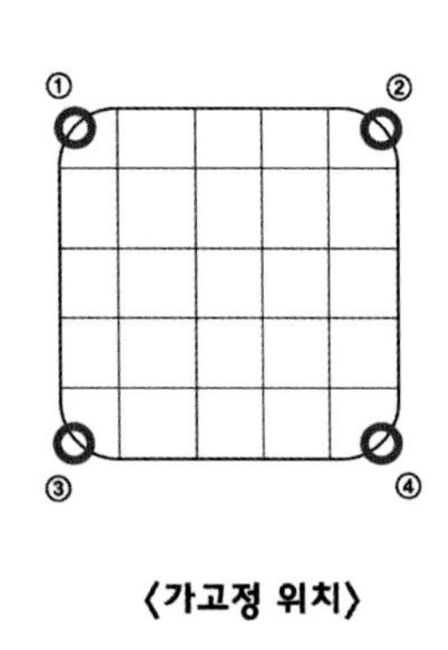

⟨가고정 위치⟩

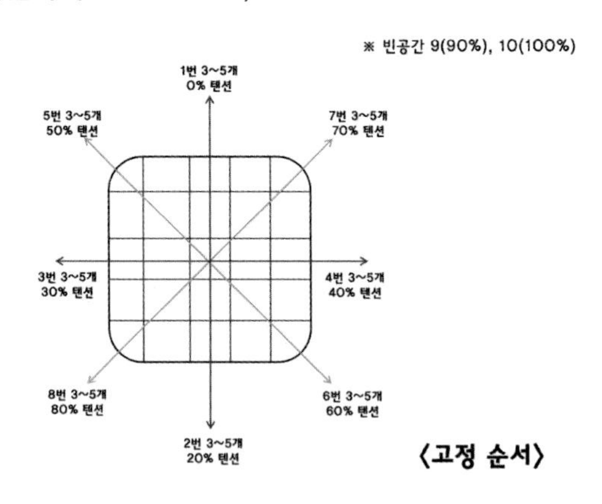

⟨고정 순서⟩

3. 보톡스증모술 응용

고객의 탈모 범위가 보톡스 제품 크기보다 크면 보톡스증모술 제품끼리 연결해서 여러 가지 형태로 사용할 수 있다. 보톡스 제품을 연결할 때는 보톡스 증모 제품 테두리를 서로 퀼트실로 묶어준다.

1) 터키 + 사파이어 = 터키 10cm x 11cm + 사파이어 12cm x 4cm의 결합

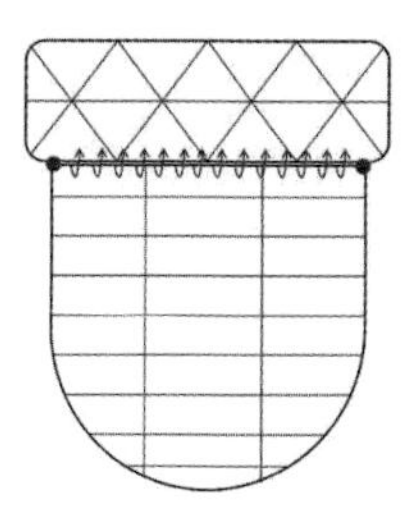

2) 터키 + 가넷 = 터키 10cm x 11cm + 가넷 10cm x 5cm의 결합

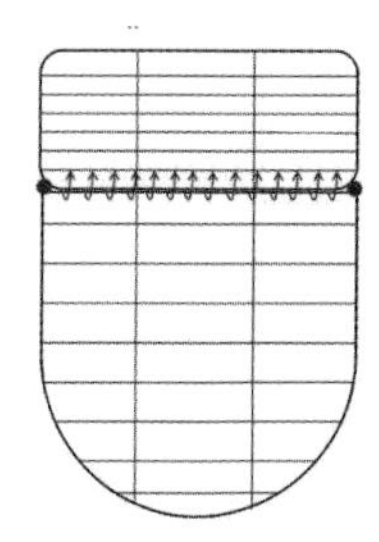

3) 루비 + 루비 = 루비 11cm x 6cm + 루비 11cm x 6cm의 결합

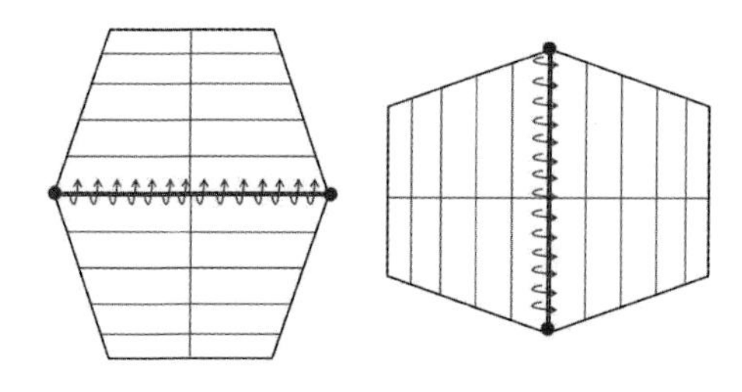

4) 루비 + 사파이어 = 루비 11cm x 6cm + 사파이어 12cm x 4cm의 결합

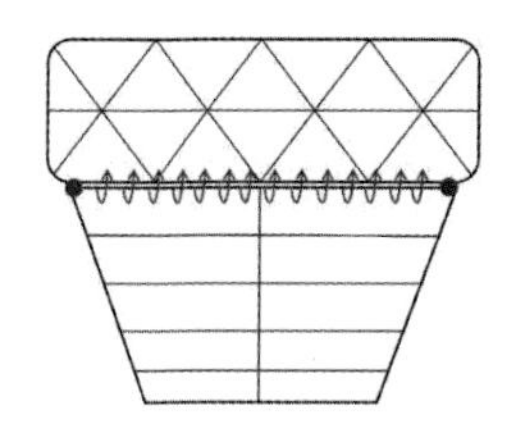

5) 사파이어 + 사파이어= 사파이어 12cm x 4cm + 사파이어 12cm x 4cm의 결합

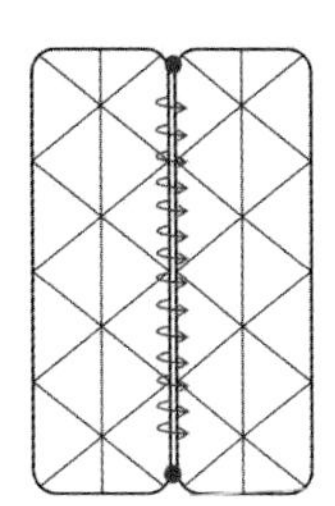

Ⅱ. 보톡스증모술 리터치

일반적으로 고객 모발은 3주~4주가 지나면 1cm~1.5cm 정도 자라는데, 모발이 자라면 보톡스증모술을 고정한 부위가 두상에서 들뜨기 때문에 샴푸나 스타일링할 때 들뜬 부분 사이로 손가락이 걸려 견인성 탈모를 유발할 수 있고, 증모 제품과 고객 모발의 단 차가 생겨서 티가 나기 때문에 3주~4주 내에 방문하여 리터치를 받는 것이 가장 이상적이다.

보톡스증모술은 제품만 봤을 때에는 이마 쪽과 뒤통수 쪽 방향을 알 수 없기 때문에 리터치를 위해 분리한 보톡스 제품은 커트 형태를 확인해서 앞, 뒤 위치대로 보관해야 재고정할 때 헷갈리지 않는다.

먼저 보톡스 제품을 고정한 링 제거 또는 스킬매듭을 푸는 방법은 다음과 같다.

■ 링 제거하는 방법

① 링 안에 있는 모발을 위로 올려서 링이 잘 보이게 한다.
② 오른손 검지를 펜치 집게 가운데 넣어 잡고, 펜치의 구멍을 이용해 링을 살짝 눌러준다.
③ 링에 틈이 생겨 헐거워지면 엄지와 검지로 링을 잡아 살살 빼준다.

■ 스킬매듭 푸는 방법

① 매듭이 꺾여 있는 부분에 뾰족한 바늘을 넣는다.
② 매듭 부분을 살살 풀어낸다.

링을 제거하거나 스킬매듭을 풀때에는 고객이 불편함이나 아픔을 느끼지 않도록 각별히 주의한다.

보톡스증모술 리터치 순서는 다음과 같다.

〈보톡스증모술 리터치 순서〉

① 링 또는 스킬매듭으로 고정한 부위를 풀어 보톡스 제품을 빼내어준다.

② 두피 스케일링, 샴푸, 커트 등 고객의 두피와 잔모를 관리해주고, 보톡스 제품도 케어해준다.

③ 보톡스 제품을 다시 고정하고, 고객 모와 자연스럽게 연결되도록 스타일링한 후 마무리한다.

Ⅲ. 스타일링

보톡스증모술은 100% 프리미엄 인모로 제작하기 때문에 펌, 염색 등 다양한 미용 시술이 가능하다. 단, 과도한 미용시술 시 제품 수명이 짧아질 수 있음을 고객에게 미리 안내해야 한다.

1. 커트

보톡스증모술 커트 시 섹션을 뜰 때는 버티컬 섹션이 기본이다. 커트할 때는 주로 무홈 틴닝가위와 레저날을 사용한다.

1) 틴닝가위(30발 무홈 틴닝)를 활용한 테이퍼링(Tapering) 질감 테크닉

- 모발 끝을 붓끝처럼 가볍게 한다.
- 모발의 양을 조절하기 위해 사용한다.
- 앤드: 모발 끝에서 1/3 지점
- 노멀: 모발 끝에서 1/2 지점
- 딥: 모발의 2/3 이상
- 버티컬 섹션(Vertical Section)으로 전체 앤드 테이퍼링 (가커트)

※ 보톡스증모술 제품을 고객 모발보다 1cm 길게 커팅하는 것이 자연스럽다.

2) 레저(Lazor)를 활용한 베벨(Bevel)업, 언더 질감 테크닉

베벨-업(Bevel-up): 겉말음 기법으로 에칭 기법을 한층 더 효과 있게 겉머리에서 머리 질감을 만들어 아웃컬의 형태 표현이 쉽다.

베벨-언더(Bevel-under): 안말음 기법으로 속말음 효과를 주기 위해 레저 날을 섹션 뒤에 위치한 후 곡선으로 움직여 아킹 기법에 더욱 효과가 있다.

레저날을 사용해 한 올씩 커트하는데 고객 모발 1cm 안쪽 지점에서 한 번, 2/3 지점에서 2회~3회, 마지막으로 끝부분을 가볍게 여러 번 틴닝 처리한다.

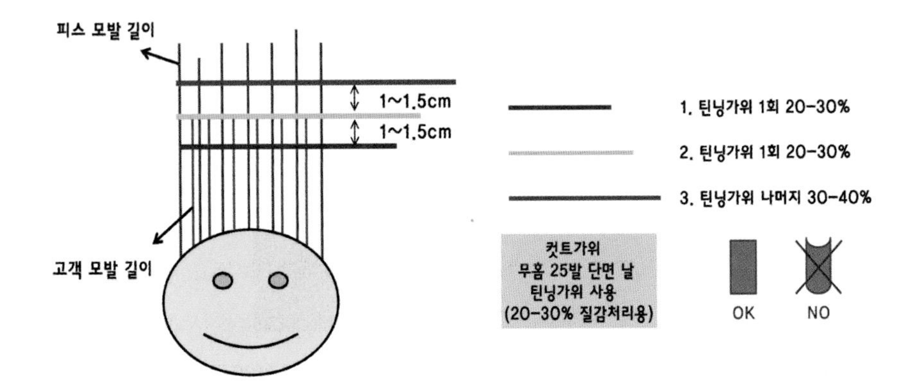

2. 펌

고객이 펌 스타일을 원하는 경우, 고객 모를 펌하는 시간과 보톡스 제품을 펌하는 작업 시간이 다르므로 보톡스 제품과 고객 모발을 각각 펌해야 한다.

1) 일반펌

① 보톡스 제품 모발에 전 처리제를 도포한다. (일반펌 – LPP 사용한다)

② 멀티펌제(1제)를 도포한다.

③ 원하는 롯드를 선정하여 와인딩한다. 와인딩 후 비닐캡을 씌운다.

④ 자연 방치 15분~20분. 보톡스 증모 제품의 모발은 산 처리된 모발이기 때문에 작업 시간이 길어지지 않게 주의한다.

⑤ 중간 린스 후 타올 드라이한다.

⑥ 과수 중화 5분(2회)

⑦ 약산성 샴푸로 헹구고, 린스나 트리트먼트로 마무리한다.

2) 연화펌

① 보톡스 제품에 치오나 볼륨 매직 약을 전체적으로 발라준다. 이때 꼬리빗으로 스타일 방향대로 결 빗질한다.

② 공기 차단을 위해 비닐캡을 씌운 후 15분 자연 방치한다.

③ 물로만 깨끗이 헹군 후 수건으로 꾹꾹 눌러 물기를 닦아준다.

④ 프리미엄 유연제를 제품에 듬뿍 뿌려 거품이 날 정도로 뿌리부터 빗질한다. 뿌리 빗질이 중요한 이유는 모발이 엉킬 때 대부분 뿌리부터 엉키기 때문이다

⑤ 원하는 컬의 롯드보다 2단계~3단계 작은 롯드로 와인딩한다.

⑥ 겉에만 마르는 게 아니라 안쪽까지 마를 정도로 뜨거운 바람으로 말려줍니다.

⑦ 열을 식힌 후에 중화는 과수로 5분(2번 도포)

⑧ 약산성 샴푸로 헹구고, 린스나 트리트먼트로 마무리한다.

3. 염색

산화제 농도별 사용하는 방법은 다음과 같다.

1.5%	손상이 심하고 탈색된 모발에 착색. 손상이 적고 착색력이 뛰어나며 명도가 어두워질 수 있고 톤 업이 안 된다.
3%	0.5~1 level 리프트 업 가능. 톤 인 톤(Tone in Tone), 톤 온 톤(Tone on Tone), 모발 색상이 #4 level 시 #4~5 level 색상 연출
6%	1~2 level 리프트 업 가능하고 모발 색상이 #4 level 시 #5~7 level 색상 연출
9%	3~4 level 리프트 업 가능하고 밝은 명도 표현에 사용한다. 모발 색상이 #4 level 시 #7~8 level 색상 연출
탈색	5~6 level 리프트 업 가능하고 선명한 명도 표현에 사용한다.

1) 산화제 비율별 사용 방법(염모제 1제 : 산화제 2제)

1 : 1 염모제에 맞춰 농도별 레벨을 원할 시 사용

1 : 2 염모제로 1~2 level 리프트 업, 건강한 모발 탈색 시 사용

1 : 3 안정적 탈색 또는 모발의 기염 부분 잔류 색소 제거 시 사용

1 : 4 탈염제를 이용하여 검정 염색 입자 제거 시 사용

ex

고객 모발이 8레벨일 때 보톡스증모술의 모발은 색깔이 3레벨이기 때문에 3레벨에서 고객 모발과 같은 레벨인 8레벨을 만들 때는 3레벨에서 고객 모와 같은 레벨을 더한 명도의 염색제를 사용한다. 5레벨 UP이 돼야 하므로 6% 산화제를 사용하면 밝아지지 않기 때문에 9% 산화제를 사용해야 한다. 시간은 30분~40분 자연 방치 후 색 테스트를 보고 헹군다.

2) 하이라이트

모발 손상 없이 하이라이트를 빼는 방법은 2가지가 있다.

- 블루(1) + 화이트파우더(2) = 1:2 자연 방치(15분~20분)

  (큐티클이 열림, 멜라닌 색소 희석, 최대한의 하이라이트 작업)
- 블루(1) + 화이트 파우더(3) + 과수 20v(6%) 1:3 = 30㎖ : 90

  (과수를 3배 넣는 이유: 최대한 모발에 상처주지 않고, 손상을 최소화하면서 컬러 레벨 up 가능)

Ⅳ. 홈케어

보톡스증모술 제품을 홈케어하는 순서는 다음과 같다.

〈 보톡스증모술 홈케어 순서 〉

① 준비: 물기가 없는 보톡스증모술 모발에 트리트먼트를 충분히 도포한다. 그 후 미온수로 모발을 골고루 적신다.

② 샴푸: 공병에 물과 함께 적당량의 약산성 샴푸를 넣어 거품을 낸 다음 샴푸하고, 솔이 부드럽고 촘촘한 실리콘 샴푸 브러시로 두피 마사지를 한다.

③ 헹굼: 샴푸제가 남지 않도록 깨끗이 헹군다.

④ 트리트먼트: 가모 끝에 트리트먼트를 도포한 다음 깨끗이 헹군다.

⑤ 타올 드라이: 마른 수건으로 모발을 눌러 물기를 제거한다.

⑥ 드라이기: 뜨거운 바람으로 고정 부분을 먼저 빠르게 건조시킨 다음, 찬 바람으로 완전히 말린다.

⑦ 빗질: 가발 브러시로 모발 끝에서부터 빗질한다.

⑧ 가발 유연제 또는 오일에센스를 적당히 도포한다.

⑨ 스타일링: 취향에 따라 드라이기, 아이론기 등 미용기구를 사용하여 스타일링 한다.

〈 관리 주의사항 〉

- 보톡스 제품은 줄로 제작했기 때문에 고객이 샴푸할 때 줄이 손상되지 않도록 주의한다.
- 샤워기 방향을 머리 위에서 센 물줄기로 맞으면 모발이 줄 안으로 들어갈 수 있으므로 주의한다.
- 보톡스 제품은 가모이기 때문에 반드시 샴푸 전 모발에 물기가 없는 상태에서 가모에 트리트먼트를 충분히 도포하여 엉키지 않게 관리해야 한다.
- 모발이 엉켰을 경우 엉킨 부위에 린스 또는 헤어 오일을 도포한 다음 한 손으로 내피 부분을 잡고 다른 한 손으로는 엉킨 모발 끝부분부터 꼬리빗 뒤쪽을 사용

해 살살 조심스럽게 풀어준다.

- 타올 드라이를 할 때는 절대 비비지 않는다.
- 과도한 빗질, 브러싱을 하면 모발 큐티클에 상처가 날 수 있으므로 주의한다.
- 빗질, 롤브러시 드라이, 펌, 컬러 사용 시 조심하여야 한다.

V. 보톡스증모술 수선

보톡스증모술은 머신줄로 제작했기 때문에 사용을 잘못하면 줄이 끊어질 수 있다. 머신줄은 두 개의 줄이 엮여 있어서 줄 가운데 부분이 끊어지면 줄이 풀어져 모발이 모두 빠질 수 있다.

그래서 줄이 끊어진 경우 줄이 더 이상 풀어지지 않도록 빨리 수선해주어야 한다.

보톡스증모술의 줄이 끊어졌을 때 수선하는 방법은 다음과 같다.

① 마네킹에 보톡스 제품을 구슬핀으로 고정한 후 끊어진 부위의 머신줄 모발을 모두 제거한다.

② 남은 줄을 족집게로 잡고, 라이터로 끝을 살짝 지진 다음 엄지와 검지로 끝을 잡아 눌러준다.

③ 새로운 머신줄을 끊어진 길이보다 조금 더 길게 재단해서 퀼트실로 벌어지지 않게 양 끝을 묶어준다.

④ 양 끝에 나온 실을 깔끔하게 정리한다.

이식증모술 부문

집필위원

길민정 신인숙 이둘화 정형호 현소영

이식증모술은 두피 건강을 최우선으로 하는 [두피성장 탈모케어] 제품으로 탈모 유형별 10가지 디자인으로 제작되어 있어서 모발이식 하듯이 탈모 부위만 완벽하게 할 수 있다.
탈모 연령이 점점 낮아지면서 기존의 덮어씌우는 식의 가발 개념에서 벗어나 두피 건강과 자연스러움을 추구하는 젊은 세대를 겨냥해 개발한 신개념 맞춤 고정식 증모술이며, 초기에서 중기로 넘어가는 탈모 단계에 주로 사용하는 증모술이다. 탈모 유형별 10%에서 90%까지 탈모가 진행된 부위에 활용할 수 있다.

이식증모술의 특징은 다음과 같다.
- 모발을 밀지 않고 기존의 모발을 최대한 살려 두피 관리와 탈모 커버가 동시에 가능한 고정식 증모술이다. (두피성장 탈모케어)
- 붙이는 본딩식 가발은 두피나 모발을 손상시키지만, 이식증모술은 친환경 고정 공법으로 두피와 모발을 안전하게 보호할 수 있다.
- 인공 스킨, 망, 3D 복제, 머신줄 등 다양한 재료를 사용하여 고객 맞춤형 탈모 커버가 가능하다.
- 고객의 탈모 유형에 따라 선택할 수 있도록 10가지 디자인으로 구성되어 있다.
- 내 머리처럼 샴푸할 수 있고, 수영, 축구, 레저스포츠 등 격렬한 운동이 가능하다.
- 다른 증모술에 비해 작업 시간이 비교적 짧고, 변화는 드라마틱하다.
- 100% 천연 인모라서 펌, 염색 등 미용서비스가 가능하기 때문에 스타일링이 자유롭다.
- 평균 3주~4주에 한 번씩 리터치한다.

Ⅰ. 탈모의 원인과 증상

이식증모술을 이해하기 위해서는 먼저 탈모증의 종류와 증상에 대해 파악하는 것이 필요하다. 탈모의 종류는 다음과 같다.

1. 남성형 탈모증

- 남성형 탈모증의 원인은 유전 및 남성 호르몬 이상에 의해 발생한다.
- 탈모 형태에 따라 M형, O형, U형, C형으로 구분할 수 있다.
- 이마의 양쪽 부분의 모발이 없는 M형, 이마가 넓어지는 U형이 가장 대표적이다.

2. 여성형 탈모증

- 여성형 탈모증의 원인은 습관성 다이어트, 피임약 남용, 펌 및 염색 같은 화학적 시술, 스트레스 등이 요인으로 꼽히며, 갱년기 여성의 경우 호르몬 밸런스 불균형 등에 의해 발생한다.
- 여성형 탈모는 주로 가르마를 기준으로 모발이 얇아지면서 볼륨감이 꺼지고, 두피가 보일 정도로 듬성듬성 모발이 빠지는 경우가 많다.

3. 원형 탈모증

- 원형 탈모증은 과도한 스트레스에 의해 발병하는 신경질환으로 발생한다.
- 동전 모양의 크기가 여러 군데 일시적으로 나타나는 현상이다.
- 치료 및 두피 관리를 통해 완치될 확률이 높다. 단 완치가 되더라도 재발하는 경우가 많다.
- 일반적인 원인은 정신적인 스트레스, 욕구불만 등으로 자율신경이 불안정하여 혈행 장애를 일으키기 때문인 것으로 추정되며 회복기에는 흰머리가 먼저 나기 시작하면서 정상적으로 되는 경우가 많다. 원형 탈모증은 타인에게는 전염되지 않으며 고혈압, 내분비 이상, 위궤양, 당뇨병, 난소 기능 저하 시 걸리기 쉽고 치료하기는 힘들다.

4. 결박성 탈모증 (*이상 탈모)

- 모발을 잡아당기거나 여러 가지 자극으로 모근부에 가벼운 염증이 생기고 모유두가 위축되면서 탈모가 발생하는 현상이다.
- 머리를 묶는 스타일을 자주 할 경우, 특히 모근이 강하게 당겨지는 상태가 지속되면 페이스라인 부위에 탈모증이 생긴다.

※ 자연스러운 모주기를 초월하여 일시적으로 탈모가 발생하거나 병적인 증상 또는 유전적 요소 등 다양한 원인으로 인해 탈모가 생길 수 있다.

5. 영양장애

- 모발이 성장하기 위해서는 주원료인 단백질(18종의 아미노산)과 비타민·미네랄 등 필수 영양소가 필요하다. 단백질은 보통의 식사를 하더라도 부족하지 않지만, 세포 내에서 효소의 일을 도와 신진대사를 증진하는 비타민과 미네랄이 부족하면 탈모를 일으키는 원인이 된다.
- 다이어트를 하기 위해 저칼로리 식사를 3개월 이상 지속하면 머리카락 굵기가 가늘어지고 통상 15%의 휴지기 모발이 30% 정도 증가한다. 비만 방지를 위해 식사량을 조절하는 것이 건강상 필요할 때도 있지만 양질의 단백질은 줄이지 않도록 주의해야 한다.

6. 내분비장애

- 머리카락은 성호르몬 중 여성 호르몬의 영향을 가장 크게 받고 있으며, 체모는 남성 호르몬의 촉진 작용을 받고 있다. 이런 성호르몬의 부족과 호르몬 장애 등이 탈모에 영향을 준다.

7. 혈관장애

- 모발이 성장할 수 있도록 영양을 운반하는 역할을 하는 모세혈관은 자율 신경의 영향을 받아 확대되거나 축소되는데 자율 신경 조절의 이상으로 인하여 모세혈관이 축소되면 영양 보급이 약해지면서 모발의 성장기를 단축시키고 탈모와 연

결될 수 있다. 자율 신경의 불안정은 무의식적 정신 긴장, 잠재적 불안감, 긴장 등이 원인이며, 원형 탈모증의 전형적인 예라고 할 수 있다.

8. 신경성 탈모증

- 스트레스, 긴장 등이 원인으로 원형 탈모증과 비슷하나 탈모 부위가 한정되어 있지 않고 경계가 불분명하여 형태가 일정하지 않다. 정신적인 원인 외에 중추신경질환, 진행성 마비, 간질, 말초신경질환에 의해 탈모가 일어날 수 있다.

9. 비강성 탈모증

- 원인은 유전적 요소, 피지의 질적 이상, 위장장애, 비타민 A 부족 등으로 추정된다. 쌀겨와 같은 미세한 비듬이 생기며 두피는 건조하고 광택이 없으며 모근이 가늘어진다.
- 이 탈모증의 범위는 부분적인 것도 있으나 광범위하게 생길 수도 있다.

10. 트리코틸로 마니아

- 무의식중에 자신이 모발을 뽑아버리는 탈모로 주로 전두부, 측두부에서 볼 수 있다.
- 원형 탈모증과 구별이 안 되는 때도 있으나 위축모가 안 보이고 단모가 보이는 것이 특징이므로 쉽게 알 수 있다. 우울증, 히스테리, 과도한 스트레스가 발모벽의 원인이며, 심리적 안정이 필요하다.

11. 악성 탈모증

- 범발성 탈모증이라고도 하며 치료가 매우 어렵다. 탈모 상태는 두발은 물론 눈썹, 속눈썹, 음모 등 신체 전반의 모발 모두가 빠지는 특징이 있다.

Ⅱ. 이식증모술의 이해

1. 이식증모술의 종류

이식증모술은 탈모 유형에 따라 M자와 탑, U자, 이마와 탑, 가르마와 탑, 중간가르마와 탑, M자와 중간가르마와 탑, 스킨이마와 탑, 스킨이마와 양가르마, 중간가르마와 탑과 뒤통수, M자 커버 등 총 10가지 디자인으로 구성되어 있다.

이식증모 기성제품 10가지

2. 이식증모술 제품별 고정 방법

이식증모술을 고정하기 전, 모든 새 제품은 가모에 유연제 처리가 되어 있으므로 코팅을 벗겨내기 위해서 가볍게 알칼리 샴푸로 딥 클렌징을 먼저 해준 후 가봉 컷, 펌, 염색 등을 미리 준비해준다.

이식증모술을 고정하는 순서는 다음과 같다.

〈이식증모술 고정 순서〉

① 고객님의 탈모 유형에 맞는 이식증모 제품을 선택한다. 이때, 탈모가 발생한 부분의 모발은 약하기 때문에 안전하게 고정하기 위해서 고객의 탈모 부위보다 제품의 크기가 조금 더 큰 사이즈를 선택한다.

② 선택한 이식증모 제품은 처음 사용 시 모발에 물을 충분히 적셔서 타올 드라이 한다.

③ 물기를 30% 정도 남겨두고, 사방 빗질을 하여 볼륨과 방향을 잡아준다.

④ 고정하기 전 고객 두상에 살짝 얹어 스타일과 모류 방향 고려하여 고정할 위치를 잡는다.

⑤ 제품이 움직이지 않게 고정력이 있는 핀셋으로 사방 고정해준다.

⑥ 줄 사이사이 위빙으로 고객 모발을 조금씩 빼낸 후, 잘 섞이게 빗질한다.

⑦ 테두리 천공을 기준으로 모발을 위로 악어 핀셋으로 고정한다.

⑧ 천공에서 고객 모를 90°로 빼낸다.

⑨ 고객 모와 가모를 모류 방향 따라 꼬리 빗질한다.

⑩ 섹션모(천공에서 빼낸 고객 모+제품의 가모+고객 모발)를 링 사이즈만큼의 모량으로 테두리라인 모양에 따라 일직선이 되게끔 섹션을 뜬다.

⑪ 링을 밀어 넣고, 섹션모를 두상 각 90°를 유지하여 링 사이로 통과시킨다.

⑫ 펜치로 링을 잡고, 섹션모를 잡은 왼손은 두상 가까이 각도를 내린다.

⑬ 펜치를 든 오른손의 각도를 내려서 링을 두피에 밀착시켜 1차 100% 집어준다.

⑭ 링의 2/3 지점에서 한 번 더 집어주어 고정력을 높여준다.

⑮ 작업 순서는 제품을 1번~10번까지 구역을 나누고 구역마다 텐션을 다르게 하여 링(3개~5개) 작업을 한다. 링 작업을 할 때 가장 중요한 것은 수시로 모류 방향 따라 꼬리빗으로 빗질을 잘하는 것이다.

지금부터는 이식증모술 제품별 특징과 고정 방법에 대해 알아본다.

1) M자와 탑

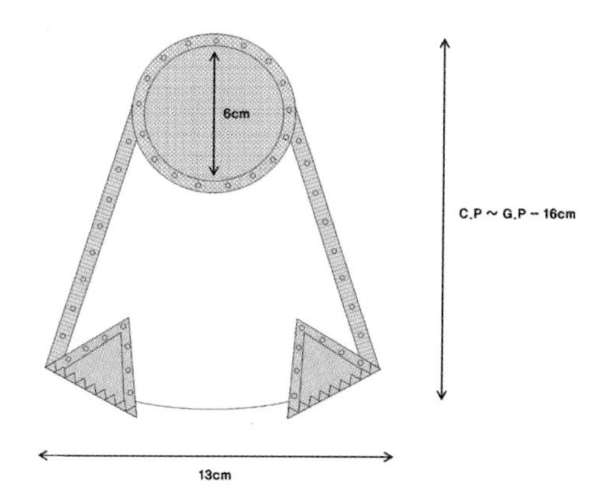

이식증모 1번인 'M자와 탑' 제품은 전형적인 남성 탈모인 M 탈모와 정수리 탈모가 심할 경우 사용한다. 이식증모 6번 디자인에서 탈모가 더 진행된 단계의 탈모 유형으로 C.P에서 G.P까지 16cm 커버할 수 있다.

이식증모 1번 유형

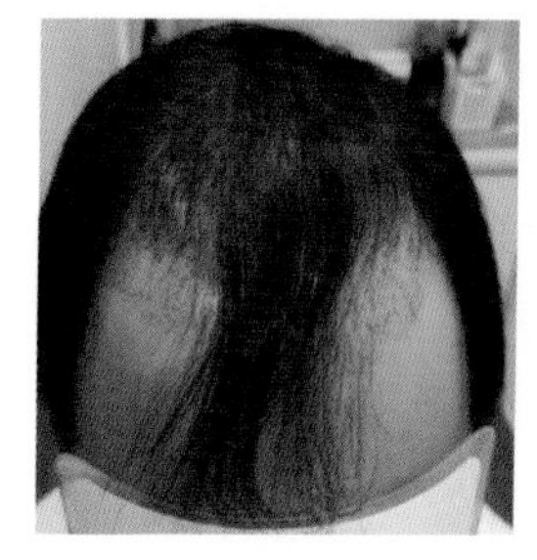
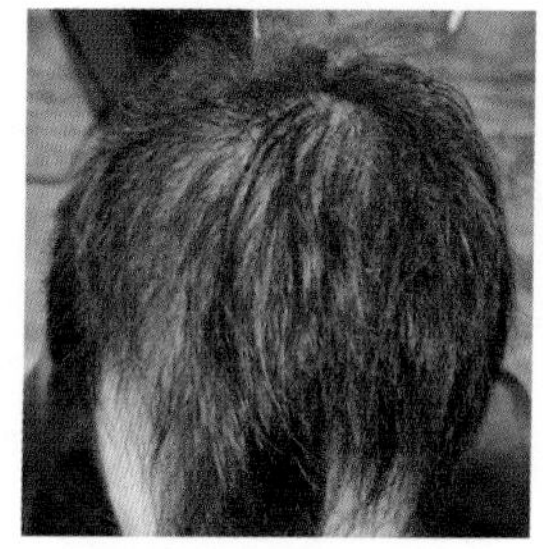
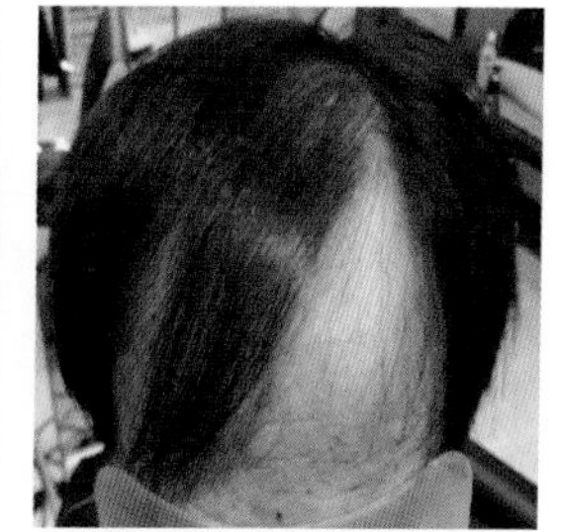

〈이식증모술 1번 증모고객 전후 사진〉

이식증모술 1번의 작업 순서는 다음과 같다.

① 앞쪽 M자 이마 스킨에 테이프를 부착한다.

② 모류 방향을 빗질하여 핀셋으로 양쪽을 고정한다. 이때 모발이 아닌 테두리 스킨을 고정해야 한다.

③ 고객의 잔모를 줄 사이로 빼내 가모와 섞어준다.

④ 이마 쪽 줄 부분을 모류 방향으로 빗질 후 무텐션으로 링 3개 고정한다. (왼손으로 잡아당기는 텐션이 없다)

⑤ 뒤쪽 2번으로 가서 모류 방향으로 빗질하고 20%의 텐션을 주어 천공에서 모발을 90° 각도로 빼낸다.

⑥ 섹션모량을 링 사이즈만큼의 모량으로 라인 선에 따라 일직선으로 섹션을 떠서 잡는다.

⑦ 섹션모를 잡아서 링 고정한다. 링 고정 시 스킨 끝부분에 뜨지 않게 고정해야 한다.

⑧ 3번으로 가서 스킨 위 천공 가운데를 나누어 핀셋 고정한 후 모류 방향으로 빗질하고, 30%의 텐션을 주어 홀에서 모발을 90°로 빼내고 섹션모를 잡아서 링 고정한다. (펜치 사용 동일)

⑨ 4번으로 가서 스킨 위 천공 가운데를 나누어 핀셋 고정한 후 40%의 텐션을 주어 천공에서 모발을 90°로 빼내 섹션모를 잡아서 링 고정한다.

⑩ 5번~10번 나머지 모든 부분도 같은 방법으로 한다.

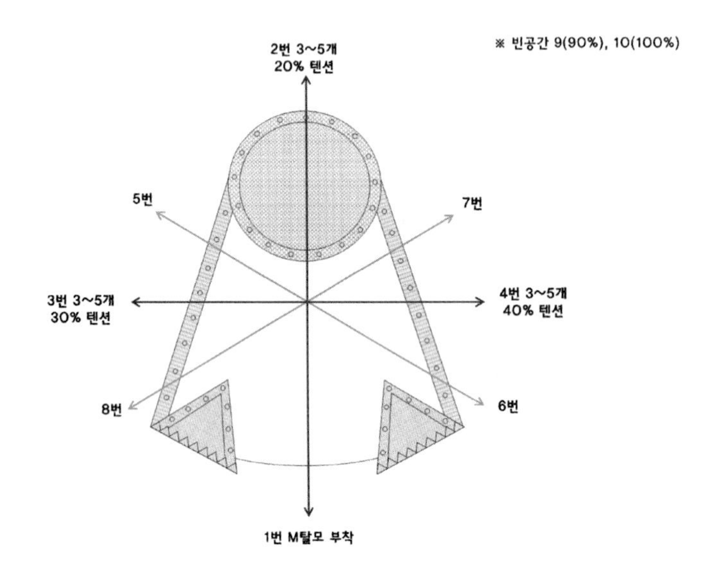

2) U자

이식증모 2번인 'U자' 제품은 앞머리가 있고 탑 정수리 헤어가 얇고 탈모가 전반적으로 있는 주로 여성형 탈모 유형에 주로 사용한다. 2번 이식증모술은 C.P로부터 0.5cm 띄워진 곳에서 고정한다.

이식증모 2 – U자

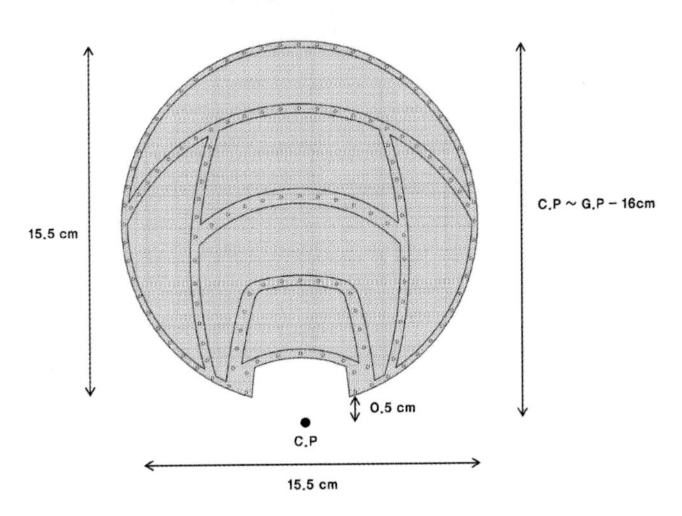

이식증모 2번 유형

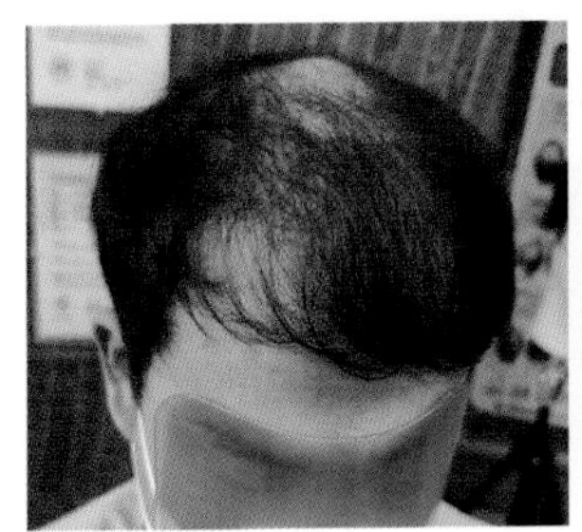
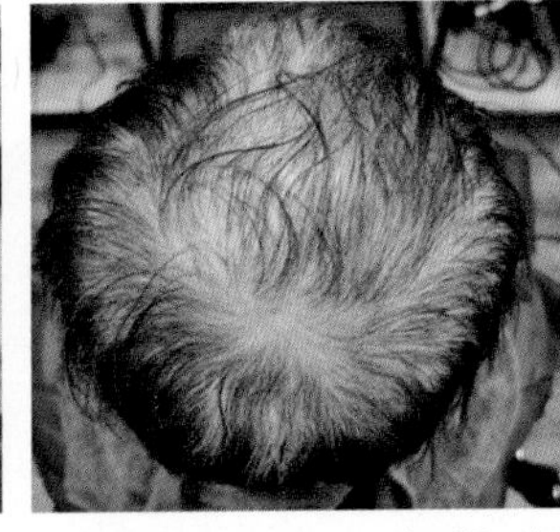
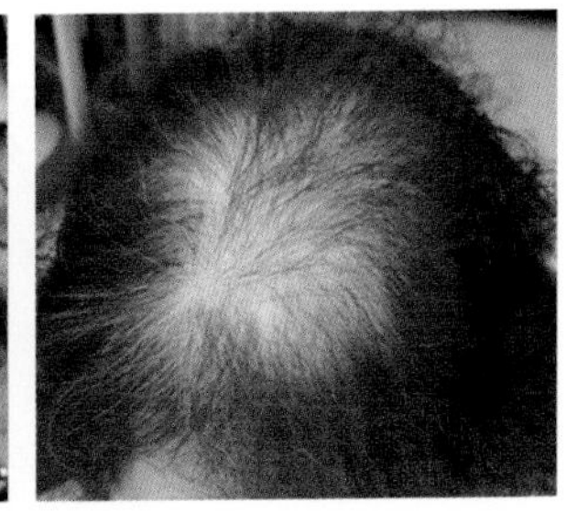

〈이식증모술 2번 증모 고객 전후 사진〉

이식증모술 2번의 작업 순서는 다음과 같다.

① 먼저 증모 전 이식증모 모발을 모류 방향대로 충분히 빗질한다.

② 1번 무텐션으로 천공에서 모발을 90° 각도로 빼내어 섹션모 잡고 링 3개~5개 고정한다.

③ 2번 20% 텐션을 잡고 천공에서 모발을 90°로 빼내어 섹션모 잡고 링 3개~5개 고정한다.

④ 3번 30% 텐션을 잡고 천공에서 모발을 90°로 빼내어 섹션모 잡고 링 3개~5개 고정한다.

⑤ 4번 40% 텐션을 잡고 천공에서 모발을 90°로 빼내어 섹션모 잡고 링 3개~5개

고정한다.

⑥ 5번 50% 텐션을 잡고 천공에서 모발을 90°로 빼내어 섹션모 잡고 링 3개~5개 고정한다.

⑦ 6번 60% 텐션을 잡고 천공에서 모발을 90°로 빼내어 섹션모 잡고 링 고정한다.

⑧ 7번 70% 텐션을 잡고 천공에서 모발을 90°로 빼내어 섹션모 잡고 링 고정한다.

⑨ 8번 80% 텐션을 잡고 천공에서 모발을 90°로 빼내어 섹션모 잡고 링 고정한다.

⑩ 9번 90% 텐션을 잡고 천공에서 모발을 90°로 빼내어 섹션모 잡고 링 고정한다.

⑪ 10번 100% 텐션을 잡고 천공에서 모발을 90°로 빼내어 섹션모 잡고 링 고정한다.

이식증모 2 고정

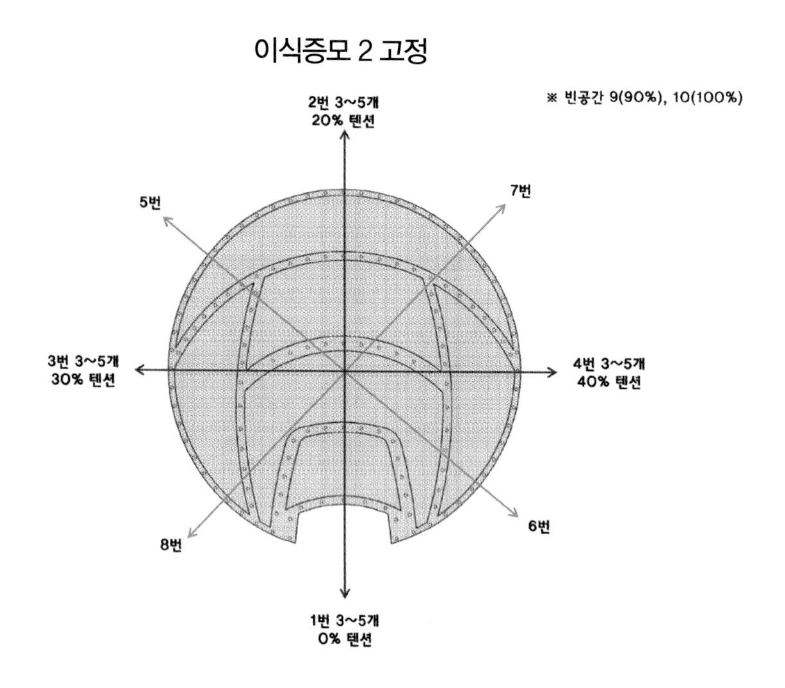

3) 이마와 탑

이식 증모 3번인 '이마와 탑' 제품은 앞머리가 숱이 적고 중간 가르마부터 가마까지 숱이 부족한 경우 사용하는데, 3번 이식증모술은 C.P로부터 2.5cm 띄워진 곳에 위치를 잡고 고정한다.

이식증모 3 – 이마와 탑

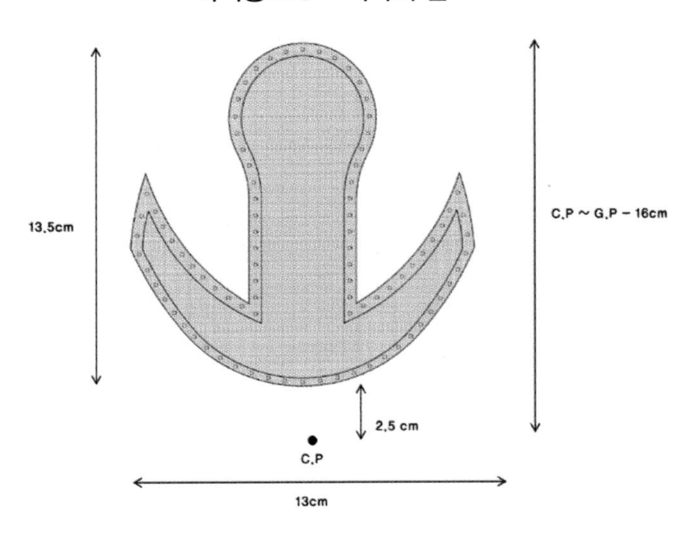

이식증모 3번 유형

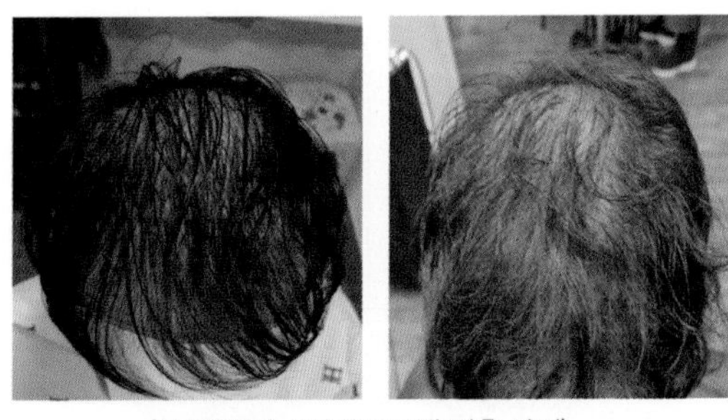

〈이식증모술 3번 증모고객 전후 사진〉

이식증모술 3번의 작업 순서는 다음과 같다.

① 먼저 증모 전 이식증모 모발을 모류 방향대로 충분히 빗질한다.

② 1번 무텐션으로 천공에서 모발을 90° 각도로 빼내어 섹션모 잡고 링 3개~5개 고정한다.

③ 2번 20% 텐션을 잡고 천공에서 모발을 90°로 빼내어 섹션모 잡고 링 3개~5개 고정한다.

④ 3번 30% 텐션을 잡고 천공에서 모발을 90°로 빼내어 섹션모 잡고 링 3개~5개 고정한다.

⑤ 4번 40% 텐션을 잡고 천공에서 모발을 90°로 빼내어 섹션모 잡고 링 3개~5개

고정한다.

⑥ 5번 50% 텐션을 잡고 천공에서 모발을 90°로 빼내어 섹션모 잡고 링 3개~5개 고정한다.

⑦ 6번 60% 텐션을 잡고 천공에서 모발을 90°로 빼내어 섹션모 잡고 링 고정한다.

⑧ 7번 70% 텐션을 잡고 천공에서 모발을 90°로 빼내어 섹션모 잡고 링 고정한다.

⑨ 8번 80% 텐션을 잡고 천공에시 모발을 90°로 빼내어 섹션모 잡고 링 고정한다.

⑩ 9번 90% 텐션을 잡고 천공에서 모발을 90°로 빼내어 섹션모 잡고 링 고정한다.

⑪ 10번 100% 텐션을 잡고 천공에서 모발을 90°로 빼내어 섹션모 잡고 링 고정한다.

이식증모 3 고정

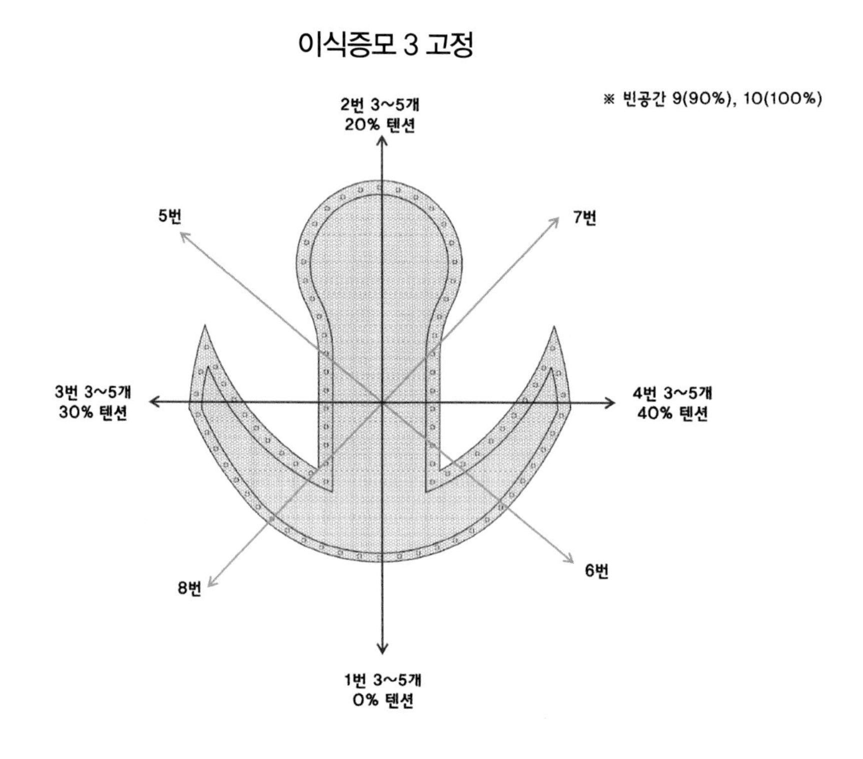

4) 가르마와 탑

이식증모 4번인 '가르마와 탑' 제품은 두상 전체적으로는 모발이 있지만, 좌 가르마와 정수리 O자 탈모 부위를 커버해 숱을 보강하고자 할 때 사용한다. 4번 이식증모술은 C.P로부터 3cm 띄워진 곳에 위치를 잡고 고정한다.

이식증모 4 고정

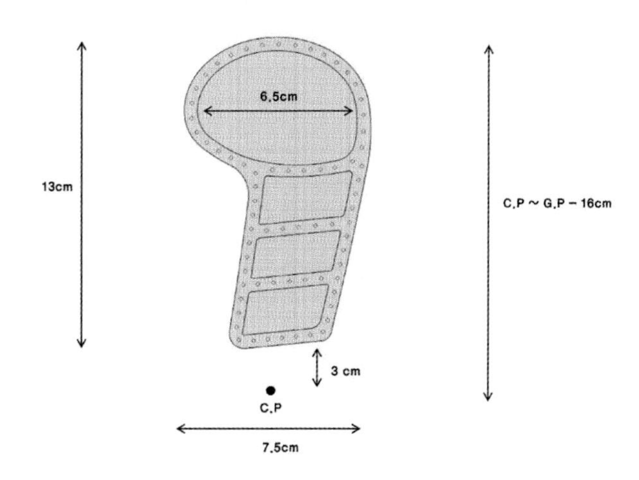

이식증모 4번 유형

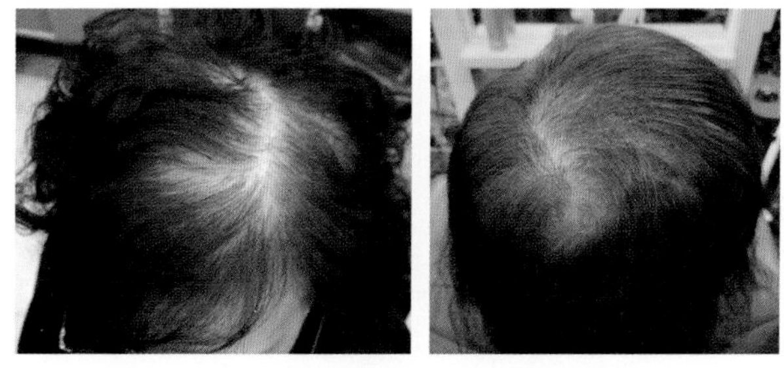

〈이식증모술 4번 증모고객 전후 사진〉

이식증모술 4번의 작업 순서는 다음과 같다.

① 먼저 증모 전 이식증모 모발을 모류 방향대로 충분히 빗질한다.

② 1번 무텐션으로 천공에서 모발을 90° 각도로 빼내어 섹션모 잡고 링 3개~5개 고정한다.

③ 2번 20% 텐션을 잡고 천공에서 모발을 90°로 빼내어 섹션모 잡고 링 3개~5개 고정한다.

④ 3번 30% 텐션을 잡고 천공에서 모발을 90°로 빼내어 섹션모 잡고 링 3개~5개 고정한다.

⑤ 4번 40% 텐션을 잡고 천공에서 모발을 90°로 빼내어 섹션모 잡고 링 3개~5개

고정한다.

⑥ 5번 50% 텐션을 잡고 천공에서 모발을 90°로 빼내어 섹션모 잡고 링 3개~5개 고정한다.

⑦ 6번 60% 텐션을 잡고 천공에서 모발을 90°로 빼내어 섹션모 잡고 링 고정한다.

⑧ 7번 70% 텐션을 잡고 천공에서 모발을 90°로 빼내어 섹션모 잡고 링 고정한다.

⑨ 8번 80% 텐션을 잡고 천공에서 모발을 90°로 빼내이 섹션모 잡고 링 고정한다.

⑩ 9번 90% 텐션을 잡고 천공에서 모발을 90°로 빼내어 섹션모 잡고 링 고정한다.

⑪ 10번 100% 텐션을 잡고 천공에서 모발을 90°로 빼내어 섹션모 잡고 링 고정한다.

이식증모 4 고정

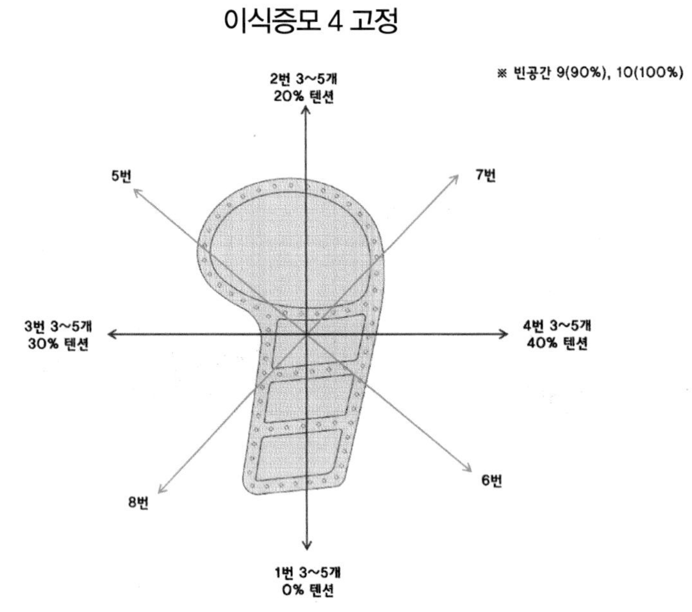

5) 중간 가르마와 탑

이식증모 5번인 '중간 가르마와 탑' 제품은 두상 전체적으로는 모발이 있지만, 중간 가르마와 정수리 O자 탈모 부위를 커버해 숱을 보강하고자 할 때 사용한다. 5번 이식증모술은 C.P로부터 3cm 띄워진 곳에 위치를 잡고 고정한다.

이식증모 5 – 중간 가르마와 탑

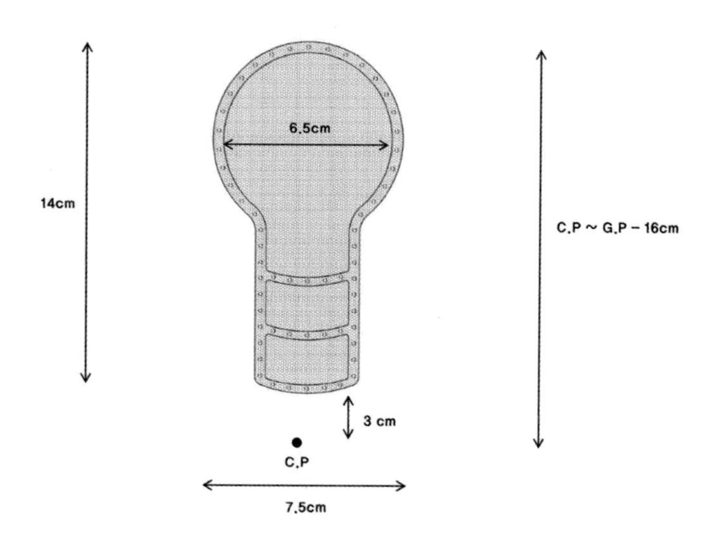

이식증모 5번 유형

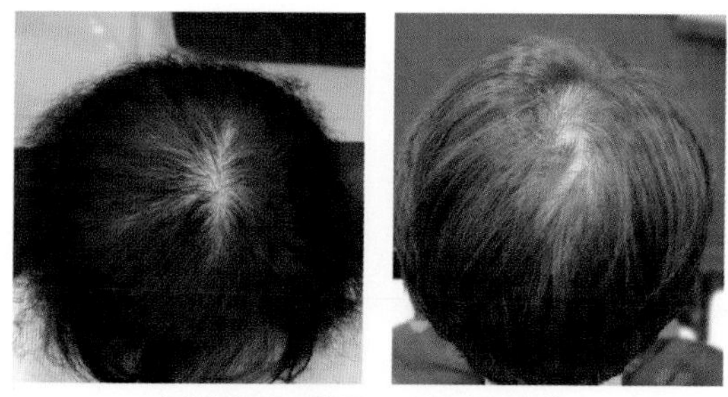

〈이식증모술 5번 증모고객 전후 사진〉

이식증모술 5번의 작업 순서는 다음과 같다.

① 먼저 증모 전 이식증모 모발을 모류 방향대로 충분히 빗질한다.

② 1번 무텐션으로 천공에서 모발을 90° 각도로 빼내어 섹션모 잡고 링 3개~5개 고정한다.

③ 2번 20% 텐션을 잡고 천공에서 모발을 90°로 빼내어 섹션모 잡고 링 3개~5개 고정한다.

④ 3번 30% 텐션을 잡고 천공에서 모발을 90°로 빼내어 섹션모 잡고 링 3개~5개 고정한다.

⑤ 4번 40% 텐션을 잡고 천공에서 모발을 90°로 빼내어 섹션모 잡고 링 3개~5개

고정한다.

⑥ 5번 50% 텐션을 잡고 천공에서 모발을 90°로 빼내어 섹션모 잡고 링 3개~5개 고정한다.

⑦ 6번 60% 텐션을 잡고 천공에서 모발을 90°로 빼내어 섹션모 잡고 링 고정한다.

⑧ 7번 70% 텐션을 잡고 천공에서 모발을 90°로 빼내어 섹션모 잡고 링 고정한다.

⑨ 8번 80% 텐션을 잡고 천공에서 모발을 90°로 빼내어 섹션모 잡고 링 고정한다.

⑩ 9번 90% 텐션을 잡고 천공에서 모발을 90°로 빼내어 섹션모 잡고 링 고정한다.

⑪ 10번 100% 텐션을 잡고 천공에서 모발을 90°로 빼내어 섹션모 잡고 링 고정한다.

이식증모 5 고정

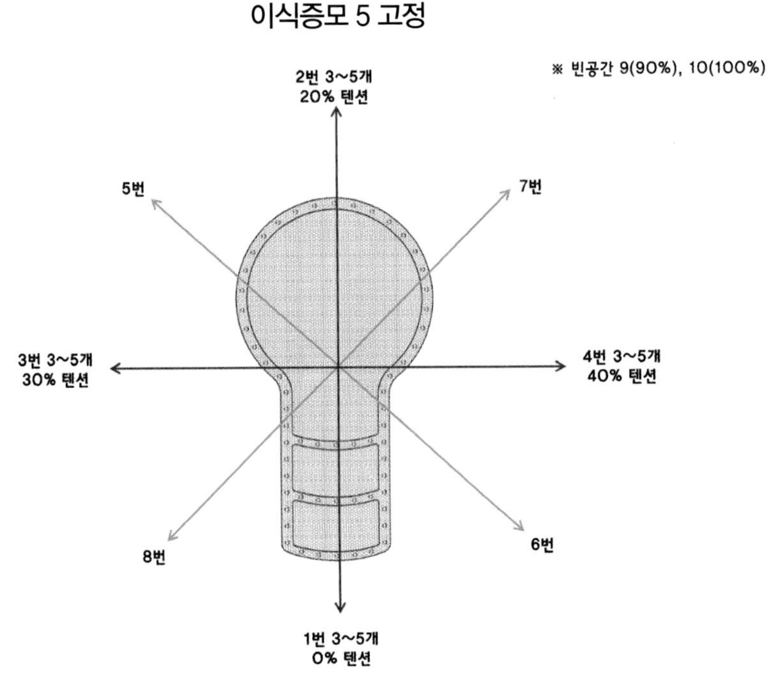

6) M 중간 가르마와 탑

이식증모 6번인 'M 중간 가르마와 탑' 제품은 초기에서 중기로 넘어가는 전형적인 남성형 탈모에 주로 사용하는데, M자와 가운데 가르마부터 정수리까지 커버할 수 있다. C.P에서 G.P까지 16cm 정도 커버한다.

이식증모 6번 유형

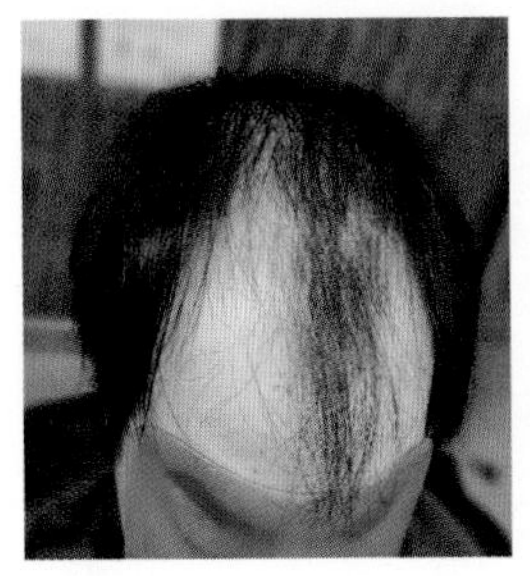
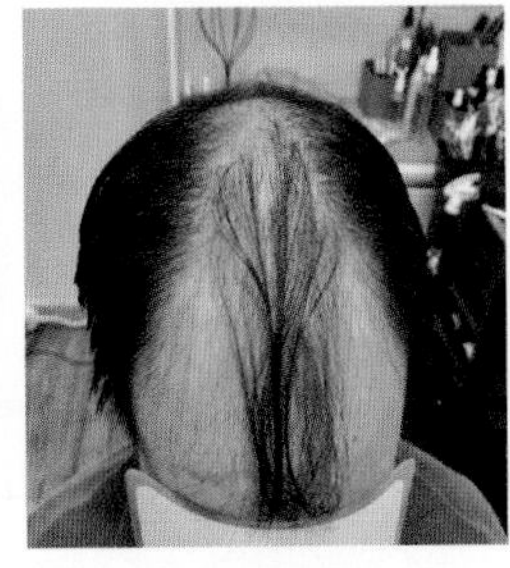
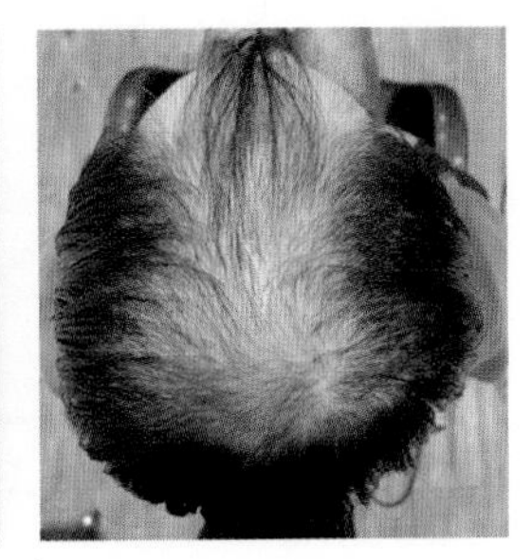

〈이식증모술 6번 증모고객 전후 사진〉

이식증모술 6번의 작업 순서는 다음과 같다.

① 먼저 증모 전 이식증모 모발을 모류 방향대로 충분히 빗질한다.

② 앞쪽 M자, 이마 스킨에 테이프를 부착한다.

③ 2번 20% 텐션을 잡고 천공에서 모발을 90°로 빼내어 섹션모 잡고 링 3개~5개 고정한다.

④ 3번 30% 텐션을 잡고 천공에서 모발을 90°로 빼내어 섹션모 잡고 링 3개~5개 고정한다.

⑤ 4번 40% 텐션을 잡고 천공에서 모발을 90°로 빼내어 섹션모 잡고 링 3개~5개 고정한다.

⑥ 5번 50% 텐션을 잡고 천공에서 모발을 90°로 빼내어 섹션모 잡고 링 3개~5개 고정한다.

⑦ 6번 60% 텐션을 잡고 천공에서 모발을 90°로 빼내어 섹션모 잡고 링 고정한다.

⑧ 7번 70% 텐션을 잡고 천공에서 모발을 90°로 빼내어 섹션모 잡고 링 고정한다.

⑨ 8번 80% 텐션을 잡고 천공에서 모발을 90°로 빼내어 섹션모 잡고 링 고정한다.

⑩ 9번 90% 텐션을 잡고 천공에서 모발을 90°로 빼내어 섹션모 잡고 링 고정한다.

⑪ 10번 100% 텐션을 잡고 천공에서 모발을 90°로 빼내어 섹션모 잡고 링 고정한다.

이식증모 6 고정

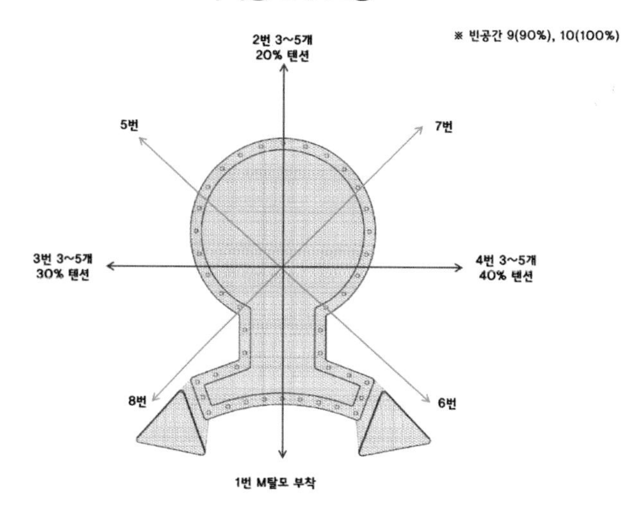

7) 스킨 이마와 탑

이식증모 7번인 '스킨 이마와 탑' 제품은 이마 쪽 모발이 없고, 이마와 탑 사이 숱이 50% 이상 빠지면서 탈모 부위가 정수리까지 넓어져 70% 이상 탈모가 진행된 경우 사용한다. 이식증모 1번, 6번 디자인에서 탈모가 더 진행된 탈모 유형이다. C.P에서 G.P까지 16cm 정도 커버할 수 있다.

이식증모 7번 유형

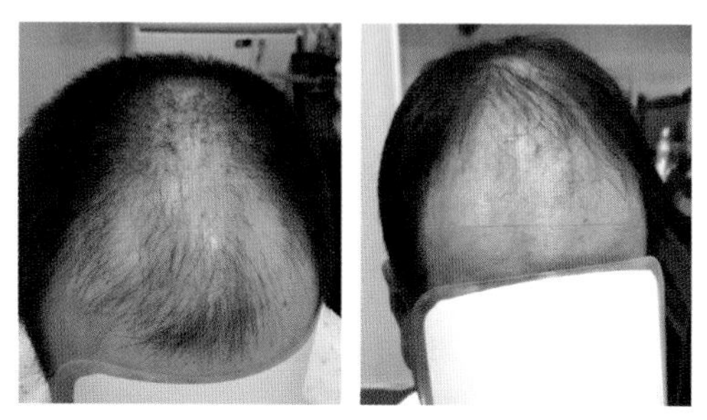

〈이식증모술 7번 증모고객 전후 사진〉

이식증모술 7번을 고정할 때는 이마스킨 위쪽 천공 부위를 링으로 고정하면 테이프를 붙이지 않아도 흔들리지 않으니 작업 시 참고한다.

이식증모술 7번 작업 순서는 다음과 같다.

① 먼저 증모 전 이식 증모 모발을 모류 방향대로 충분히 빗질한다.

② 앞쪽 이마 스킨에 테이프를 부착한다.

③ 2번 20% 텐션을 잡고 천공에서 모발을 90°로 빼내어 섹션모 잡고 링 3개~5개 고정한다.

④ 3번 30% 텐션을 잡고 천공에서 모발을 90°로 빼내어 섹션모 잡고 링 3개~5개 고정한다.

⑤ 4번 40% 텐션을 잡고 천공에서 모발을 90°로 빼내어 섹션모 잡고 링 3개~5개 고정한다.

⑥ 5번 50% 텐션을 잡고 천공에서 모발을 90°로 빼내어 섹션모 잡고 링 3개~5개 고정한다.

⑦ 6번 60% 텐션을 잡고 천공에서 모발을 90°로 빼내어 섹션모 잡고 링 고정한다.

⑧ 7번 70% 텐션을 잡고 천공에서 모발을 90°로 빼내어 섹션모 잡고 링 고정한다.

⑨ 8번 80% 텐션을 잡고 천공에서 모발을 90°로 빼내어 섹션모 잡고 링 고정한다.

⑩ 9번 90% 텐션을 잡고 천공에서 모발을 90°로 빼내어 섹션모 잡고 링 고정한다.

⑪ 10번 100% 텐션을 잡고 천공에서 모발을 90°로 빼내어 섹션모 잡고 링 고정한다.

이식증모 7 고정

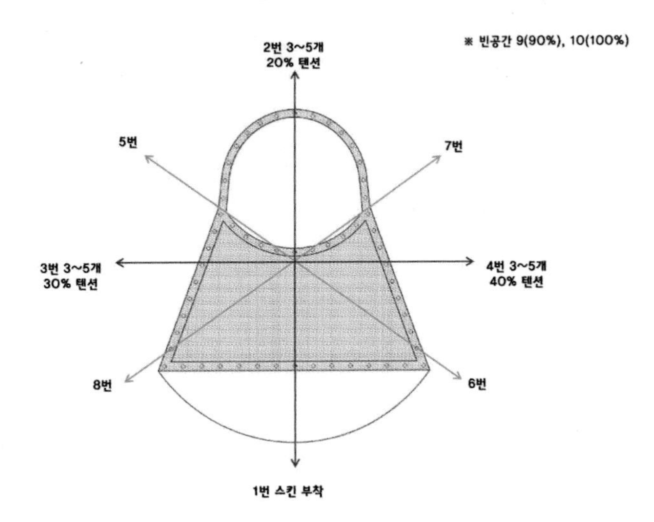

8) 스킨 이마와 양 가르마

이식증모 8 – 스킨 이마와 양 가르마

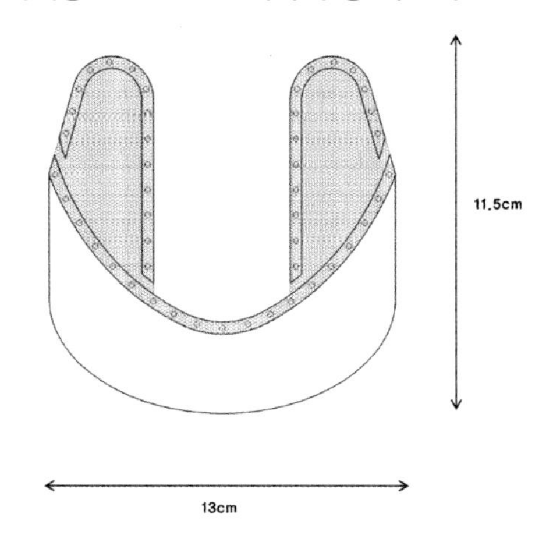

이식증모 8번인 '스킨 이마와 양 가르마' 제품은 이마 쪽 헤어라인에 모발이 거의 없고 M자가 깊어 양쪽 가르마까지 탈모가 진행되었을 때 사용한다.

이식증모 8번 유형

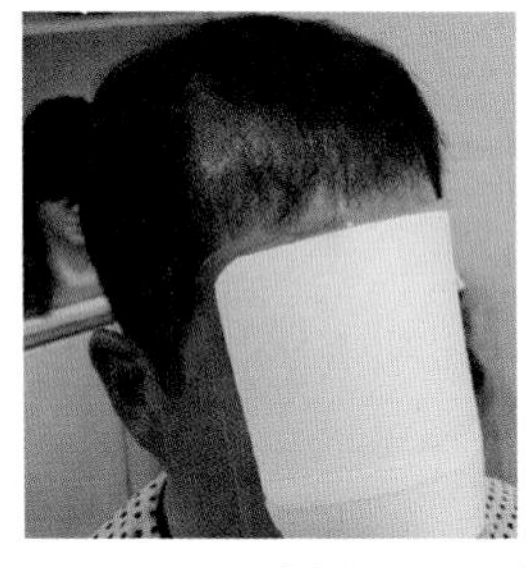
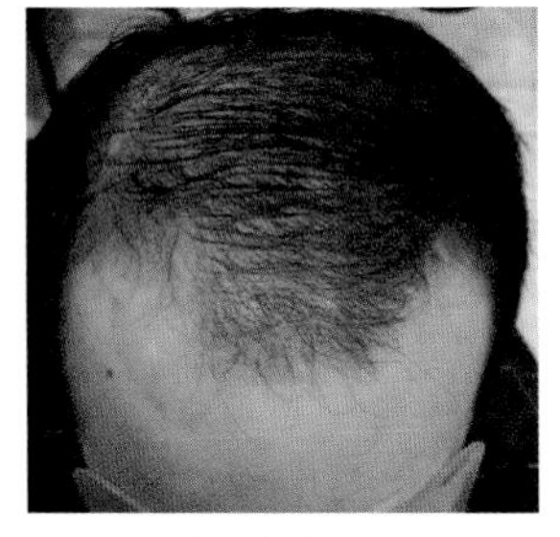

〈이식증모술 8번 증모고객 전후 사진〉

이식증모술 8번 작업 순서는 다음과 같다.

① 먼저 증모 전 이식 증모 모발을 모류 방향대로 충분히 빗질한다.

② 앞쪽 이마 스킨에 테이프를 부착한다.

③ 2번 20% 텐션을 잡고 천공에서 모발을 90°로 빼내어 섹션모 잡고 링 3개~5개 고정한다.

④ 3번 30% 텐션을 잡고 천공에서 모발을 90°로 빼내어 섹션모 잡고 링 3개~5개 고정한다.

⑤ 4번 40% 텐션을 잡고 천공에서 모발을 90°로 빼내어 섹션모 잡고 링 3개~5개 고정한다.

⑥ 5번 50% 텐션을 잡고 천공에서 모발을 90°로 빼내어 섹션모 잡고 링 3개~5개 고정한다.

⑦ 6번 60% 텐션을 잡고 천공에서 모발을 90°로 빼내어 섹션모 잡고 링 고정한다.

⑧ 7번 70% 텐션을 잡고 천공에서 모발을 90°로 빼내어 섹션모 잡고 링 고정한다.

⑨ 8번 80% 텐션을 잡고 천공에서 모발을 90°로 빼내어 섹션모 잡고 링 고정한다.

⑩ 9번 90% 텐션을 잡고 천공에서 모발을 90°로 빼내어 섹션모 잡고 링 고정한다.

⑪ 10번 100% 텐션을 잡고 천공에서 모발을 90°로 빼내어 섹션모 잡고 링 고정한다.

이식증모 8 고정

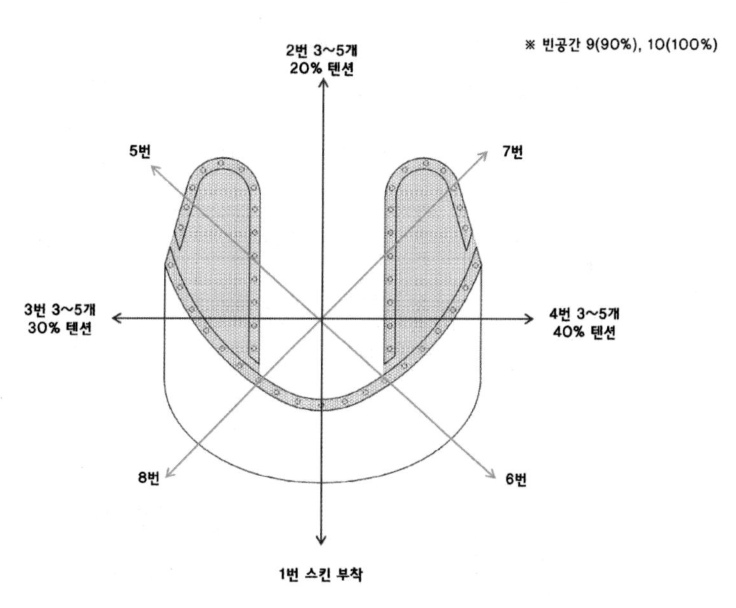

9) 중간 가르마와 탑, 뒤통수

이식증모 9 – 중간 가르마, 탑, 뒤통수

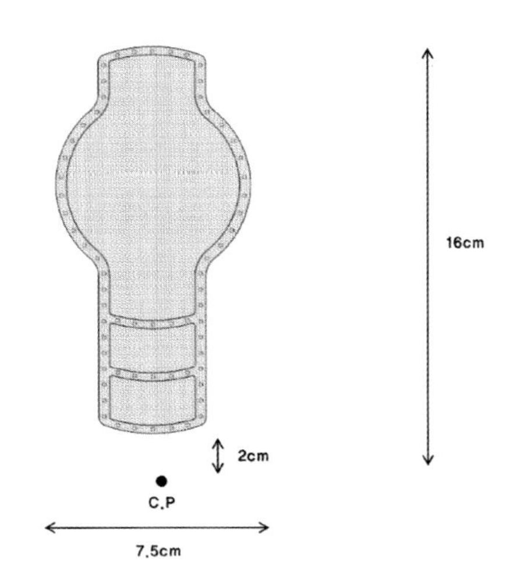

이식증모 9번인 '중간 가르마와 탑, 뒤통수' 제품은 전형적인 여성 가르마 탈모인 중간 가르마 탑, 뒤통수까지 탈모가 70% 이상 진행되었을 때 사용한다. 이식증모 5번 디자인에서 가마, 뒤통수까지 진행한 탈모 유형이다. C.P로부터 2cm 띄워진 곳에서 제품을 고정한다.

이식증모 9번 유형

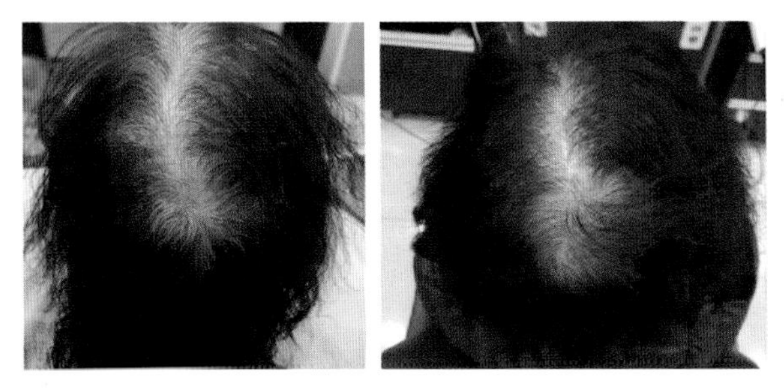

〈이식증모술 9번 증모고객 전후 사진〉

이식증모술 9번 작업 순서는 다음과 같다.

① 먼저 증모 전 이식 증모 모발을 모류 방향대로 충분히 빗질한다.

② 앞쪽 이마 스킨에 테이프를 부착한다.

③ 2번 20% 텐션을 잡고 천공에서 모발을 90°로 빼내어 섹션모 잡고 링 3개~5개 고정한다.

④ 3번 30% 텐션을 잡고 천공에서 모발을 90°로 빼내어 섹션모 잡고 링 3개~5개 고정한다.

⑤ 4번 40% 텐션을 잡고 천공에서 모발을 90°로 빼내어 섹션모 잡고 링 3개~5개 고정한다.

⑥ 5번 50% 텐션을 잡고 천공에서 모발을 90°로 빼내어 섹션모 잡고 링 3개~5개 고정한다.

⑦ 6번 60% 텐션을 잡고 천공에서 모발을 90°로 빼내어 섹션모 잡고 링 고정한다.

⑧ 7번 70% 텐션을 잡고 천공에서 모발을 90°로 빼내어 섹션모 잡고 링 고정한다.

⑨ 8번 80% 텐션을 잡고 천공에서 모발을 90°로 빼내어 섹션모 잡고 링 고정한다.

⑩ 9번 90% 텐션을 잡고 천공에서 모발을 90°로 빼내어 섹션모 잡고 링 고정한다.

⑪ 10번 100% 텐션을 잡고 천공에서 모발을 90°로 빼내어 섹션모 잡고 링 고정한다.

이식증모 9 고정

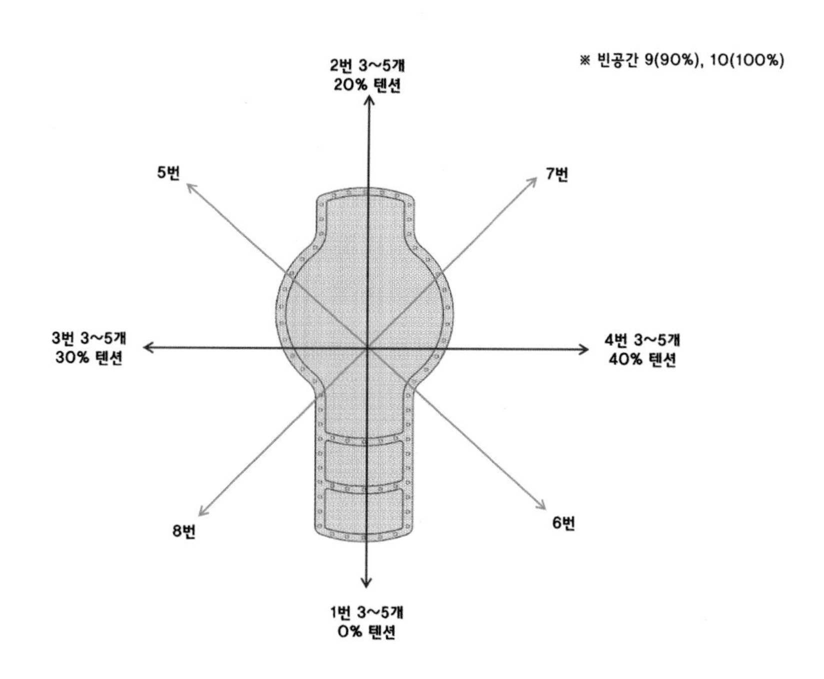

10) M자

이식증모 10번인 'M자' 제품은 헤어증모술이나 누드증모술로 커버할 수 없는 이마와 탑 사이의 탈모 부위에 사용한다.

이식증모 10 – M자

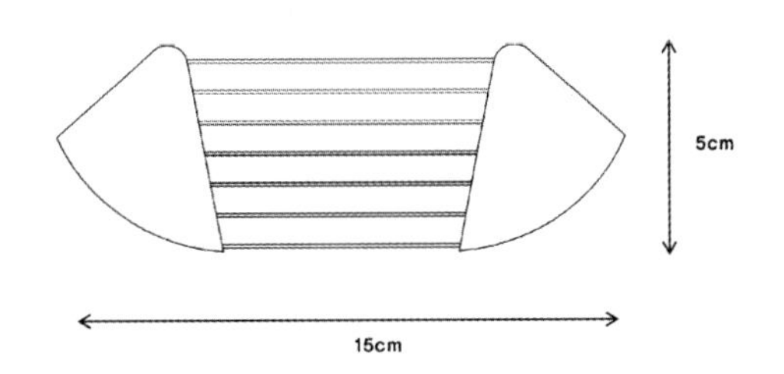

이식증모 10번 유형

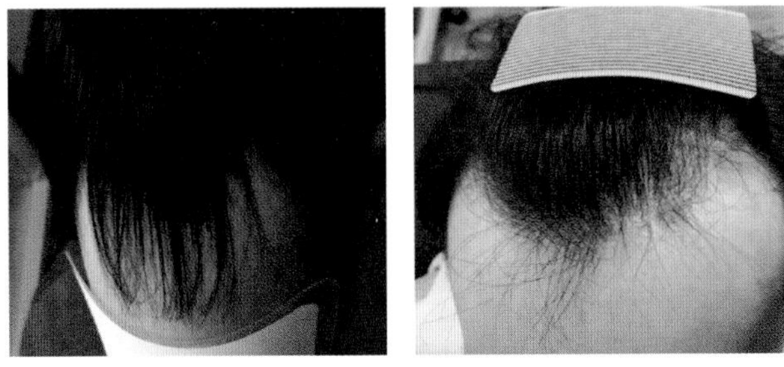

〈이식증모술 9번 증모고객 전후 사진〉

이식증모술 10번 작업 순서는 다음과 같다.

① 먼저 증모 전 이식 증모 모발을 모류 방향대로 충분히 빗질한다.

② M자 테이프나 글루 사용하여 부착한다.

③ 1번 윗부분부터 줄의 모발을 반으로 나눠 고객 모와 가모를 함께 링 고정한다.

④ 2번 아랫부분 줄의 모발을 반으로 나누어 고객 모와 가모를 함께 링 고정한다.

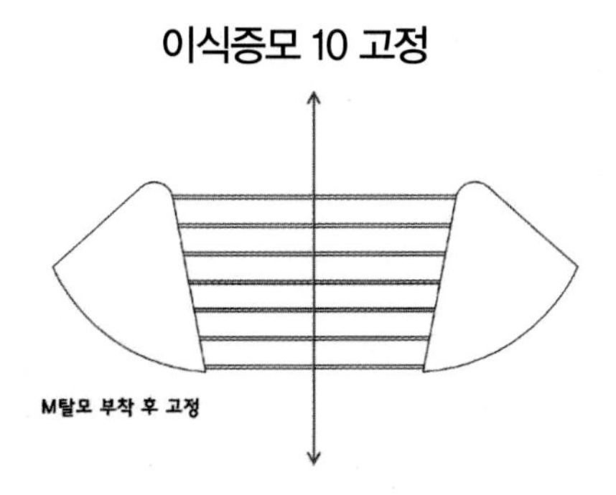

3. 이식증모술 응용

탈모 유형에 따라 10가지 디자인으로 출시한 이식증모술 제품을 사용할 수도 있지만 고객의 탈모 범위와 형태에 따라 맞춤식으로 이식증모 제품끼리 결합도 가능하며, 사이즈 줄이기, 사이즈 늘리기 등 다양하게 응용할 수 있다.

1) 이식증모 + 이식증모 결합 Ⅰ

M 탈모와 중간 가르마, 탑에 모발이 없을 때 이식증모술 10번 'M 탈모' 제품과 5번 '중간가르마와 탑' 제품을 아래와 같이 10번 가운뎃줄과 5번의 줄 부분을 퀼트실로 꿰매서 결합할 수 있다.

2) 이식증모 + 이식증모 결합 Ⅱ

고객의 탈모 부위를 커버하는 이식증모술 8번 '스킨 이마와 양 가르마' 제품의 줄 부분 모발이 부족할 때는 이식증모술 4번 '가르마와 탑' 제품의 스킨이나 망부분을 잘라서 감침질해주면, 이마와 탑 전체 숱을 보강할 수 있다.
이처럼 10가지 디자인의 이식증모술 제품은 단독, 혹은 2개 이상 제품을 바느질 등으로 결합해서 다양하게 응용할 수 있다.

3) 사이즈 줄이기

고객의 탈모 부위가 이식증모술 제품보다 작은 경우 탈모 부위에 맞게 이식증모술을 축소해서 사용할 수 있다.

이식 증모 사이즈 줄이기

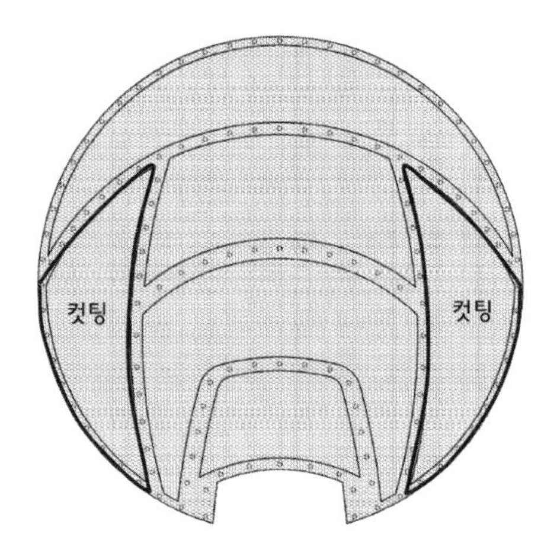

예를 들어 위 사진처럼 이식증모술 2번 'U자' 제품을 사용하려고 하는데, 고객의 탈모 부위가 제품 사이즈보다 작은 경우에는 필요 없는 부분을 오려낸 후 고정한다. 이식증모술은 특별히 필요한 만큼만 조각낼 수 있도록 조인선을 스킨으로 만들었기 때문에 필요한 만큼만 잘라서 고객맞춤 디자인을 하기가 수월하다.

4) 사이즈 늘리기

만약 고객의 탈모 부위가 이식증모술 제품보다 큰 경우 이식증모술을 필요한 만큼 늘려서 탈모 부위를 완벽하게 커버할 수 있다.

이식증모술 사이즈를 늘리는 방법은 다음과 같다.

① 민두 마네킹에 이식증모를 구슬핀으로 고정한다.
② 이식증모 모발은 고무줄을 이용해 묶는다.
③ 늘려야 할 사이즈만큼 머신줄을 이용해 ㄹ자 형태의 모양을 구슬핀으로 가이드를 잡아가며 만든다.
④ 테두리는 머신줄이 두 번 겹치게 한다.
⑤ 퀼트실로 묶어준다.

이식 증모 사이즈 늘리기

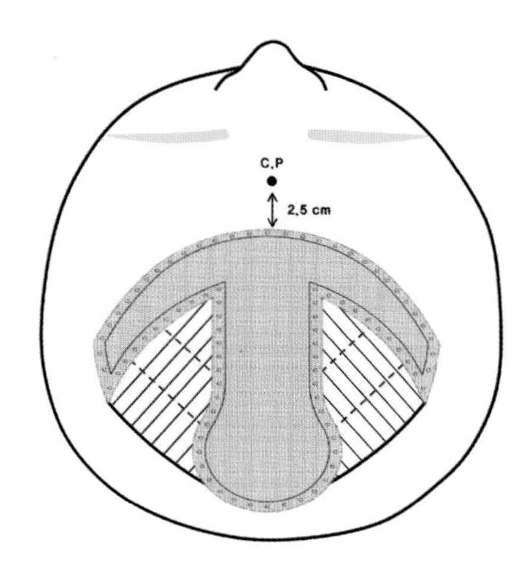

5) 이식증모 + 3D 필러증모 결합

3D 필러증모술에 사용하는 어망의 자연스러운 모량과 얇은 줄의 장점을 살려서 기존 이식증모 제품에 모량을 약간 추가하고 싶을 때 두 제품을 결합해서 사용할 수 있다.

이식증모술과 3D 필러증모술을 결합하는 방법은 다음과 같다.

① 3D 어망을 이식증모 1번 'M자와 탑' 제품 위에 마름모 모양으로 위치하게 한다. 이때 마름모 모양으로 위치를 잡는 이유는 이 디자인으로 제작할 때 볼륨감이 더욱 좋아지기 때문이다.

② 3D 어망과 이식증모의 머신줄이 교차되어 있는 부분을 퀼트실로 두 번 묶어준다. 퀼트실을 묶을 때는 분무기로 물을 분사하면서 빗질하고, 머리카락이 최대한 실에 감겨 들어가지 않게 주의한다.

이식 증모 + 3D 필러증모 결합

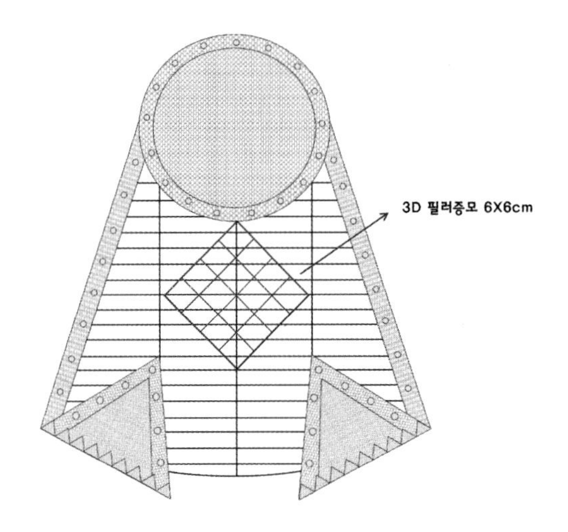

Ⅲ. 3D 필러증모술

3D 필러증모술은 두상 전반의 모발이 가늘어져서 넓은 탈모 부위를 매우 섬세하게 증모하고 볼륨을 원할 때 사용하는 증모술로서 기술력을 인정받아 기술특허를 획득했다. (기술특허 10-2016-0077421)

3D 필러증모술은 사이즈에 따라 3가지 종류가 있다.

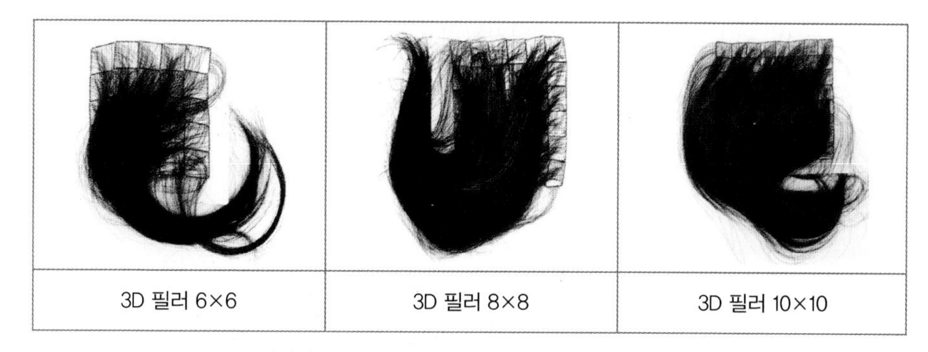

3D 필러 6×6	3D 필러 8×8	3D 필러 10×10

3D 필러증모술의 특징은 다음과 같다.

- 두피성장 탈모케어의 목적을 가지고 있다.
- 어망은 중간에 끊어지더라도 줄이 계속적으로 풀리지 않는 장점이 있다.
- 무게감을 느낄 수 없이 깃털처럼 가벼운 것이 특징이다.
- 눈으로 식별이 힘들 정도로 자연스럽다
- 100% 인모여서 펌, 염색이 가능하여 스타일이 자유롭다.
- 유지 기간이 짧다. (2개월~3개월)
- 어망이 매우 가늘어서 섬세한 관리가 필요하다.
- 0.03mm 투명 실리콘 포리사로 제작
- 다양한 제품과 결합해 사용할 수 있다.
- 고객 탈모 부위에 따라 잘라서 사용할 수도 있고, 어망에 있는 양보다 더 많은 모량을 원하면 망을 겹쳐서 모량을 늘려서 사용할 수 있다.

1. 3D 필러증모술 고정

모든 새 제품은 가모에 유연제 처리가 되어 있어서 코팅을 벗겨내기 위해서 가볍게 알칼리 샴푸로 딥클렌징을 먼저 해준 후 가봉 커트, 펌, 염색 등을 미리 준비해준다. 준비된 3D 필러증모술을 고정하는 순서는 다음과 같다.

〈 3D 필러증모술 고정 순서 〉

① 탈모 커버가 필요한 부위에 맞춰서 재단한다.

② 고객의 모발을 모류 방향에 따라 빗질한다.

③ 고정하기 전 고객 두상에 살짝 얹어 스타일과 모류 방향 고려하여 고정할 위치를 잡는다. (제품의 앞, 뒤 구분 없음)

④ 움직이지 않게 고정력이 있는 핀셋으로 사방 고정한다.

⑤ 3D 필러 제품의 가장자리 코너 부분에 모양 틀이 잡기 편하고, 움직이지 않게 가 고정한다.

⑥ 줄 사이사이 위빙으로 고객 모발을 조금씩 빼낸 후, 잘 섞이게 빗질한다.

⑦ 제품 가장자리 줄 모발을 반으로 갈라서 한 줄은 아래로 나머지는 위쪽으로 모은 후 텐션을 주지 않고, 악어 핀셋으로 흘러내리지 않게 고정한다.

⑧ 섬세하게 모류 방향 따라 빗질한다.

⑨ 섹션모(가모+고객 모)를 링 사이즈만큼 줄 라인선 모양에 따라 일직선이 되게끔 섹션을 뜬다.

⑩ 링을 밀어 넣고, 섹션모를 두상 각 90°를 유지하여 링 사이로 통과시킨다.

⑪ 펜치로 링을 잡고, 섹션모를 잡은 왼손은 두상 가까이 각도를 내린다.

⑫ 펜치를 든 오른손의 각도를 내려서 링을 두피에 밀착시켜 1차 100% 집어준다.

⑬ 링의 2/3 지점에서 한 번 더 집어주어 고정력을 높여준다.

⑭ 작업 순서는 제품을 1번~10번까지 구역을 나누고 구역마다 텐션을 다르게 하여 링을 3개~5개씩 고정 작업을 한다.

링 작업 시 가장 중요한 것은 수시로 모류 방향 따라 꼬리 빗질을 잘하는 것이다. 고정 전 가고정하는 이유는 3D 필러증모술 제품의 모양 틀을 잡기 편하고, 초보자들이 쉽게 고정할 수 있기 때문이다. 숙련도에 따라 가고정을 생략해도 무방하다.

■ 스킬 고정

3D 필러증모술을 고정할 때 링으로 작업할 수 없는 부분, 예를 들어 링이 베길 수 있는 부위나 금속 알레르기가 있는 고객의 경우 링 고정법 대신 스킬 바늘을 활용해 매듭지어 고정하는데 이때에는 '더블 스킬' 방식을 사용한다.

스킬 작업은 숙련도에 따라 소요 시간이 결정되기 때문에 손에 익도록 기술을 연습하는 것이 필요하다.

3D 필러증모술을 스킬로 고정할 때는 일반 모(3가닥~5가닥) + 섹션모 가모(3가닥~5가닥) + 고객 모(3가닥~5가닥)를 잡고 작업한다.

더블 스킬 작업 순서는 다음과 같다.

〈 더블 스킬 작업 순서 〉

① 일반 모를 반으로 접어서 엄지, 검지로 잡고, 섹션모(가모+고객 모) 위에 올린다.

② 0.5cm 지점에서 스킬 바늘을 하늘을 보게 하고, 일반 모와 섹션모를 같이 한 번에 걸고 ㅗ자 모양을 만든 후 ㅗ자 모양에서 시계 방향으로 한 바퀴 돌린다.

③ 왼손으로 잡은 일반 모 + 섹션모를 10~11시 방향 위로 올리면서, 스킬 바늘을 시계 방향으로 3바퀴~4바퀴 돌린다.

④ 왼손으로 잡은 일반 모 + 섹션모를 9시 방향 ㄱ자 모양으로 이동하면서, 스킬 바늘을 시계 방향으로 한 바퀴 돌린다.

⑤ 왼손으로 잡은 일반 모 + 섹션모를 9시 방향에서 6시 방향으로 내려오면서, 스킬 바늘을 시계 방향으로 3바퀴~4바퀴 돌리면서 내려온다. 이때 바퀴 수는 상황에 맞게 조절할 수 있다.

⑥ 왼손으로 잡은 일반 모 + 섹션모를 왼손 검지 위에서 스킬 바늘을 왼쪽으로 밀어 넣은 후 위에서 아래로 한 번 스킬을 걸어 매듭을 지어준다. 텐션을 주어 마무리한다.

3D 필러증모 고정 방법

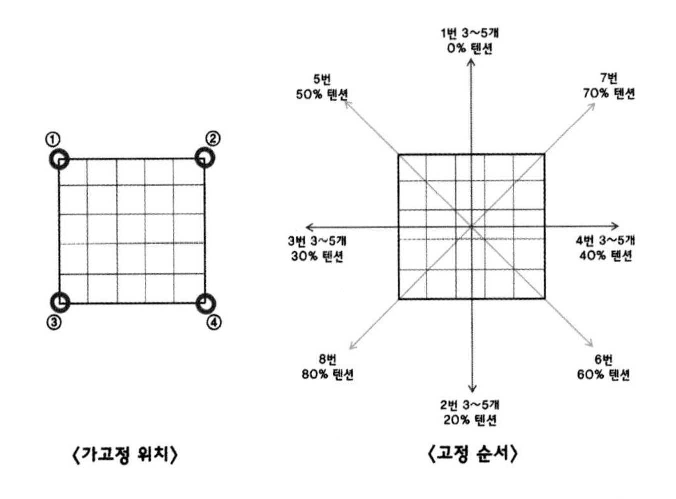

〈가고정 위치〉 〈고정 순서〉

2. 3D 필러증모술 홈케어

〈 3D 필러증모술 홈케어 순서 〉

① 물기가 없는 상태에서 가모에 트리트먼트를 소량 도포한 후 미온수를 골고루 적셔준다.

② 적당량의 약산성 샴푸를 공병에 물과 함께 넣고 흔들어 거품을 낸 다음 샴푸를 한다. 이때 솔이 부드럽고 촘촘한 실리콘 샴푸 브러쉬로 두피 마사지를 한다. 샴푸를 할 땐 모발이 빠지거나 어망이 끊어지는 것을 방지하기 위해 제자리에서 지문을 이용해서 살살 문질러 샴푸한다.

③ 잔여물이 남지 않게 깨끗이 헹군다.

④ 트리트먼트를 가모 끝에 도포해서 깨끗이 헹군다.

⑤ 마른 수건으로 모발을 눌러 물기를 제거한다.

⑥ 젖은 머리 상태에서 가발 유연제를 뿌려준다. 모발이 마른 후 가발 유연제를 뿌리면 머리가 끈적거리기 때문에 반드시 젖은 머리에 가발 유연제를 뿌린다. 가발 유연제를 뿌릴 때, 바닥에 유연제가 분사되면 미끄러워서 넘어질 수 있으므로 주의하고, 가능한 가발 가까이에서 뿌리는 것이 좋다.

⑦ 뜨거운 바람으로 고정 부분만 빠르게 건조한 다음, 찬 바람으로 90% 건조하게 한다.
⑧ 가발 브러시로 끝에서부터 빗질한다. 줄이 끊어지지 않도록 과도한 빗질은 삼가한다.
⑨ 취향에 따라 드라이, 아이롱 등을 사용하여 스타일링한다.

3. 3D 필러증모술 리터치

3D 필러증모술 역시 고정식 증모술 중 한 가지로 탈부착이 필요 없는 편리한 증 모술이다. 단, 일반적으로 모발은 3주~4주에 1cm~2cm 정도 자라는데 모발이 자라면서 제품이 두상에서 뜨기 때문에 흔들림으로 인해 모발이 뽑히거나, 샴푸, 스타일링 등을 하다가 들뜬 부위로 손가락이나 빗이 들어가서 견인성 탈모가 발생할 수 있어서 3주~4주에 한 번씩 정기적으로 리터치가 필요하다. 또한 고객 모발이 자라나면서 가모와 단차가 생길 경우 증모한 티가 나기 때문에 3주~4주 정도에 한 번씩 샵에 방문하여 관리받을 수 있도록 하는 것이 이상적이다.

3D 필러증모술 역시 보톡스 증모술처럼 앞, 뒤 구분이 어렵기 때문에 리터치를 할 때 위치를 잘 확인해서 재고정해야 한다.

〈 3D 필러증모술 리터치 순서 〉

① 링 또는 스킬매듭으로 고정한 부위를 풀어 3D 필러증모술 제품을 빼내어준다.
② 두피 스케일링, 샴푸, 커트 등 고객의 두피와 잔모를 관리해주고, 3D 필러증모술 제품도 케어해준다.
③ 3D 필러증모술 제품을 다시 고정하고, 고객모와 자연스럽게 연결되도록 스타일링한 후 마무리한다.

3D 필러증모술을 고정한 링을 제거하는 방법과 매듭을 푸는 방법을 알아본다.

1) 링 제거하는 방법

① 링 안에 있는 모발을 위로 올려서 링이 잘 보이게 한다.

② 오른손 검지를 펜치 집게 가운데 넣어 잡고, 펜치의 구멍을 이용해 링을 살짝 눌러준다.

③ 링에 틈이 생겨 헐거워지면 엄지와 검지로 링을 잡아 살살 빼준다.

2) 스킬매듭 푸는 방법

① 매듭이 꺾여 있는 부분에 뾰족한 바늘을 넣는다.

② 매듭 부분을 살살 풀어낸다.

링을 제거하거나 스킬매듭을 풀 때에는 고객이 불편함이나 아픔을 느끼지 않도록 각별히 주의한다.

Ⅳ. 스타일링

이식증모술은 100% 천연 인모로 제작하기 때문에 펌, 염색 등 다양한 미용서비스를 할 수 있다.

1. 커트

이식증모술 커트 시 섹션을 뜰 때는 버티컬 섹션이 기본이다. 커트할 때는 주로 무홈 틴닝가위와 레저날을 사용한다.

1) 틴닝가위(30발 무홈 틴닝)를 활용한 테이퍼링(Tapering) 질감 테크닉

- 모발 끝을 붓끝처럼 가볍게 한다.
- 모발의 양을 조절하기 위해 사용한다.
- 앤드: 모발 끝에서 1/3 지점
- 노멀: 모발 끝에서 1/2 지점
- 딥: 모발의 2/3 이상
- 버티컬 섹션(Vertical Section)으로 전체 앤드 테이퍼링(가커트)

※ 보톡스증모술 제품을 고객 모발보다 1cm 길게 커팅하는 것이 자연스럽다.

2) 레저(Lazor)를 활용한 베벨(Bevel)업, 언더 질감 테크닉

베벨-업(Bevel-up): 겉말음 기법으로 에칭 기법을 한층 더 효과 있게 겉머리에서 머리 질감을 만들어 아웃컬의 형태 표현에 용이하다.

베벨-언더(Bevel-under): 안말음 기법으로 속말음 효과를 주기 위해 레저날을 섹션 뒤에 위치한 후 곡선으로 움직여 아킹 기법에 더욱 효과가 있다.

레저날을 사용해 한 올씩 커트하는데 고객 모발 1cm 안쪽 지점에서 한 번, 2/3 지점에서 2회~3회, 마지막으로 끝부분을 가볍게 여러 번 틴닝 처리한다.

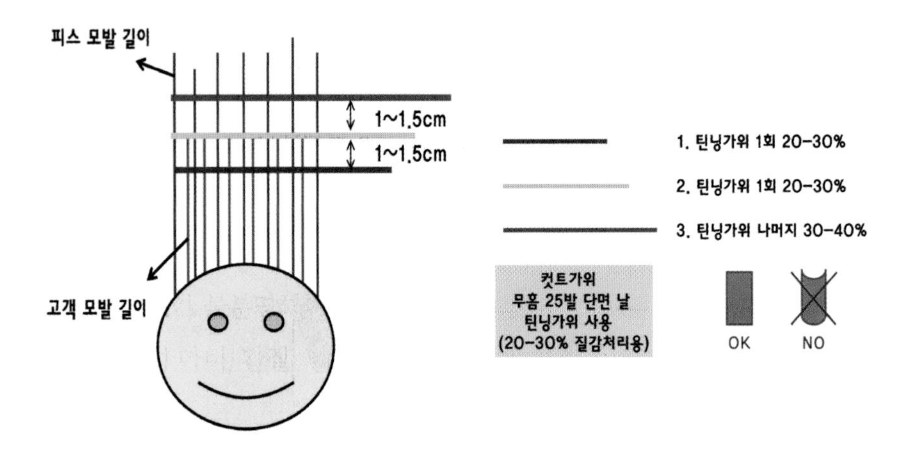

2. 펌

고객이 펌 스타일을 원하는 경우, 고객 모를 펌하는 시간과 이식증모 제품을 펌하는 작업 시간이 다르다. 그러므로 이식증모술을 고정하기 전, 이식증모 제품과 고객 모발을 각각 펌한 다음 고정한다.

또한 모든 새 제품은 가모에 유연제 처리가 되어 있어서 코팅을 벗겨내기 위해서 가볍게 알칼리 샴푸로 딥클렌징을 먼저 해준다.

1) 일반펌

① 샴푸해 준비한 이식증모 제품 모발에 전처리제를 도포한다.
(일반 펌 – LPP 사용한다)

② 멀티펌제(1제)를 도포한다.

③ 원하는 롯드를 선정하여 와인딩한다. 와인딩 후 비닐캡을 씌운다.

④ 자연 방치 15분~20분. 이식증모 제품의 모발은 산 처리된 모발이기 때문에 작업 시간이 길어지지 않게 주의한다.

⑤ 중간 린스 후 타올 드라이한다.

⑥ 과수 중화 5분(2회)

⑦ 약산성 샴푸로 헹구고, 린스나 트리트먼트로 마무리한다.

2) 연화펌

① 미리 샴푸한 이식증모 제품에 치오나 볼륨 매직약을 전체적으로 발라준다. 이때 꼬리빗으로 스타일 방향대로 결 빗질한다.

② 공기 차단을 위해 비닐캡을 씌운 후 15분 자연 방치한다.

③ 물로만 깨끗이 헹군 후 수건으로 꾹꾹 눌러 물기를 닦아준다.

④ 프리미엄 유연제를 제품에 듬뿍 뿌려 거품이 날 정도로 뿌리부터 빗질한다. 뿌리 빗질이 중요한 이유는 대부분 모발 엉킴이 뿌리부터 시작되기 때문이다.

⑤ 원하는 컬의 롯드보다 2단계~3단계 작은 롯드로 와인딩한다.

⑥ 겉에만 마르는 게 아니라 안쪽까지 마를 정도로 뜨거운 바람으로 말려준다.

⑦ 열을 식힌 후에 중화는 과수로 5분(2번 도포)

⑧ 약산성 샴푸로 헹구고, 린스나 트리트먼트로 마무리한다.

3. 염색

1.5%	손상이 심하고 탈색된 모발에 착색. 손상이 적고 착색력이 뛰어나며 명도가 어두워질 수 있고 톤 업이 안 된다.
3%	0.5~1 level 리프트 업 가능. 톤 인 톤(Tone in Tone), 톤 온 톤(Tone on Tone), 모발 색상이 #4 level 시 #4~5 level 색상 연출
6%	1~2 level 리프트 업 가능하고 모발 색상이 #4 level 시 #5~7 level 색상 연출
9%	3~4 level 리프트 업 가능하고 밝은 명도 표현에 사용한다. 모발 색상이 #4 level 시 #7~8 level 색상 연출
탈색	5~6 level 리프트 업 가능하고 선명한 명도 표현에 사용한다.

1) 산화제 비율별 사용 방법 (염모제 1제 : 산화제 2제)

1:1 염모제에 맞춰 농도별 레벨을 원할 시 사용

1:2 염모제로 1~2 level 리프트 업, 건강한 모발 탈색 시 사용

1:3 안정적 탈색 또는 모발의 기염 부분 잔류 색소 제거 시 사용

1:4 탈염제를 이용하여 검정 염색 입자 제거 시 사용

2) 하이라이트

모발 손상 없이 하이라이트를 빼는 방법은 2가지가 있다.

- 블루(1) + 화이트파우더(2) = 1:2 자연 방치(15분~20분)
  (큐티클이 열림, 멜라닌 색소 희석, 최대한의 하이라이트 작업)

- 블루(1) + 화이트 파우더(3) + 과수 20v(6%) 1:3 = 30㎖ : 90
  (과수를 3배 넣는 이유: 최대한 모발에 상처 주지 않고, 손상 최소화하면서 레벨 up)

3) 원색 멋내기 컬러링

– 중성 컬러 매니큐어 (원색의 원하는 컬러)
  왁싱 매니큐어 산성 컬러 25분~30분

이식증모술 Before & after

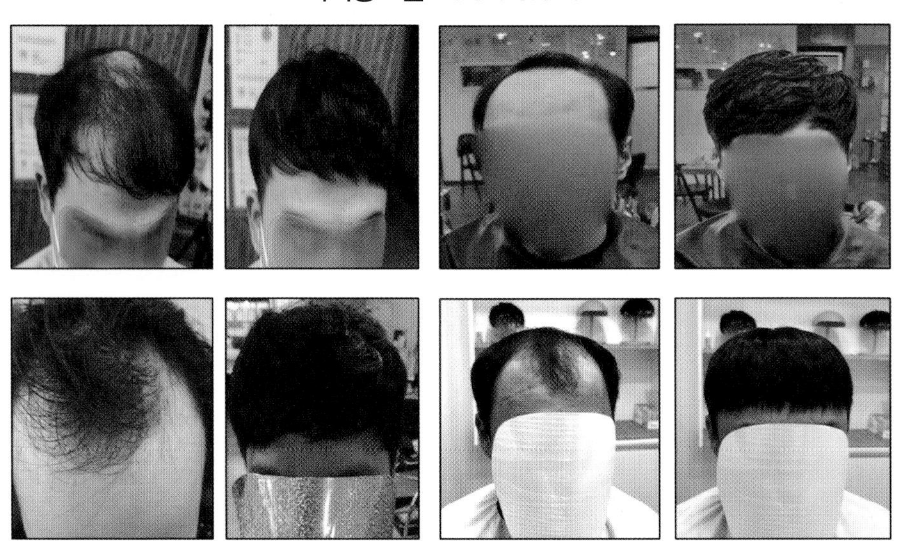

증모연장술 부문

집필위원

김영미 이미향 한진희

증모연장술은 숱 보강, 길이 연장, 패션컬러를 통합한 헤어 토털 솔루션 증모술이다. 증모연장술 부문에서는 한 올 증모술(나노 증모술, 원터치 증모술, 재사용 증모술, 스킬 나노 증모술, 마이크로 증모술), 레미 증모술 3가지, 한 올 다증모술, 오리지날 매직 다증모술, 앞머리 연장술, 붙임머리(Hair Extension), 블록증모술 등 다양한 종류가 있는데, 지금부터 증모연장술을 크게 헤어증모술, 붙임머리, 블록증모술로 구분해 각각의 특징과 증모 기법에 대해 배워본다.

증모연장술에서 배우는 여러 가지 증모술을 간단하게 정리하면 다음과 같다.

– 나노 증모술 - 고객 모발 1 : 가모 1가닥~2가닥 매듭 / (탈모 10%~90%까지 커버할 수 있다)
– 원터치 증모술 - 고객 모발 1 : 가모 1가닥~2가닥 매듭 / (탈모 10%~90%까지 커버할 수 있다)
– 재사용 증모술 - 고객 모발 1 : 가모 1가닥~2가닥 매듭 / (탈모 10%~80%까지 커버할 수 있다)
– 스킬 나노 증모술 - 고객 모발 1 : 가모 1가닥~2가닥 매듭 / (탈모 10%~70%까지 커버할 수 있다)
– 마이크로 증모술 - 고객 모발 1 : 가모 2가닥 매듭 / (탈모 10%~70%까지 커버할 수 있다)
– 레미 증모술 3가지 - 고객 모발 3가닥~5가닥 : 가모 3가닥~7가닥 / (탈모 10%~70%까지 커버할 수 있다)
– 한 올 다증모술 - 고객 모발 4가닥~5가닥 : 가모 48모 (24 매듭-48모 – 모량 조절이 가능하다) / (탈모 10%~70%까지 커버할 수 있다)
– 1/8 매직 다증모술 - 고객 모발 4가닥~5가닥 : 가모 약 12모
(모량 조절해서 사용할 수 있다 -> 한 올 다증모로 대체할 수 있다)
– 1/4 매직 다증모술 - 고객 모발 4가닥~5가닥 : 가모 약 30모 (탈모 10%~50%까지 커버할 수 있다)
– 1/2 매직 다증모술 - 고객 모발 5가닥~6가닥 : 가모 약 70모 (탈모 30%~40%까지 커버할 수 있다)

– 오리지날 매직 다증모술 – 고객 모발 7가닥~8가닥 : 가모 약 150모 (탈모 10%~20%까지 커버할 수 있다)

– 앞머리 연장술(한 올 롱 다증모) – 고객 모 4가닥~5가닥 : 가모 48모

– 앞머리 연장술(세 올 다증모) – 고객 모 7가닥~8가닥 : 가모 70모

– 앞머리 연장술(일반 모) – 고객 모 3가닥~7가닥 : 가모 3가닥~7가닥

– 붙임머리 : 고객 모와 붙임머리 가모 섹션을 떠서 길이 연장과 숱 보강하는 증모 기법

– 블록증모술 – 부위별 증모할 블록을 만들어 숏 머신줄과 롱 머신줄을 활용해 증모하는 기법

Ⅰ. 헤어증모술

헤어증모술은 가발망에 낫팅(식모기법)하는 방법에서 착안해 고안한 증모 기법으로 고객 모발에 일반 모발을 매듭지어서 머리숱이 없는 부위에 숱을 보강해 모량을 많게 늘려주는 모든 방법을 의미한다. 증모는 가장 작은 단위의 가발로 모발 한 가닥을 증모하는 기법부터 한 번에 150모를 증모하는 매직 다증모 등 고객의 두피와 모발 상태, 탈모 부위와 진행 상황에 따라 모량을 조절하여 다양한 고정 방법을 바탕으로 숱 보강이 필요한 양만큼 증모해 자연스럽게 연출할 수 있다. 증모술을 할 때는 고객의 모발에 숱을 보강해야 하므로 시술자는 모발 한 가닥이 견디는 무게를 알고 있어야 고객 모발에 무리 가지 않는 양으로 증모할 수 있다. 모발 한 가닥이 견딜 수 있는 무게감은 약 120g이다.

헤어증모술은 본드나 접착제를 사용하지 않고 모발끼리 묶어주는 매듭 방식의 증모술로서 고객의 두피를 안전하게 보호할 수 있다. 또한 증모 시 100% 인모로 사용하여 펌, 염색이 자유롭다. 그리고 증모술 후 별도의 회복 시간이 필요 없고, 티 나지 않으므로 평소에 생활하는 데 불편하지 않다. 헤어증모술의 가장 큰 장점은 모발이식과 비슷한 효과를 누리지만 가격대는 수술보다 훨씬 저렴하고 아프지 않다는 점이다.
헤어증모술은 고객 모발에 묶는 매듭 식이라 모발이 자라면 매듭이 같이 올라와 한 달에 한 번 리터치를 받아야 한다. 그리고 샴푸 등 홈케어를 할 때 주의해서 관리해야 한다.
그리고 두피 모발 이식은 어느 시기가 되면 근본적인 인체의 DNA를 바꿀 수 없어서 다시 탈모 현상을 겪기 때문에 계속해서 두피에 모발을 이식하는 현 기술로는 연속적인 시술이 어렵다 판단된다.

헤어증모술은 두피가 건강한 모든 사람 또는 탈모가 진행 중이지만 진행 속도가 느려서 모근이 건강한 사람에게 시술할 수 있다. 하지만 모발이 약해서 뽑힐 위험이 있는 경우 헤어증모술을 권하지 않는다. 헤어증모술에 적합하지 않은 대상은 다음과 같다.

- 모발이 너무 얇거나 두피가 약한 사람
- 숱 빠짐 90% 이상 모발이 빈모인 사람
- 탈모가 급속하게 진행되고 있는 사람
- 두피가 민감한 사람, 피부 관련 알레르기가 있는 사람
- 산후 1년 이내인 사람
- 항암 치료 중이거나 항암 치료 후 1년 이내인 사람
- 당뇨, 갑상샘 등 항생제 장기간 먹는 사람
- 헤나, 코팅(실리콘 베이스)한 지 1주일 지나지 않은 모발
- 가발이나 모자를 장기간 착용해서 두피와 모발이 약해진 사람

헤어증모술은 한 올 증모술부터 다증모술까지 고객의 탈모 상태에 따라 다양한 고정법 중 선택해서 증모할 수 있어서 두상의 모든 부위에 증모가 가능하다. 증모 부위별 효과는 다음과 같다.

정수리 가르마 숱 보강
- 원형 탈모 커버
- M자, 이마 숱 보강 커버
- 흉터 커버
- 뒤통수 볼륨, 가마 커버
- 앞머리 연장
- 확산성 탈모 커버
- 모류 방향 교정

뿐만 아니라 탈모 10%~90%까지, 두상의 모든 부위에 증모가 가능하므로 미용실의 기존 매뉴얼과 접목해서 샵 매뉴얼로 정착하기 매우 쉬운 장점이 있다.

1. 증모 디자인 커트=증모+커트
2. 증모 디자인 볼륨 펌=증모+펌
3. 증모 디자인 하이라이트= 증모+컬러
4. 증모 디자인 업 스타일=증모+업 스타일
5. 증모 앞머리 연장 익스텐션=증모+익스텐션

■ 한 올 증모술

한 올 증모술은 '모발 한 가닥의 기적'이라고 불리는 증모술이다. 가장 섬세하고 정교한 증모술로 꼬리빗으로 빗질할 수 있을 정도로 매듭이 작고, 티가 나지 않게 증모가 가능하므로 많은 탈모 고객이 선호하는 증모술이다. 한 올 증모술은 증모 방법에 따라 나노 증모술, 원터치 증모술, 재사용 증모술, 스킬 나노 증모술, 마이크로 증모술로 분류할 수 있으며, 각 증모 기법에 따라 장점과 특징이 모두 다르므로 증모 기법별 특징을 정확하게 파악하고, 고객의 두피와 선호도에 따라 적합한 방법을 제시하는 것이 중요하다.

▣ 나노 증모술

나노 증모술은 고객 모발 한 가닥에 일반 모 1가닥~2가닥을 엮어서 한 번에 2모~4모를 증모하는 한 올 증모술이다. 매듭이 매우 작아서 거의 티가 나지 않기 때문에 주로 연모나 아주 섬세한 이마 라인, 가르마 등에 증모한다. 최대한 두피 가까이 묶음 처리할 수 있고, 모량숱 빠짐 ~90% 정도에 필요한 증모술이다. 가벼운 탈모가 진행 중인 사람에게도 증모를 할 수 있으며, 증모술 매듭이 가장 정교하고 섬세하여 꼬리 빗질이 가능하며 모발이 자라나도 매듭을 풀지 않아도 된다. 나노 증모술을 할 때는 고열사가 아닌 100% 천연 모를 사용하기 때문에 컬러나 펌 등 다양한 미용 시술이 가능하다.
나노 증모술은 무매듭으로 증모하는 경우와 매듭을 먼저 지어 증모하는 경우로 나눌 수 있다.
증모 전에는 매듭 고리를 먼저 만들어야 한다.

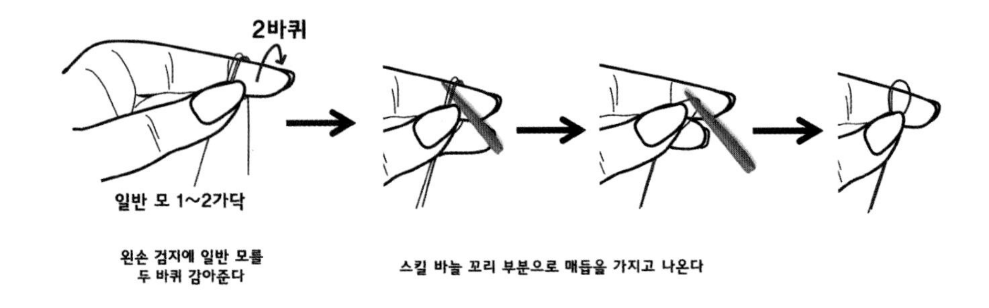

매듭 고리를 만들 때 무매듭 나노는 왼손 검지에 일반 모를 두 번 감아 스킬 바늘 꼬리 부분으로 매듭을 가지고 나온다.

매듭 나노는 손가락으로 매듭 고리를 만드는 방법과 빨대를 사용해 매듭 고리를 만드는 방법이 있다.

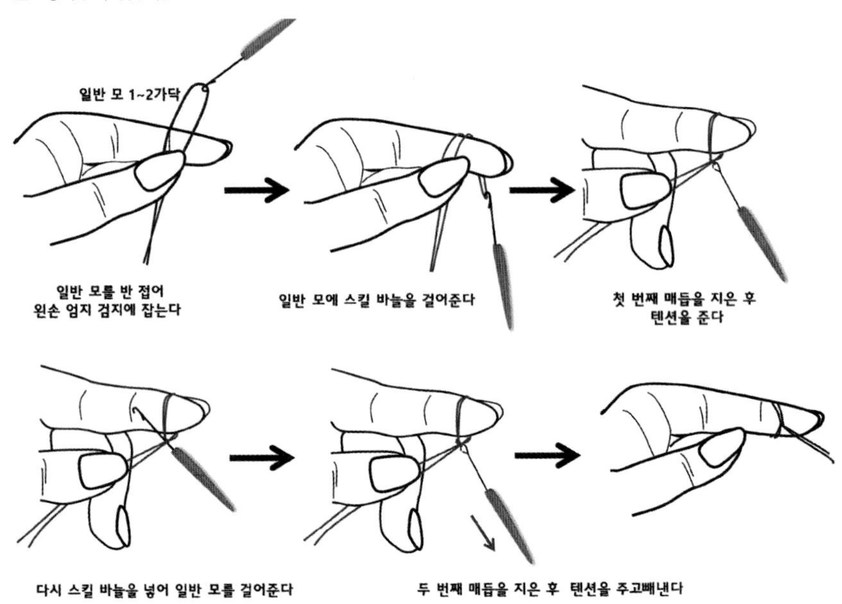

빨대를 사용해 매듭을 지을 때는 먼저 일반 모를 접어 왼손 엄지 검지로 잡은 다음 접은 일반 모를 빨대가 중앙에 오도록 아래쪽에 위치하게 놓고, 스킬 바늘을 일반 모 고리에 넣어 앞으로 오게 하여 왼손으로 잡고 있는 일반 모를 두 번 빼내어 매듭을 만든다.

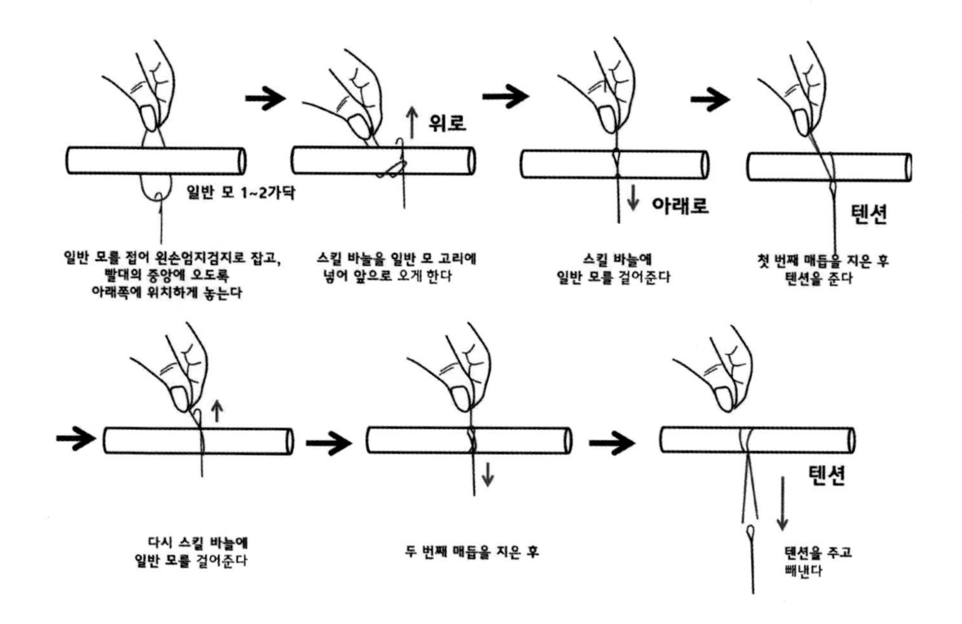

〈 나노 증모술 순서 〉

나노 증모술은 매듭 유무에 따라 증모 방법이 달라진다.

먼저 무매듭 나노 증모술 순서는 다음과 같다.

① 일반 모 고리 안으로 스킬 바늘을 넣고 고객 모발을 스킬에 건 다음 바늘을 앞으로 밀어 잡고 있는 고객 모발을 다시 걸어서 빼낸다.

② 일반 모 링크(고리) 안으로 스킬 바늘을 넣고 고객 모발을 빼내어 다시 고객 모발을 빼낸다.

③ 고리를 두피 가까이 가지고 가고 매듭점을 오른손 검지로 누르고 일반 모를 당겨 힘을 주고 마무리하고 고객 모 양쪽으로 나눠서 텐션 마무리한다.

매듭 나노 증모술 순서는 다음과 같다.

① 빨대에 있는 모발을 빼서 P자 모양이 되도록 매듭을 왼손 검지와 엄지로 잡는다.

② 고객 모발을 왼손 약지손가락 위로 올려놓고 중지로 고정한다.

③ 일반 모 링크(고리) 안으로 스킬 바늘을 넣고 고객 모발을 스킬에 걸고 바늘을 앞으로 밀어 잡고 있는 고객 모발을 다시 건 후 빼낸다.

④ 고리를 두피 가까이 가지고 가고 매듭점을 오른손 검지로 누르고 일반 모를 당겨 힘을 주어 마무리하고 일반 모 양쪽으로 나눠서 텐션 마무리한다.

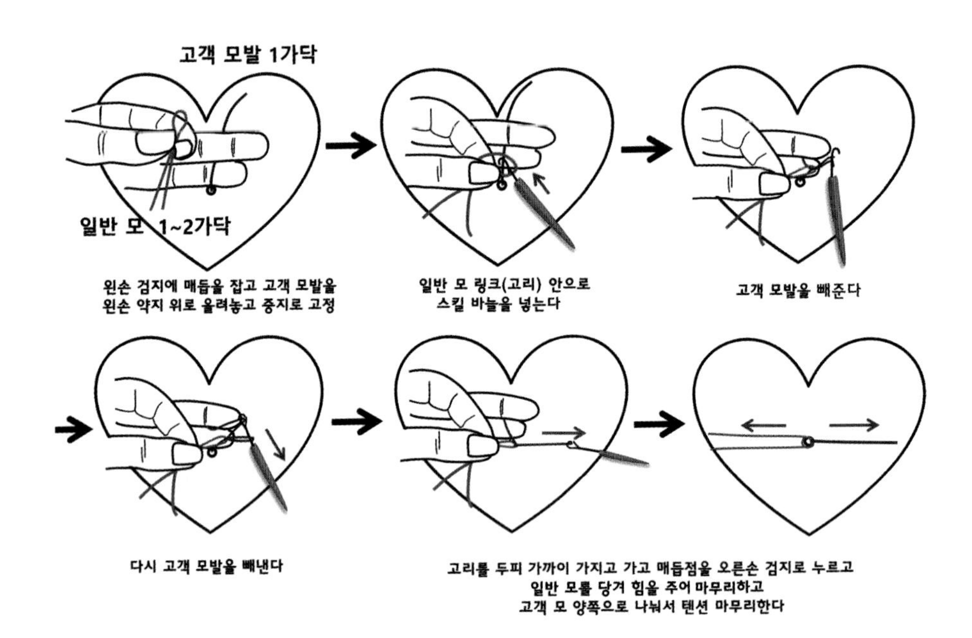

▣ 원터치 증모술

원터치 증모술은 가모의 고리에 고객 모발을 꺾어서 하는 매듭 증모술로 모량 숱 빠짐 ~90% 정도에 필요한 증모술이다. 모근이 건강한 연모에도 증모하기 좋고, 원포인트 증모술 중에 가장 매듭 크기가 작은 증모술이다. 단, 고객의 모발을 꺾는 매듭법이기 때문에 두피에 너무 가까이 증모하면 모발이 뽑힐 가능성이 가장 커서 두피에서 0.3cm~0.5cm 띄우고 증모해야 한다.

원터치 증모술 역시 증모 전 미리 매듭을 만들어준다. 원터치 증모술의 매듭 고리 만드는 방법은 다음과 같다.

① 일반 모를 접어 왼손 엄지 검지로 모발이 벌어지게 잡는다.
② 오른손 검지가 앞으로 보이게 하여 일반 모 고리를 오른손으로 잡아, 왼쪽으로 틀어 돌려서 왼손 중지로 검지에 잡는다.
③ ♡자 모양이 된 일반 모에 임의의 번호를 매긴다.

④ 스킬 바늘 꼬리를 사용하여 1, 2 뒤에서 앞으로 넣고 다시 2, 3 사이로 가운데로 넣어 4번을 감아준 후 2, 3번 앞에서 뒤로 들어가 매듭을 만든다.
⑤ 스킬 바늘에서 일반 모가 갈라져 있는데 매듭 쪽으로 돌려 정리한다.

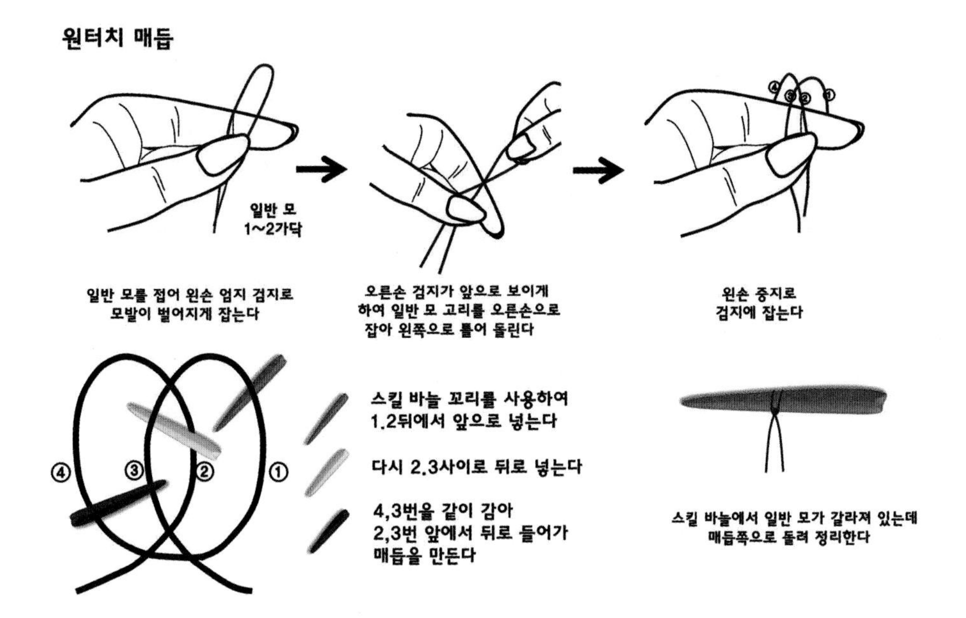

원터치 증모술 순서는 다음과 같다.

① 고객 모발을 왼손 중지로 잡고 원터치 링크(홀) 안으로 스킬 바늘 넣어 고객 모를 빼낸다.
② 빼낸 모발을 오른손 중지로 잡고 일반 모는 왼손 엄지, 검지 / 오른손 엄지, 검지로 따로 잡는다.
③ 세 곳의 텐션을 준 다음, 고객 모는 중앙에 놓고 힘을 뺀 다음 일반 모만 텐션을 준다.
④ 두피에서 0.3cm~0.5cm에 위치에서 텐션을 주어 0.2cm에서 완성한다.

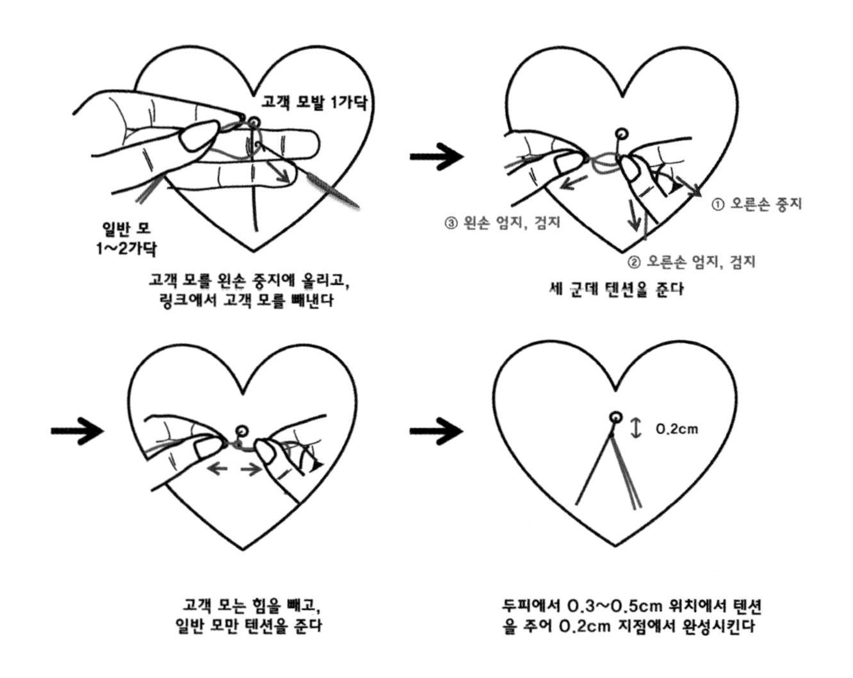

▣ 재사용 증모술

재사용 증모술은 가모 고리에 고객 모발을 묶는 방식으로 모량 숱 빠짐 ~80% 정도에 필요한 증모술이며, 한 올 증모술 중에 매듭이 가장 크다. 유동성이 있어서 모발이 자라면 뿌리 가까이 다시 밀어 넣어 재사용할 수 있다. 주의할 점은 일주일만 지나도 증모한 모발이 움직이기 때문에 무게감이 느껴지고 연모에 증모할 경우 유실될 가능성이 크기 때문에 연모에는 재사용 증모술이 적합하지 않다.
재사용 증모술을 할 때는 100% 천연 모를 사용하기 때문에 컬러, 펌 등이 자유롭다.
재사용 증모술 매듭 고리는 손가락 또는 빨대를 사용해 만들 수 있다.

손가락으로 매듭 고리 만드는 방법은 다음과 같다.

① 일반 모를 접어 왼손 검지에 한 바퀴 돌려 감겨 있는 일반 모 뒤쪽으로 크로스시켜 왼손 엄지로 잡는다.

② 왼손 검지에 감겨 있는 일반 모로 스킬 바늘을 넣어 고리 지어진 일반 모를 스킬 바늘에 걸어 빼내어 다시 남아 있는 일반 모를 스킬 바늘에 걸어 나와 매듭을 만든다.

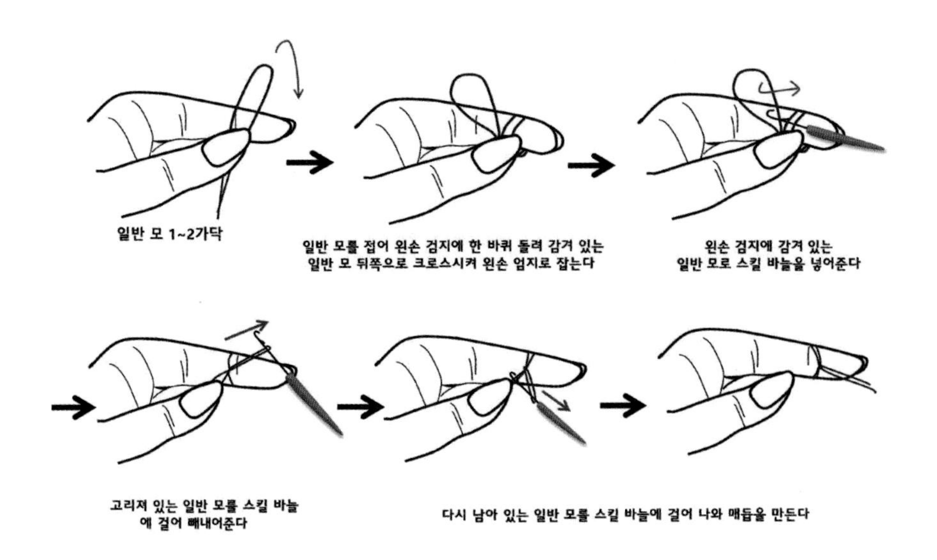

빨대로 매듭 고리 만드는 방법은 다음과 같다.

① 일반 모를 접어 빨대에 감아 크로스시킨다.

② 크로스 밑으로 들어가 고리를 잡아 한 번 묶어주고 다시 남아 있는 모발을 가지고 나와 텐션을 준다.

재사용 빨대매듭

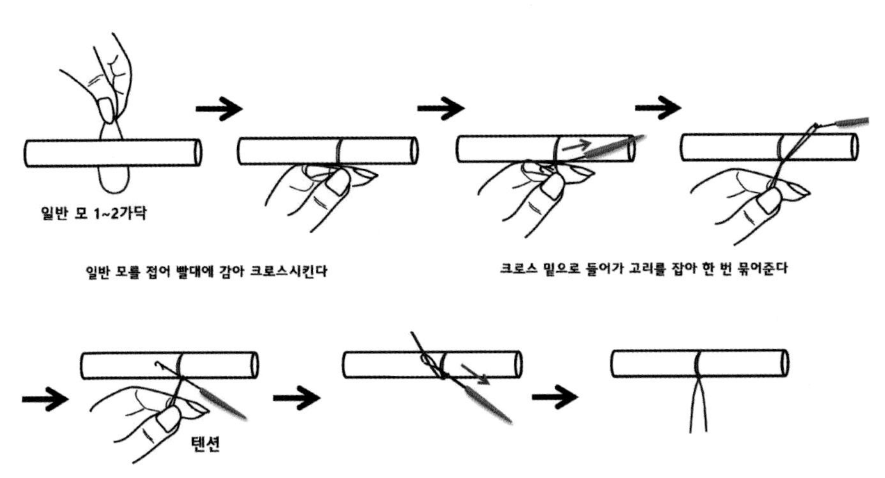

재사용 증모술 순서는 다음과 같다.

① 고객 모발을 왼손 중지 위로 올려놓고 약지로 고정한다.

② 일반 모 링크(고리) 안으로 스킬 바늘을 넣고 고객 모발을 빼내고 매듭짓는다.

③ 매듭을 두피 쪽으로 밀어 넣고 고객 모발을 검지 위에 올려놓는다.

④ 스킬 바늘은 바닥을 향히게 하여 고객 보발을 걸고 시계 반대 방향으로 1/2바퀴 하늘을 보게 한 후 스길을 밀어낸다.

⑤ 스킬 바늘을 내 배 쪽을 향하게 한 다음 고객의 모발을 밑에서 위로 고리에 걸고 스킬 바늘 뚜껑을 닫는다.

⑥ 그대로 밑으로 내려서 당겨주고 텐션을 준 상태에서 밀어낸다.

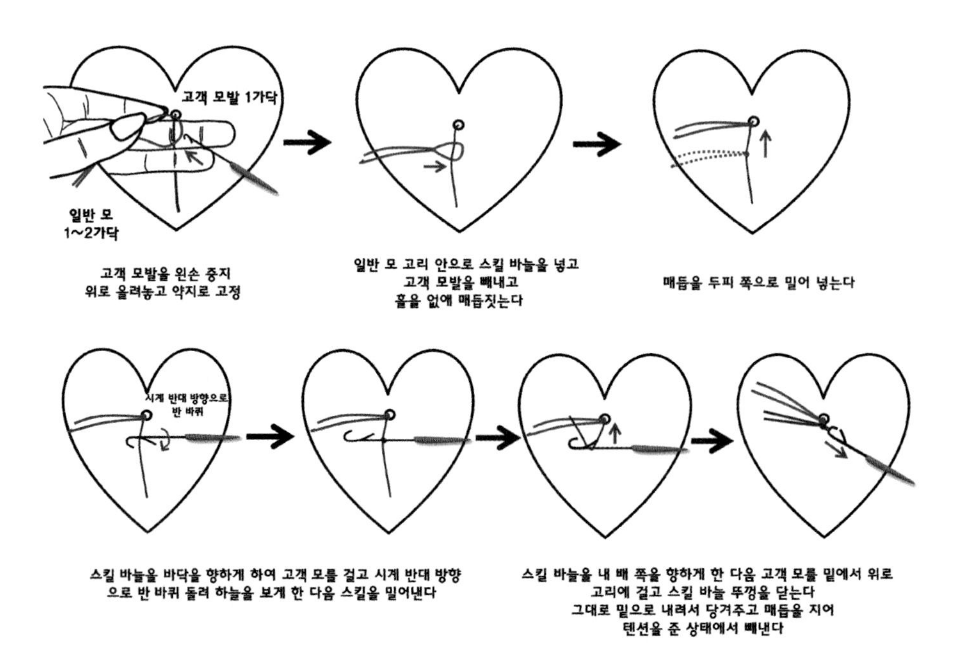

고객 모발이 자라나면 재사용 증모술은 리터치를 해주는데 리터치 방법은 다음과 같다.

① 기존에 있던 재사용 일반 모를 두피 쪽으로 밀어 넣는다.

② 왼손 검지에 고객 모를 한번 감아 스킬 바늘로 빼내어 링크를 만들어준다.

③ 스킬 바늘 뒤끝을 링크에 넣어 매듭 가까이 가서 텐션 주고 빼내서 마무리한다.

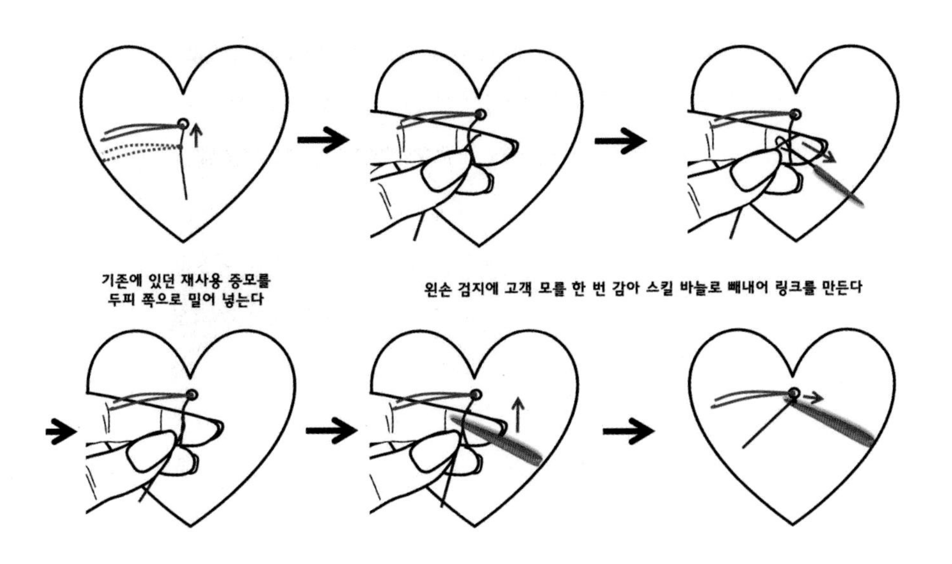

스킬 바늘 뒤 끝을 링크에 넣어 매듭 가까이 가서 텐션을 주고 빼내서 마무리 한다

▣ 스킬 나노 증모술

스킬 나노 증모술은 모량 숱 빠짐 ~70% 정도 진행된 고객에게 필요한 증모술로 매듭이 가장 강하기 때문에 유분기가 많은 모발이나 헤나를 한 모발, 또는 남성 모발에 적합한 증모 방법이다.

스킬 나노 증모술 순서는 다음과 같다.

① 일반 모 중간 부분에 스킬 바늘을 대고 두 바퀴 돌려준다.

② 오른손 검지로 누른 상태로 고객 모를 오른손 새끼손가락으로 잡는다.

③ 왼손 검지 첫째 마디에 고객 모와 가모를 함께 올린다.

④ 스킬 바늘로 고객 모발을 걸고 0.2cm 뺀다. (거의 나오자마자)

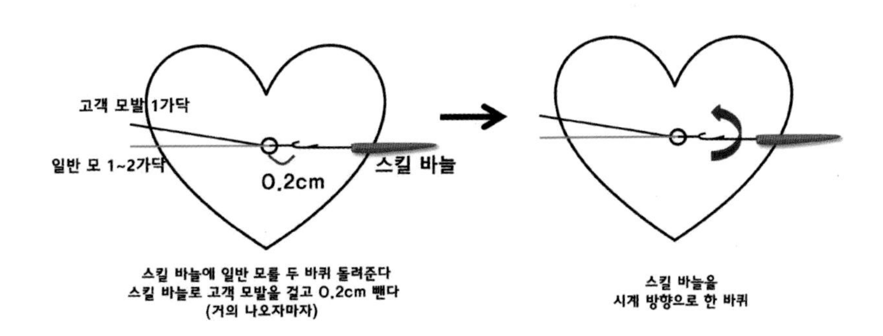

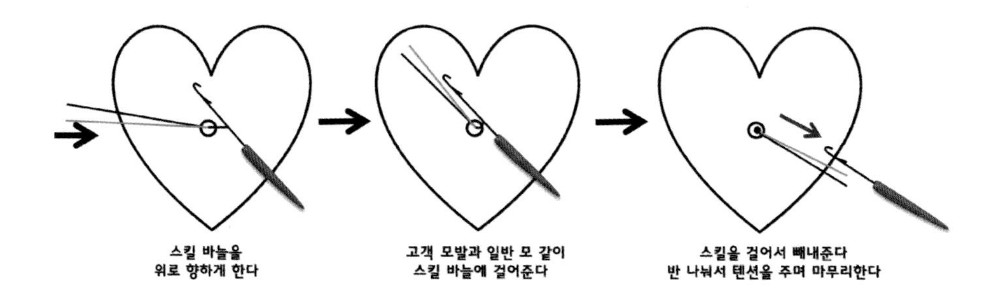

▣ 마이크로 증모술

마이크로 증모술은 일반 모로 고리를 만들어서 묶는 방식으로 고객 모 1가닥에 가모 2가닥을 연결해 한 번에 4가닥씩 숱을 보강하는 증모술이다. 꼬리 빗질이 될 정도로 매듭이 작아서 풀지 않아도 되는 증모술이기 때문에 이마 라인이나 가르마, 탑쪽 숱을 ~ 70%까지 커버할 수 있다. 가벼운 탈모가 진행 중인 사람도 무리 없이 증모할 수 있고, 고 열사(합성 모)가 아닌 100% 천연 모를 사용하기 때문에 컬러나 펌 등이 자유롭다. 한 올 증모술 중 매듭이 가장 튼튼하고, 글루나 접착제 등을 사용하지 않기 때문에 두피에 안전하다. 유화 처리(연화 처리)를 하지 않아도 된다.

마이크로 증모술 순서는 다음과 같다.

① 스킬 바늘에 한 바퀴 돌려 밑에서 위로 모발을 한꺼번에 잡아 스킬 바늘 고리에 걸고, 뚜껑을 닫고 그대로 검지로 밀어 고리를 만든다.

② 오른손 새끼손가락으로 고객 모를 잡아서 왼손 검지 첫째 마디에 놓고 엄지로 누른다.

③ 스핀 3와 달리 일반 모와 고객 모를 같이 잡는다.

④ 모발을 스킬 바늘에 걸고 스킬 바늘을 두피에 밀착시켜서 세우고, 0.2cm 뺀다.

⑤ 시계 방향으로 두 바퀴를 돌린 후에 왼손 검지로 중심부를 누르고 스킬 바늘을 좌측 위로 향하게 한다.

⑥ 고객 모발과 일반 모발을 같이 잡고 스킬 바늘에 걸어 우측으로 빼낸다.

⑦ 모발을 반으로 나눠서 마무리 텐션을 준다.

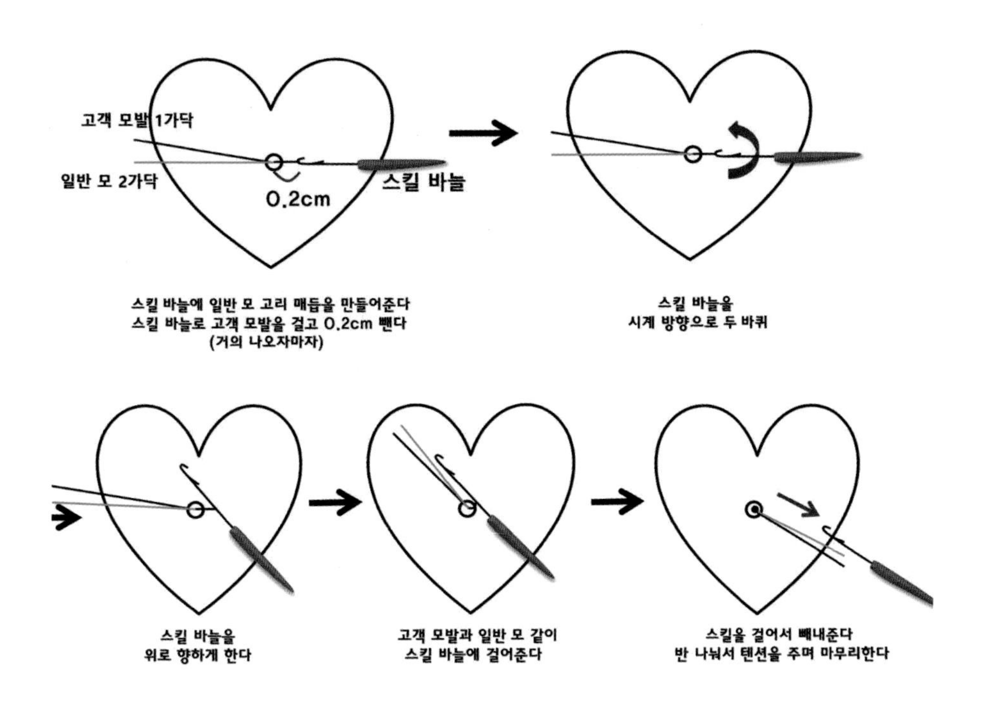

▣ 한 올 증모술 비교

5가지 한 올 증모술을 매듭, 사용 모질, 리터치 가능 여부를 비교하면 다음과 같다.

	나노	재사용	원터치	스킬 나노	마이크로
매듭	무매듭은 퍼짐성이 있고 매듭 나노는 약간의 퍼짐성이 있다	일자로 뭉쳐 있다 유동이 있는 매듭	퍼짐성이 있다 매듭이 거의 없다	일자로 뭉쳐 있다	일자로 뭉쳐 있다 나노보다 매듭이 크다
사용 모질	연모	보통모, 건강모	모근이 건강한 모발	건강모 유분 많은 모발 짧은 모발	보통모, 건강모
재시술	불가	가능	불가	불가	불가

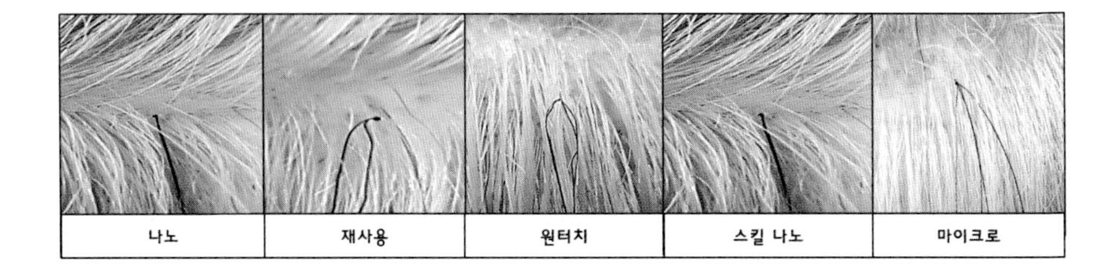

한 올 증모술 중 고객의 탈모 부위에 적절한 증모술을 찾아 머리숱을 보강하면 고객 만족도를 높일 수 있다.
예를 들어, 가르마 부분을 증모할 때, 보이는 부분은 매듭이 작은 증모술로 하고, 덮이는 부분은 모량을 늘려도 되고 매듭이 단단한 증모기법으로 한다.

■ 레미 증모술

레미 증모술은 고객 모발 3가닥~5가닥에 일반 모 3가닥~7가닥을 증모하는 증모술로 고정 기법에 따라 스핀 풀 아웃, 스핀 링크, 스파이럴 넛이 있다.
레미 증모술을 할 때, 큐티클이 살아 있는 모발을 사용하면 모발이 서로 엉킬 가능성이 매우 크기 때문에 반드시 산 처리된 모발을 사용해야 한다.

▣ 스핀 풀 아웃

스핀 풀 아웃은 일명 돌려 빼기 기법으로, 레미 증모술 중 매듭 크기가 가장 작아서 이마 헤어라인 등 섬세한 곳을 증모할 때 주로 사용하는 기법이다. 평균 유지 기간은 1개월 정도이다.

스핀 풀 아웃 순서는 다음과 같다.

① 스킬 바늘에 일반 모를 걸어 오른손 검지로 누른 후 2바퀴를 감아준다.
② 오른손 새끼손가락으로 고객 모를 잡아서 왼손 검지 첫째 마디에 놓고 엄지로 누른다.
③ 스핀 3와 달리 일반 모와 고객 모를 같이 잡는다.
④ 모발을 스킬 바늘에 걸고 스킬 바늘을 두피에 밀착시켜서 세우고, 0.2cm 뺀다.

⑤ 시계 방향으로 두 바퀴를 돌린 후에 왼손 검지로 중심부를 누르고 스킬 바늘을 좌측 위로 향하게 한다.
⑥ 고객 모발과 일반 모발을 같이 잡고 스킬 바늘에 걸어 오른쪽으로 나오면 된다.
⑦ 모발을 반으로 나눠서 마무리 텐션을 준다.

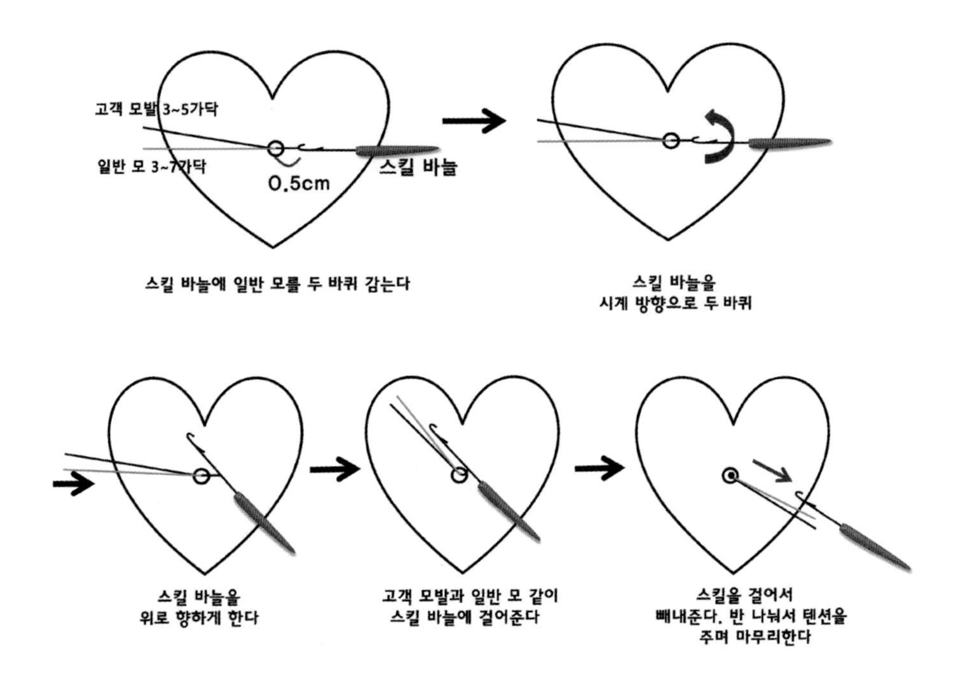

▣ 스핀 링크

스핀 링크는 일명 고리 지어 돌려 빼는 동작으로 스핀 풀 아웃보다 매듭이 단단하여서 탑, 또는 가르마 부위에 숱을 보강할 때 사용하는 증모 기법이다. 평균 유지 기간은 1개월~2개월 정도이다.

스핀 링크 순서는 다음과 같다.
① 스킬 바늘에 한 바퀴 돌려 밑에서 위로 모발을 한꺼번에 잡아 스킬 바늘 고리에 걸고, 뚜껑을 닫고 그대로 검지로 밀어 고리를 만든다.
② 오른손 새끼손가락으로 고객 모를 잡아서 왼손 검지 첫째 마디에 놓고 엄지로 누른다.

③ 스핀 3와 달리 일반 모와 고객 모를 같이 잡는다.

④ 모발을 스킬 바늘에 걸고 스킬 바늘을 두피에 밀착시켜서 세우고, 0.2cm 뺀다.

⑤ 시계 방향으로 두 바퀴를 돌린 후에 왼손 검지로 중심부를 누르고 스킬 바늘을 좌측 위로 향하게 한다.

⑥ 고객 모발과 일반 모발을 같이 잡고 스킬 바늘에 걸이 오른쪽으로 나오면 된다.

⑦ 모발을 반으로 나눠서 마무리 텐션을 준다.

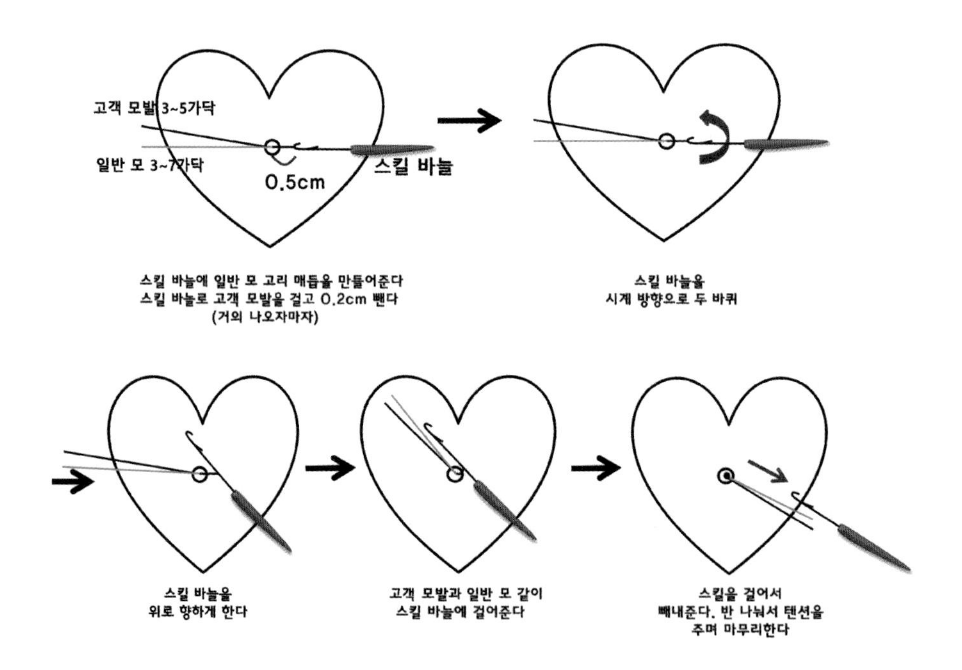

▣ 스파이럴 넛

스파이럴 넛은 일명 'ㄱ'자 돌려 빼기 동작으로 매듭이 가장 단단하여서 연모에는 사용할 수 없고, 뒤통수, 가마, 구레나룻, 네이프 등 떨어지는 헤어 라인에 주로 사용한다. 평균 유지 기간은 2개월~3개월 정도이다.

스파이럴 넛 순서는 다음과 같다.

① 스킬 바늘에 일반 모를 걸어 오른손 검지로 누른 후 2바퀴를 감아준다.

② 오른손 새끼손가락으로 고객 모를 잡아서 왼손 검지 첫째 마디에 놓고 엄지로

누른다.

③ 스핀 3와 달리 일반 모와 고객 모를 같이 잡는다.

④ 고객 모를 스킬 바늘에 걸고, 고객 모발이 나오자마자 12시 방향 일자로 만들어서 고객의 모발을 0.5cm 빼준다.

⑤ 2시 방향에서 스킬 바늘을 시계 방향으로 2바퀴를 돌려준다.

⑥ 일반 모와 고객 모를 왼쪽으로 넘겨준다.

⑦ ㄱ자 모양에서 스킬 바늘을 시계 방향으로 한 바퀴 돌린다.

⑧ 고객 모발이 내려오면서 트위스트가 되도록 스킬 바늘을 한 바퀴 돌린다.

⑨ 고객 모발과 일반 모발을 같이 잡고 스킬 바늘에 걸어 오른쪽으로 빼낸다.

⑩ 모발을 반으로 나눠서 마무리 텐션을 준다.

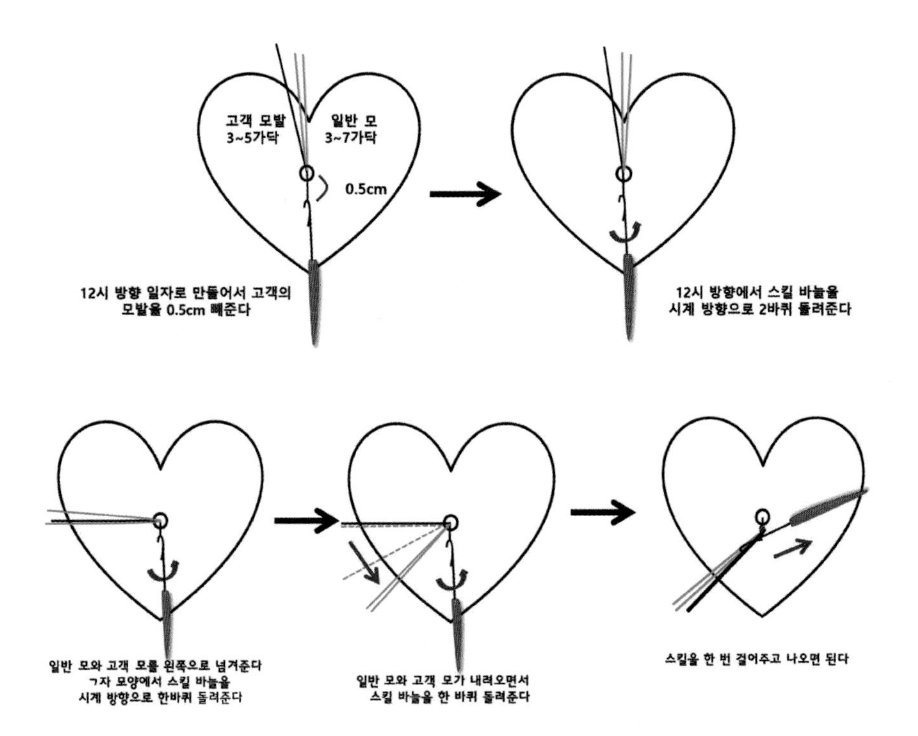

■ 매직 다증모술

▣ 매직 한 올 다증모술

매직 한 올 다증모술은 한 올 다증모술의 보완으로 360° 퍼짐성을 가진 증모술이다. 매직 한 올 다증모의 종류에는 한 올 숏 다증모와 한 올 롱 다증모가 있다. 이 중 한 올 롱 다증모는 긴 머리를 숱 보강하는 증모술 또는 앞머리를 연장할 때 주로 사용한다.

한 올 숏 다증모

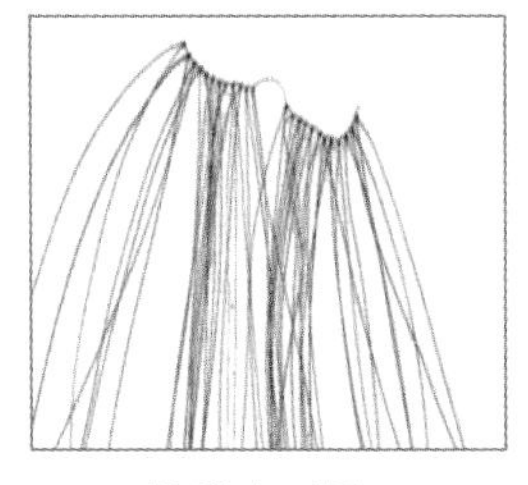
한 올 숏 다증모

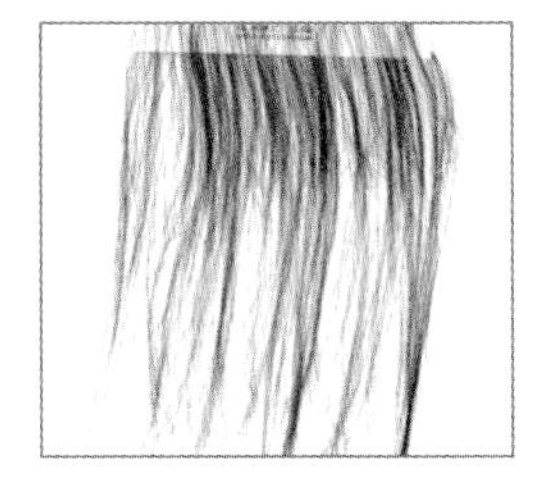
한 올 롱 다증모

매직 한 올 다증모술의 특징은 다음과 같다.

- 매직 다증모는 3올~4올로 이루어져 있지만 매직 한 올 다증모는 1올로 이루어져 있다.
- 길이는 6"~10"으로 이루어진 한 올 숏 다증모와 14"~16"으로 이루어진 한 올 롱 다증모가 있다.
- 한 올로 낫팅되어 있어서 매직 다증모에 비해 매듭이 작고 티 나지 않는다.
- 무게감이 거의 없고, 자연스럽다.
- 일반 모를 이용한 한 올 증모술은 매듭점이 작아 티가 나지 않는 장점이 있지만, 작업 시간이 오래 걸리고, 볼륨감이 적다는 단점이 있다. 이러한 단점을 보완하여 만들어진 매직 한 올 다증모는 같은 양을 증모할 경우, 한 올 증모술보다 소요 시간이 짧고, 볼륨감이 좋아서 더 풍성해 보이는 장점을 가지고 있다.
- 4가닥~48가닥까지 자유롭게 모량 조절이 가능하므로 30%~80%까지 폭넓게 증모가 가능하다.
- 100% 인모 사용하여 펌, 컬러가 자유롭다.
- 얇은 머리에 3올~4올 다증모(매직 다증모)를 사용하게 되면 무게감이 있어 견인성 탈모가 생길 가능성이 있다. 이때, 연모에 매직 한 올 다증모를 사용해 증모하

게 되면 무게감이 없어서 견인성 탈모를 최소화할 수 있다.
- 매직 한 올 다증모는 주로 헤어라인, 이마와 탑 사이, 탑, 가르마에 많이 사용한다.

▣ 오리지널 매직 다증모술

매직 다증모술은 360° 회전성과 볼륨감이 뛰어나고, 한 번에 많은 숱을 보강할 수 있는 최강 증모술이다. 매직 다증모의 종류는 숏 다증모와 롱 다증모가 있다. 이 중 롱 다증모는 긴 머리를 숱 보강하는 증모술 또는 앞머리를 연장할 때 주로 사용한다.

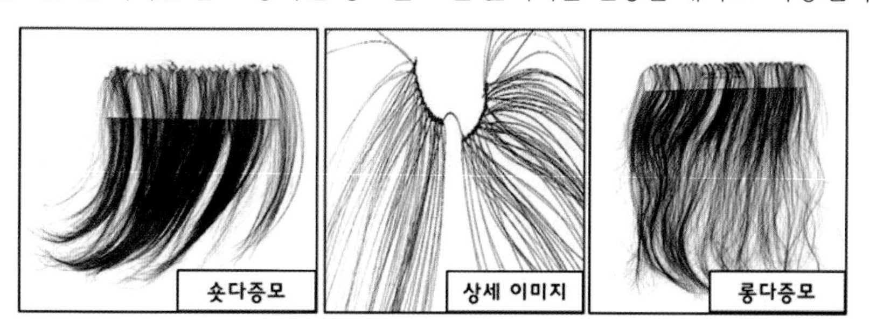

매직 다증모술의 특징은 다음과 같다.

- 3올~4올로 낫팅된 모발로 매듭이 한 올 다증모 보다는 크다.
- 모량 조절이 가능하여 한 번에 12가닥~180가닥의 모발을 증모할 수 있다.
- 모발 뭉침이 없고, 분수 모양 퍼짐성과 360° 회전성, 볼륨감이 좋다.
- 모발 길이에 따라 6"~10"으로 이루어진 숏 다증모와 14"~16"으로 이루어진 롱 다증모가 있다.
- 100% 천연 인모를 사용하여 컬러, 펌, 열펌 모두 가능하므로 스타일이 자유롭다.
- 고객 모발과 일체식으로 증모 후 티가 나지 않는다
- 증모 후 유지 기간은 1개월~2개월 정도이다.
- 매직 다증모 1개 증모 시 소요 시간 1분 미만으로 짧은 편이다.
- 증모하는 모발의 양 대비 가성비가 좋다.
- M자, 이마와 탑 사이, 탑, 가르마, 뒤통수 볼륨, 확산성 탈모, 흉터 등에 증모할 때 주로 사용한다.

매직 다증모의 구조	고정부 0.5cm / 1cm / 1cm 총 길이: 2.5cm 양쪽 매듭줄: 2cm 가운데 고정부: 0.5cm 총 매듭: 20개~24개 (한쪽 매듭줄 1cm에 10개~12개 매듭) 한 매듭당 올 수: 3올~4올 (6개~10개 모발) 모발 개수: 총 모발은 120가닥~180가닥으로 평균 150가닥
매듭줄의 특징	– 두께: 0.12mm, (강도 600g) ※ 인모의 두께가 연모 0.06mm, 보통모 0.09mm, 건강모 0.12mm이다. 다증모는 건강모와 동일한 두께로 제작해 증모를 하게 되면 고객 모발이랑 섞여 티가 나지 않고 자연스럽다. – 재질: 다증모의 줄은 모노사, 폴리아미드, 나일론 재질의 특수 낚싯줄로 제작되어 있다. 줄 부분에 미지근한 물이 닿으면 오그라드는 성질이 있기 때문에 따뜻한 물에 적신 후 건조하면 줄이 오그라들어서 360° 퍼짐성과 볼륨감이 형성되어 모발이 더욱 풍성해 보인다. 모발 길이 비율 다증모의 모발은 볼륨감을 주기 위해 여러 길이의 모발이 적절한 비율로 섞여 있다. 모발 길이가 다 다르기 때문에 질감이 가볍고, 뭉침 현상이 없으며, 볼륨감 형성이 잘 된다.
매듭줄의 색상	살구색 또는 검은색
다증모 고정 기법	링, 실리콘, 글루, 트위스트 매듭 꼬기, 스킬을 사용한 매듭법 (스핀 2, 스핀 3, 파이브아웃, 피넛스팟 등) 등

▣ 증모술 기본 자세

증모술을 할 때는 자세가 굉장히 중요하다. 자세가 틀어지면 각도가 무너지기 때문에 올바르게 증모할 수 없고, 시술자의 몸에도 무리가 될 수 있다.

올바른 증모 자세는 손님의 두상 Top이 시술자의 배꼽 선상 5cm 이내(3cm~5cm 지점)에 위치하는 것이 가장 이상적이다.

미용 의자에서 증모를 하게 되면 의자가 높아서 어깨와 팔이 자유롭지 못해서 각도가 무너지기 쉽다. 따라서 미용 의자보다는 증모용 배드를 사용하는 것을 추천한다.

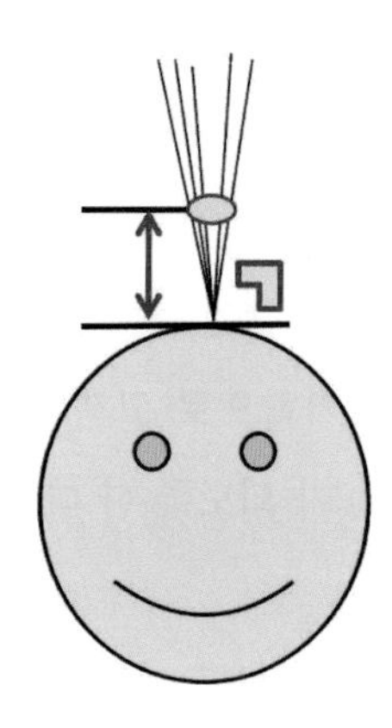

증모를 할 때는 다음 사항을 늘 유념하도록 한다.

- 각도: 90° (두상으로부터 90°)
- 섹션: 모발 7가닥~8가닥
- 두상의 위치: 시술자의 배꼽 선상 5cm 이내
- 매듭의 위치: 두상으로부터 0.3cm~ 0.5cm

  (뽑힐 우려가 있고 아픔 〈 0.3cm ~0.5cm 〈 볼륨감이 떨어지고 처짐)

▣ 매직 다증모를 활용한 증모술

다증모를 사용해 숱을 보강하는 증모술로는 스핀 3, 파이브아웃, 피넛스팟이 있다.

1. 스핀 3

① 고객님이 오시면 상담을 한 후에 샴푸실에 가서 유분기를 없애는 딥클렌징 샴푸를 해준다.

② 고객 모 7가닥~8가닥을 잡은 후 하트 패널을 10시~11시 방향에 놓는다. 핀컬핀으로 잔머리가 들어오지 않게 하트 패널의 벌어진 부뷰을 닫아주고, ㄴ자가 되도록 핀컬핀을 꽂아준다. 혹시 잔머리가 딸려 왔을 경우 패널의 벌어진 부분을 살짝 열어 밑으로 넣어준다.

③ 고객 모발도 충분한 수분이 있는 상태로 만들고, 다증모도 충분히 수분을 준 후 스킬을 걸 고정부에 잔머리나 다증모 모발이 딸려 오지 않게 엄지와 검지를 이용해 양쪽을 깨끗하게 정리해준다.

④ 다증모를 엄지 검지와 중지 약지 사이에 두고 OK 모양이 되도록 잡아준다.

⑤ 스킬 바늘을 고정부 오른쪽 바깥쪽에 두고 오른손 검지로 누른 후 2바퀴를 감아준다. 고정부 중간에 올 수 있도록 조절한다.

⑥ 오른손 새끼손가락으로 고객 모를 잡아서 왼손 검지 첫째 마디에 놓고 각도가 두피로부터 90°가 되도록 한 다음 엄지로 잡아준다. 다증모는 중지에 따로 잡아준다.

⑦ 스킬 바늘로 고객 모를 거는데 이때 양손을 두상에 밀착시키고, 일직선이 되게 한다. 고객 모를 스킬 바늘에 걸어서 스킬 바늘을 두피에 밀착시켜 세운 후 왼손을 좌측으로 이동해서 고객의 모발은 텐션을 주고 다증모는 힘을 뺀 다음 다증모를 오른손 검지로 밀어낸다. 밀어내는 순간 고객의 모발과 다증모를 같이 힘을 준다.

⑧ 고객 모발을 0.3cm~0.5cm 빼준다. 그 후에 스킬 바늘을 시계 방향 위쪽으로 2바퀴를 감아준다.

⑨ 고객의 모발을 오른쪽 180°로 넘겨준 후에 다증모 양쪽을 조절해준다. 이때 조절을 해주지 않으면 매듭 위에 걸칠 수 있다.

⑩ 다증모를 깨끗하게 90° 방향으로 고정한 후 고객 모발을 원래대로 왼쪽으로 옮겨 주면 ㅗ자 모양이 된다.

⑪ 매듭을 짓기 전 홀이 생기지 않도록 첫 번째 텐션을 준다.

⑫ 고객의 모발을 스킬 바늘에 걸어주고, 오른쪽으로 뺀 후 스킬 바늘을 중심부로 이동해서 텐션을 준다. 이 과정에서 텐션–매듭–텐션–매듭 총 4번의 텐션과 3번의 매듭을 걸어주는 것이 스핀 3 방법이다.

⑬ 중심부를 누르고 고객 모발을 빼내 준다. 그리고 고객 모를 반으로 나눠서 마지막 텐션을 준다.

⑭ 잔머리가 따라오지는 않았는지 동서남북 체크를 해주고 두피로부터 매듭이 0.5cm가 띄워졌는지도 확인한다.

⑮ 다중모를 반을 갈라서 고정부에 정확히 스킬이 걸려 있는지 확인한다.

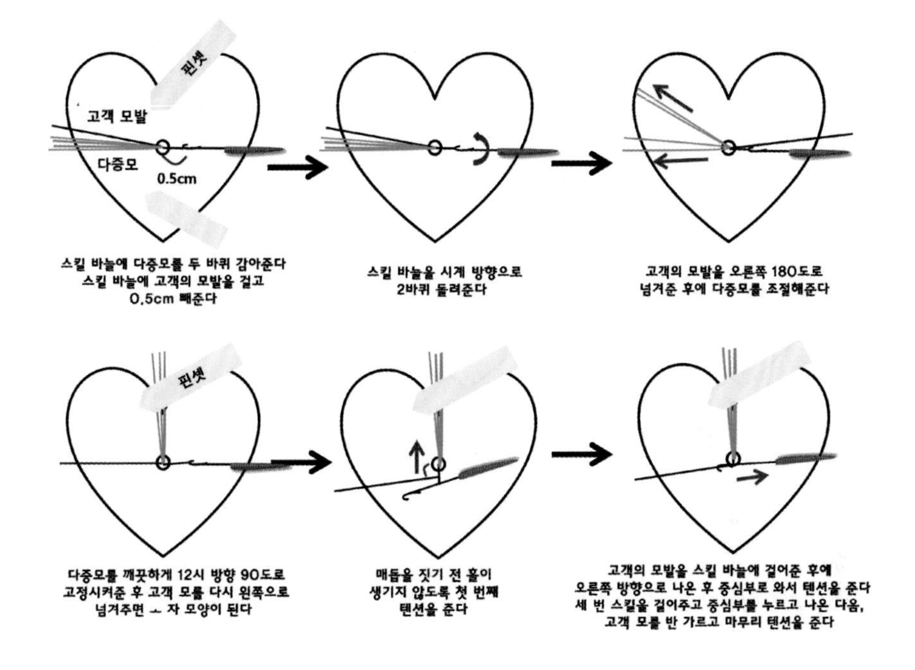

2. 파이브아웃

스핀 3보다 두 번의 스킬을 더해 총 5번의 스킬을 걸고 끝낸다고 하여 이름 붙여진 파이브아웃은 다중모를 활용해 볼륨이 많이 필요한 부분인 탑, 정수리, 뒤통수 볼륨, 가르마 등에 증모를 할 때 주로 사용하는 증모 기법이다. 5번 이상 스킬을 걸게 되면 고객 모발이 무게를 견디지 못하고 처지게 되므로 주의해야 한다.

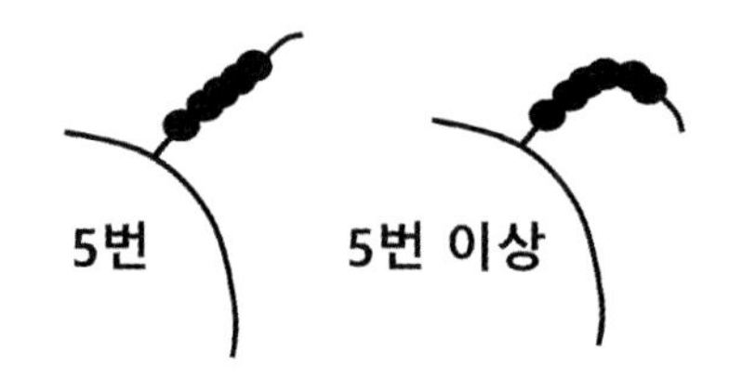

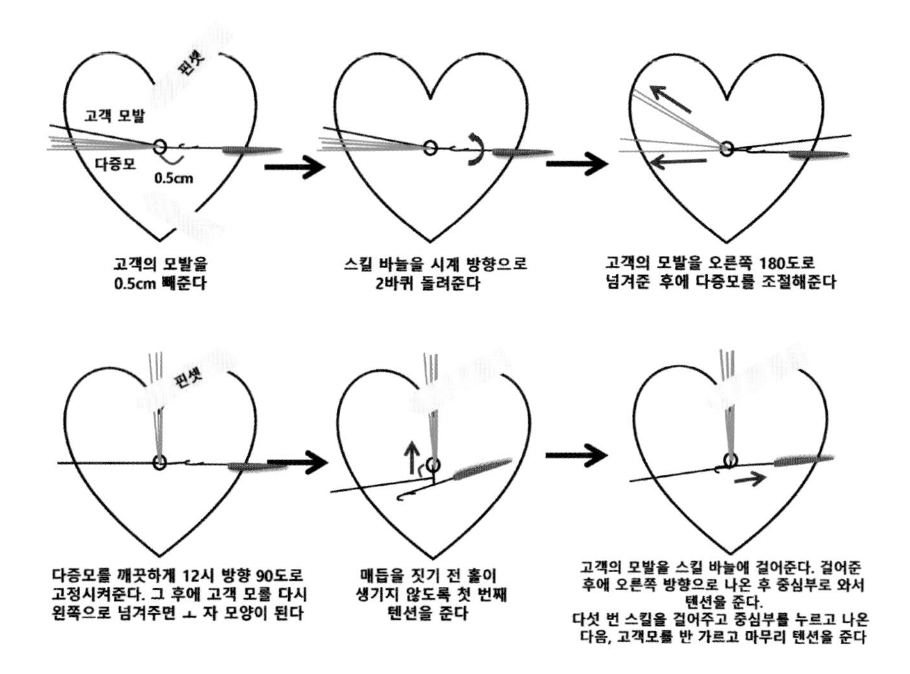

3. 피넛스팟

피넛스팟은 땅콩 모양으로 고리를 만들어서 증모하는 스킬 방법으로 다중모를 사용하고, 매듭이 잘 미끄러지지 않기 때문에 사이드, 네이프, 구레나룻, 뒤통수, 가마 등 떨어지는 라인에 주로 증모할 때 사용하는 증모 방법이다. 스킬 바늘을 총 4바퀴 돌려서 매듭을 만들며 일명 'ㄱ'자 돌려 빼기 방법이라고 한다.

〈피넛스팟 순서〉

① 고객님이 오시면 상담을 한 후 샴푸실에 가서 유분기를 없애는 딥클렌징 샴푸를 해준다.

② 고객 모 7가닥~8가닥을 잡은 후에 하트 패널을 10~11시 방향에 놓아둔다. 핀컬핀으로 잔머리가 들어오지 않게 하트 패널의 벌어진 부분을 닫아주고, ㄴ자가 되도록 핀컬핀을 꽂아준다. 혹시 잔머리가 딸려 왔을 경우 패널의 벌어진 부분을 살짝 열어 잔머리를 밑으로 빼내어준다.

③ 고객 모발과 다증모에 각각 수분을 충분히 준 다음, 스킬을 걸 고정부에 잔머리나 다증모 모발이 딸려 오지 않게 엄지와 검지를 이용해 양쪽을 깨끗하게 정리해준다.

④ 다증모를 엄지 검지와 중지 약지 사이에 두고 OK 모양이 되도록 잡아준다.

⑤ 스킬 바늘을 고정부 오른쪽 바깥쪽에 두고 오른손 검지로 누른 후 고정부 중간에 올 수 있도록 조절하면서 2바퀴를 감아준다.

⑥ 오른손 새끼손가락으로 고객 모를 잡아서 왼손 검지 첫째 마디에 놓고 엄지로 잡는다. 떨어지는 라인이어서 각도가 두피로부터 15°가 되도록 하고 다증모는 중지에 따로 잡는다.

⑦ 고객 모를 스킬 바늘에 걸고, 스킬 바늘을 두피에 밀착시킨 후에 세운 다음, 왼손이 좌측으로 이동 후, 고객의 모발은 텐션을 다증모는 힘을 빼고 다증모를 오른손 검지로 밀어낸다. 밀어내는 순간 고객의 모발과 다증모를 같이 힘을 준다.

⑧ 고객 모발이 나오자마자 12시 방향 일자로 만들어서 고객의 모발을 0.5cm 빼준다.

⑨ 12시 방향에서 스킬 바늘을 시계 방향으로 2바퀴를 돌려준다.

⑩ 고객의 모발을 오른쪽 180°로 넘겨준 후 매듭 위에 걸치지 않도록 양쪽 다증모를 조절해준다. 그 후 다증모를 깨끗하게 핀컬핀으로 고정한다.

⑪ 고객 모발을 다시 왼쪽 180°로 넘긴 후 ㄱ자 모양에서 스킬 바늘을 시계 방향으로 한 바퀴 돌려준다.

⑫ 고객 모발이 내려오면서 트위스트가 되도록 스킬 바늘을 한 바퀴를 돌려준다.

⑬ 매듭을 짓기 전 홀이 생기지 않도록 첫 번째 텐션을 준다.

⑭ 중심부를 누른 상태에서 스킬 바늘을 왼쪽으로 넣어준다. 고객 모발을 스킬 바늘 밑에서 위로 한 번 걸고 나온 후 중심부로 와서 텐션을 크게 주어야지만 땅콩 모양이 된다.

⑮ 다시 한 번 왼쪽으로 스킬 바늘을 넣어 고객 모발을 위에서 밑으로 걸어서 나온 후 다시 중심부로 와서 텐션을 준다.

⑯ 중심부를 누른 상태에서 고객 모발을 빼낸 후 고객 모를 반으로 나눠 마무리 텐션을 준다.

⑰ 잔머리가 따라오지는 않았는지 동서남북 체크를 해주고 두피로부터 0.5cm 띄워졌는지도 확인해준다. 다중모를 반을 갈라서 고정부에 정확히 스킬이 걸렸는지 확인한다.

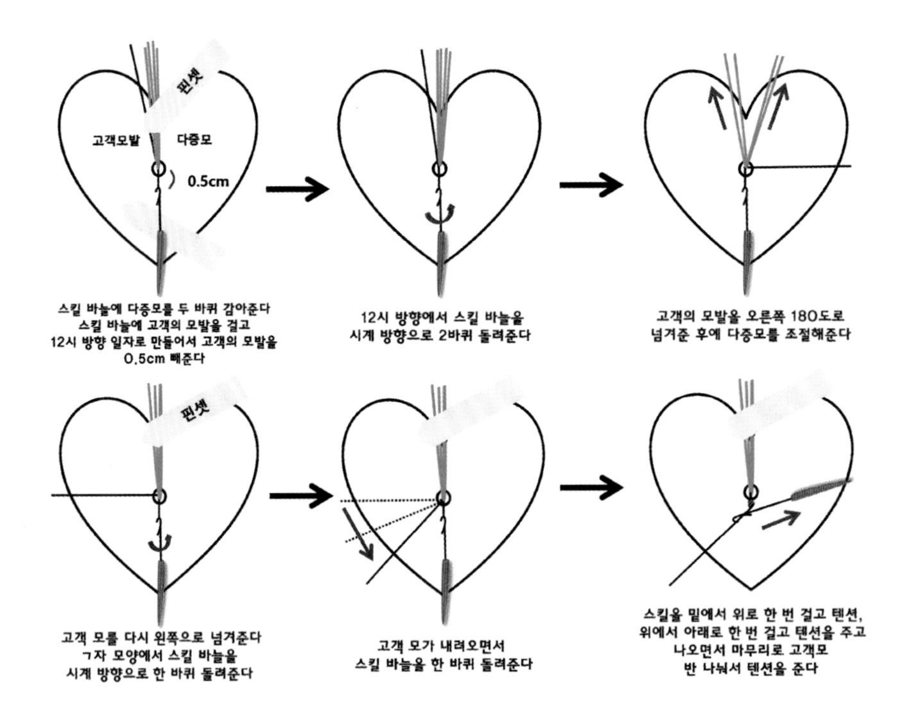

스핀 3은 스킬 바늘을 두 바퀴 돌리지만, 피넛스팟은 12시에서 두 바퀴, ㄱ자에서 한 바퀴, 내려오면서 한 바퀴로 총 네 바퀴를 돌려 완성한다.

▣ 매직 다증모 제품 모량 조절

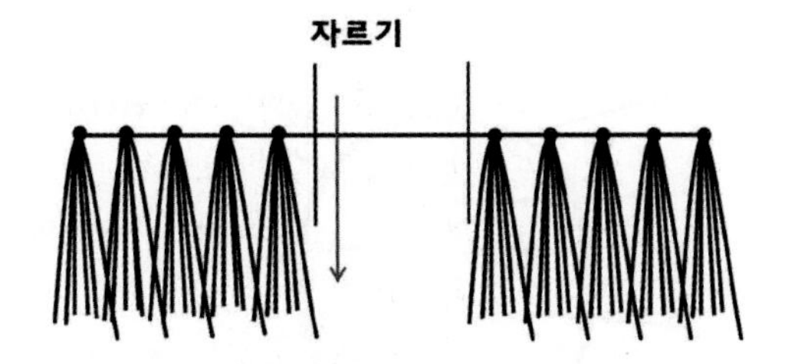

건강한 모발에는 오리지널 다증모(1개당 평균 150가닥)를 사용해도 무게를 견딜 수 있어서 견인성 탈모가 일어나지 않지만, 탈모가 진행 중이거나 얇아진 모발은 오리지널 매직 다증모의 무게를 견디기에 한계가 있으므로 얇아진 모발이 견딜 수 있는 모량으로 다증모의 모발량을 조절하는 것이 필요하다.

1. 모량 조절 방법

① 가장 짧은 모발부터 한 가닥씩 살살 잡아당겨 다증모 모발을 빼낸다.

② 매듭 한 개의 모발을 다 빼낸 후 양쪽을 잡고 살짝 텐션을 주어 양쪽으로 당겨주면 툭 소리가 나면서 고정부가 생긴다.

위와 같은 방법으로 오리지널 다증모를 1/2로 모량 조절해 사용할 수 있다. 예전에는 1/4, 1/8도 만들어서 사용했지만, 한 올 다증모가 출시되면서 오리지널 다증모를 잘라서 사용하는 수고로움을 덜게 되었다.

2. 모량 조절한 다증모 증모 부위

– ½ (약 60모) – 가르마, M자, 이마와 탑 사이, 탑, 가마, 확산성 탈모 등

– ¼ (약 24모) – 가르마, M자, 헤어라인, 이마와 탑 사이, 탑, 확산성 탈모 등

– ⅛ (약 12모) – 주로 연모에 사용, 가르마, 헤어라인, 탑 정수리 등

▣ 두상 부위별 증모술 종류

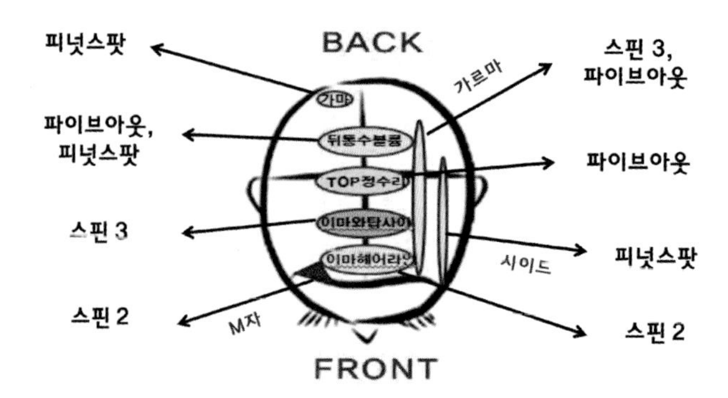

- M자와 이마 헤어라인 쪽은 다른 곳에 비해 상대적으로 모발이 가늘어서 증모 후 증모 매듭이 티가 날 수 있어서 매듭이 작은 한 올 다증모나 모량 조절한 1/2, 1/4 다증모 재료를 사용하고, 스킬을 2번 걸어서 매듭이 작은 스핀 2 기법으로 증모한다.
- 이마와 탑 사이, 탑, 가르마 부분에는 탈모 상태와 모발 굵기 상태에 따라 한 올 다증모, 1/2, 1/4 다증모 재료를 사용하여 스핀 3 기법으로 증모한다.
- 가르마, 탑 정수리, 뒤통수는 볼륨을 더 살려야 하는 부분이기 때문에 스핀 3보다 스킬을 두 번 더 걸어서 볼륨을 극대화해주는 파이브아웃으로 증모하고, 탈모 상태와 모발 굵기 상태에 따라 한 올 다증모, 1/2, 1/4 등 적당한 재료를 선택한다.
- 가마, 뒤통수, 사이드 부분은 떨어지는 라인이기 때문에 매듭이 미끄러지지 않게 하려면 강한 스킬이 필요하다. 따라서 ㄱ자로 돌려 빼서 땅콩 모양을 만드는 스킬인 피넛스팟으로 증모하고, 재료는 1/2 또는 오리지널 매직 다증모를 선택한다.

  → 두상 부위별로 조건이 다르므로 고객의 탈모 상태, 모발 굵기, 뿌리 방향성 등을 고려하여 적합한 스킬과 재료로 증모하는 것을 권장한다.
- 스핀 2, 스핀 3, 파이브아웃은 증모 후 볼륨감의 차이가 있고, 피넛스팟은 땅콩 모양으로 꺾여 있어서 떨어지는 라인에 주로 사용한다.

다중모술 매듭 비교

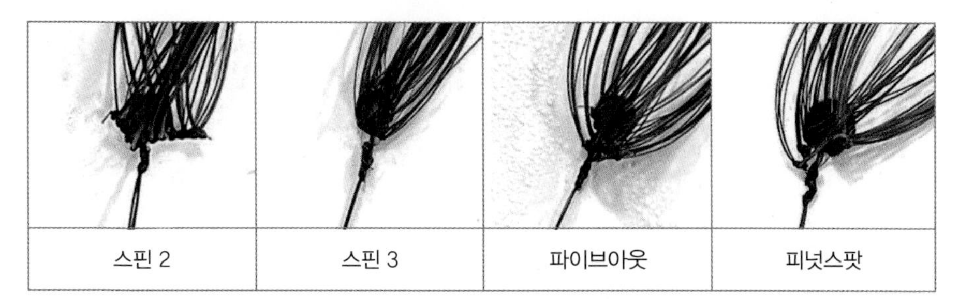

▣ 올바른 증모 매듭 위치

〈Top에서 두피 아래쪽을 바라본 올바른 매듭 위치〉

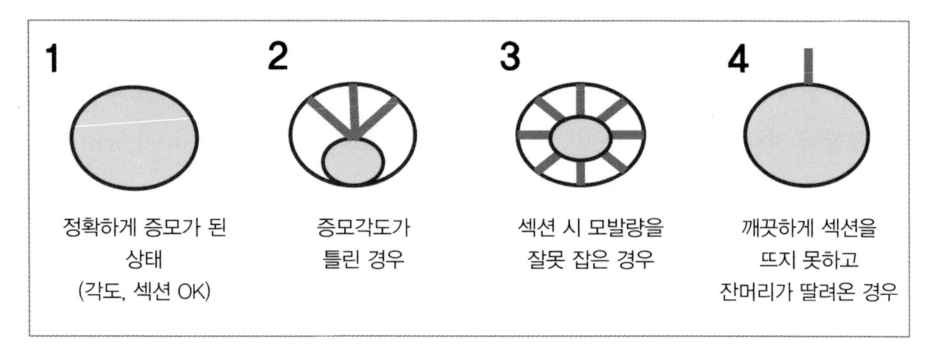

▣ 증모 매듭 분석

증모 후 10일 이내에 빠진 다증모를 확인하면 모발이 뽑힌 원인을 분석할 수 있다.

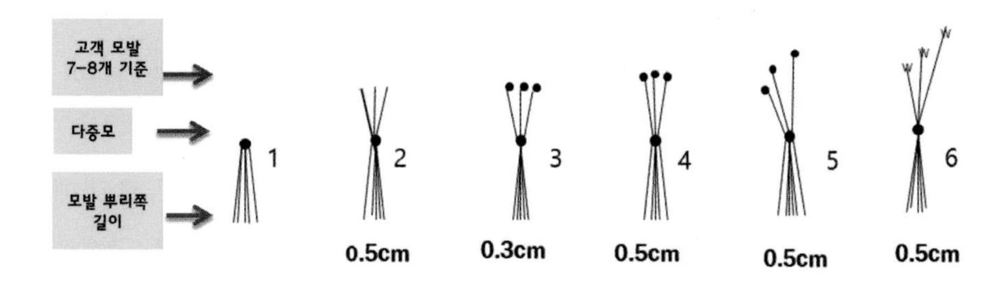

1. 다증모만 빠진 경우 – 시술자 잘못 (텐션을 주지 않음)
2. 모유두가 없이 뽑힌 경우 – 휴지기, 자연 탈모
3. 뿌리채 뽑힌 경우 – 시술자 잘못 (섹션을 많이 떠서 0.5cm 빠지지 않고 매듭을 지을 때, 스킬 바늘을 2회 이상 꼬았거나 두피 뿌리 쪽에 0.3cm 미만으로 매듭을 만든 경우 등)

4. 매듭 위치는 정확한데 뽑힌 경우 – 고객의 관리 소홀 (샴푸를 잘못했거나 브러시나 스타일링 할 때 무리하게 빗질을 한 경우 등)
5. 각도가 잘못된 경우 – 시술자 잘못
6. 모발이 강제로 끊긴 경우 – 시술자 잘못 (증모 각도가 잘못됨)

▣ 매직 다증모 리터치

매직 다증모를 사용한 증모술은 모두 고객 모발을 7가닥~8가닥 섹션을 잡는다. 한 달이 지나면 스킬을 걸어놓은 고객 모발이 7가닥~8가닥이 그대로인 모발도 있고, 자연 탈모나 휴지기인 모발 때문에 스킬을 걸어 놓았던 고객의 모발 수가 줄어들어 있을 수도 있다. 만약 증모할 때 섹션을 떴던 고객의 모발 수가 줄어들었다면 증모 재료의 무게를 견뎌야 하는 고객 모발과 두피에 무리가 가기 때문에 결국 고객 모발이 뽑힐 우려가 있다. 증모를 한 지 한 달이 되면 고객의 모발이 1cm~1.5cm 정도 자라는데, 고객 모발이 자라서 매듭이 두피에서 멀어지면 샴푸 시 자라난 모발 사이로 손가락이 들어가 매듭에 걸려서 견인성 탈모가 생길 수 있다.

이러한 부분을 예방하기 위해서는 증모 매듭을 한 달 안에 풀고, 안전한 위치에 다시 증모하는 것이 좋다.

다증모 매듭을 푸는 순서는 다음과 같다.

① 하트 패널을 고정하고, 매듭 중심부를 찾은 다음 다증모를 양쪽으로 나누어 고정한다.
② 맨 끝 매듭점을 찾아 물이나 오일을 살짝 바른 후 중심 부분을 꽉 누르고 매듭이 꺾여 있는 부분에 바늘을 넣어서 매듭을 풀어낸다. (Tip. 모발이 부스스해서 엉키면 물보다 오일을 바르는 것이 효과적이다)
③ 매듭을 차례로 풀어서 깨끗하게 정리한다.
④ 다증모 매듭을 모두 풀어내 고객 모발만 남아 있는 상태가 되도록 한다.

※ 다증모를 사용한 모든 증모술은 이 방법으로 매듭을 풀 수 있다.

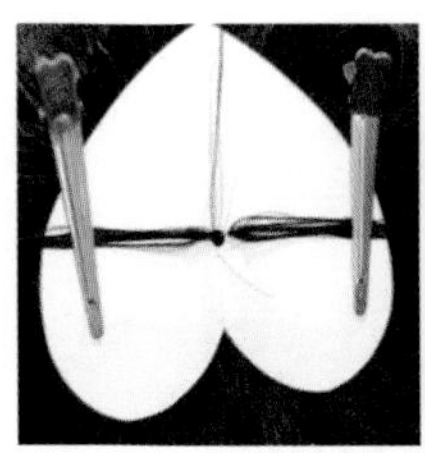
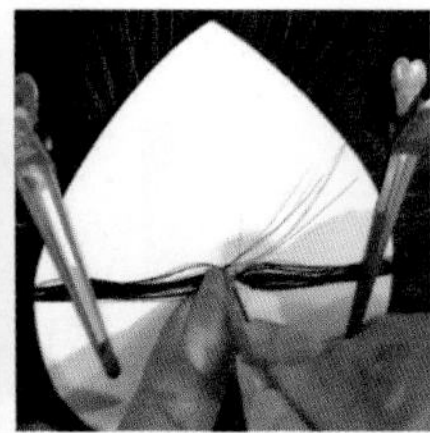
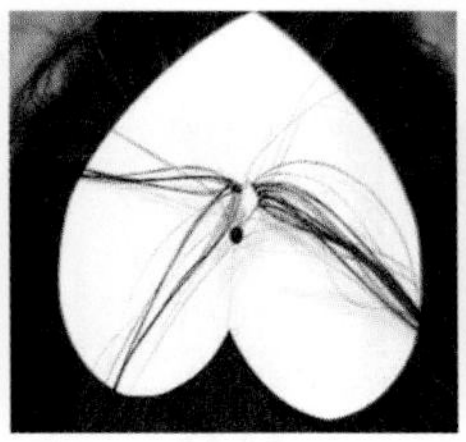
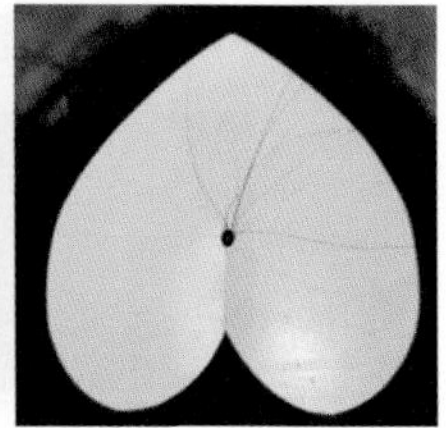

▣ 블록별 원포인트 증모술 도해도

다증모의 볼륨 형성 및 유지 원리

※ 모량에따라 포인트 간격이 다르다

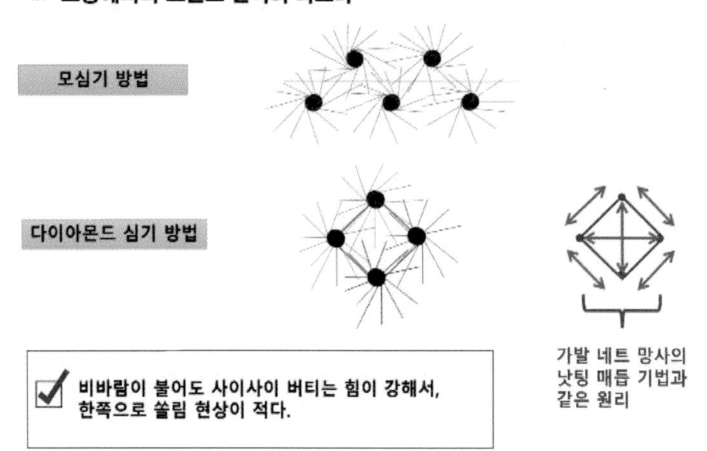

민두 마네킹에 구슬핀을 활용해서 포인트 점을 디자인한다.

블록별 매듭 포인트 점 모형도

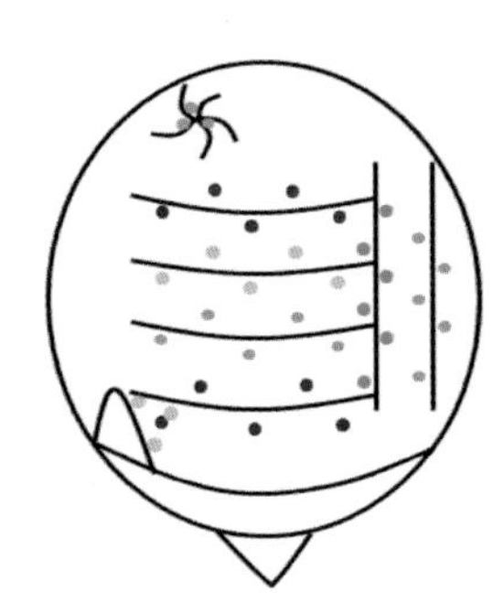

포인트 점을 찍을 때는
W M ▲ ▼ ◆ 모양이
형성되게 포인트 점을
찍는다

블록별 매듭 포인트 점 모형도 WM ▲ ▼ ◆

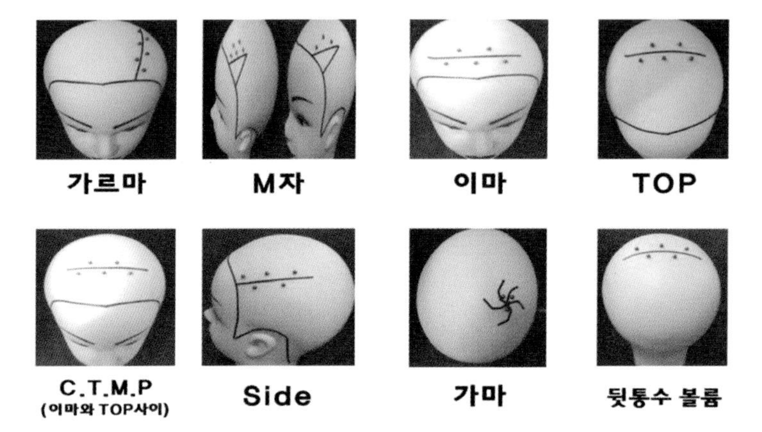

블록별 매듭 포인트 점 모형도

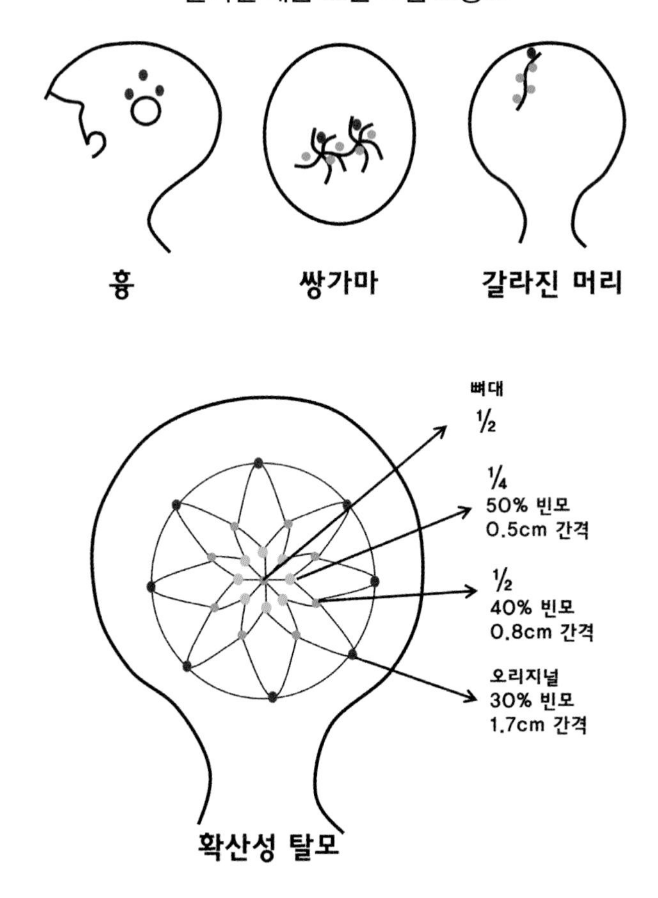

8블록 다중모 포인트 점 이론

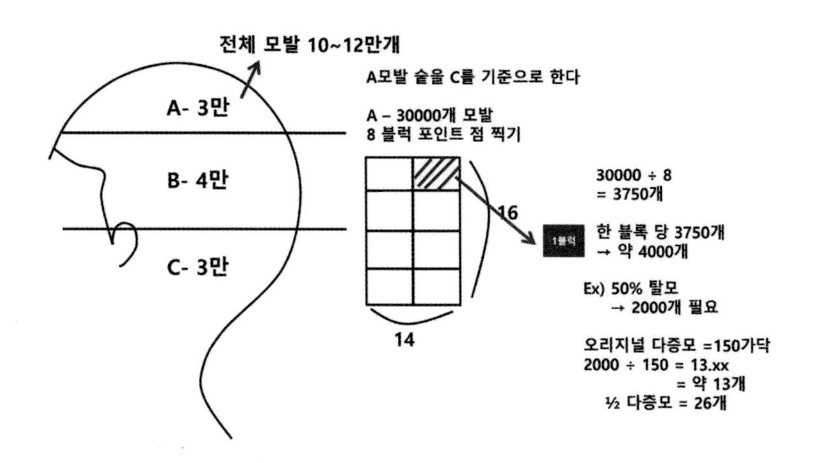

8블록 다중모 증모술 개수 활용 계산법

탈모범위	간격	갯수	포인트 시작점	반대쪽 포인트
50% 오리지널	1cm	13개	7	6
½	0.5cm	26개	13	13
40% 오리지널	1.4cm	10개	5	5
½	0.7cm	20개	10	10
30% 오리지널	1.7cm	8개	4	4
½	0.8cm	16개	8	8
20% 오리지널	2.8cm	5개	3	2
½	1.4cm	10개	5	5

사람의 평균 모발 수는 10만~12만 개이다. 그중 A 존(크라운)의 평균 모발의 양은 3만 개, B 존의 평균 모발의 양은 4만 개, C 존의 평균 모발의 양은 3만 개 정도이다.

Top 부분(A 존)을 M자, 이마 헤어라인, 이마와 탑 사이, 탑, 가르마, 뒤통수 볼륨, 사이드, 가마 등 부위별 8개의 블록으로 섹션을 나눴을 때, 1블록당 모발은 약 3,750개 정도(30,000÷8), 평균 4,000모라고 볼 수 있다. 만약 이 한 블록을 모두 오리지널 매직 다증모로 증모한다면, 오리지널 다증모 1개의 평균 모발량이 150개이므로 26개가 필요하다. (150×26=3,900)

이처럼 시술자는 탈모 부위를 확인해서 증모해야할 모발 수를 미리 계산해야 원하는 양만큼만 자연스럽게 증모가 가능하다.

ex

탈모 부위의 한 블록에 50% 숱 보강이 필요한 경우 약 2,000모를 증모해야 한다. (4,000/2) 그렇다면 오리지날 다증모는 13개가 필요하고(150×13=1950), 만약 연모라서 1/2 다증모를 사용할 때는 26개가 필요하고, 1/4 다증모는 52개가 필요하다는 것을 계산할 수 있다.

■ 앞머리 연장술

앞머리 연장술을 할 때는 다증모 재료나 일반 모 재료를 사용해 증모할 수 있다.

다증모 재료를 사용해 앞머리 연장술을 할 경우, 1올 롱 다증모, 3올 롱 다증모를 사용해 스핀 2 기법으로 증모하고, 일반 모 재료를 사용해 앞머리 연장술을 할 때는 더블 스킬 또는 핫 더블 스킬로 증모한다.

▣ 스핀 2

롱 다증모를 사용할 때는 매듭 크기가 작은 스핀 2 스킬법으로 하고, 방법은 다증모로 하는 기법과 같다.

① 고객이 방문하면 상담을 한 후 샴푸실에 가서 유분기를 없애는 딥클렌징 샴푸를 한다.

② 고객 모 7가닥~8가닥을 잡은 다음 하트 패널을 10시~11시 방향에 놓는다. 핀컬핀으로 잔머리가 들어오지 않게 하트 패널의 벌어진 부분을 닫고, ㄴ자가 되도록 핀컬핀을 꽂는다. 혹시 잔머리가 딸려 왔을 경우 패널의 벌어진 부분을 살짝 열어 빼낸다.

③ 고객님 모발도 충분한 수분이 있는 상태로 만들고, 다증모도 충분히 수분을 준 후 스킬을 걸 고정부에 잔머리나 다증모 모발이 딸려 오지 않게 엄지와 검지를

이용해 양쪽을 깨끗하게 정리한다.

④ 다중모를 엄지 검지와 중지 약지 사이에 두고 OK 모양이 되도록 잡는다.

⑤ 스킬 바늘을 고정부 오른쪽 바깥쪽에 두고 오른손 검지로 누른 후 2바퀴를 감아준다. 고정부 중간에 올 수 있도록 조절한다.

⑥ 오른손 새끼손가락으로 고객 모를 잡아서 왼손 검지 첫째 마디에 놓고 엄지로 잡는다. 이때 각도가 두상 각의 90°가 되도록 한다. 다중모는 중지로 따로 잡아준다.

⑦ 스킬 바늘을 고객 모에 거는데 이때 양손을 두상에 밀착시키고, 일직선이 되게 한다. 고객 모를 스킬 바늘에 걸고, 스킬 바늘을 두피에 밀착시킨 후에 세운 다음, 왼손이 좌측으로 이동 후, 고객의 모발은 텐션을, 다중모는 힘을 뺀 후 다중모를 오른손 검지로 밀어낸다. 밀어내는 순간 고객의 모발과 다중모를 같이 힘을 준다.

⑧ 고객 모발을 0.3cm~0.5cm 뺀 후 스킬 바늘을 시계 방향 위쪽으로 2바퀴를 돌려준다.

⑨ 돌려준 후 왼손 검지로 중심부를 누르고 스킬 바늘을 좌측 위로 향하게 한다.

⑩ 고객의 모발을 스킬 바늘에 건 다음 오른쪽으로 나온 후 스킬 바늘을 중심부로 옮겨 텐션을 준다. 이때 텐션–매듭, 텐션–매듭 총 2번을 해준다.

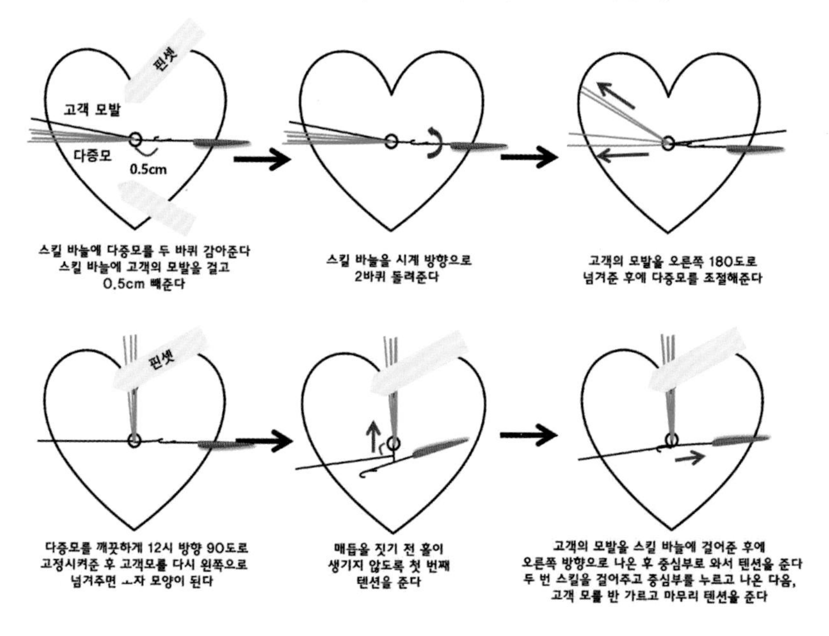

▣ 더블 스킬

일반 모를 사용해 더블 스킬할 때는 다음 순서로 진행한다.

① 고객 모발 3가닥~7가닥 (일반 모 3가닥~7가닥)을 섹션을 뜬다.

② 5cm 지점에 일반 모발을 반 접어서 고객 모발 위로 올려서 잡는다.

③ 스킬 바늘을 하늘을 보게 하고, 고객 모와 일반 모 밑에서 함께 걸어 잡는다.

④ 한글 'ㅗ' 자가 되게 잡아준 후 시계 방향으로 한 바퀴 돌려준다.

⑤ 위로 올라가면서 네 번 돌려준다.

⑥ 'ㄱ' 자로 꺾으면서 한 번, 내려오면서 세 번 돌려준다. (총 9회 스핀)

⑦ 왼손에 잡고 있는 고객 모발과 일반 모발을 위에서 아래로 한 번 스킬에 걸어준다.

⑧ 위와 아래를 마주 잡고 마무리 텐션을 준다.

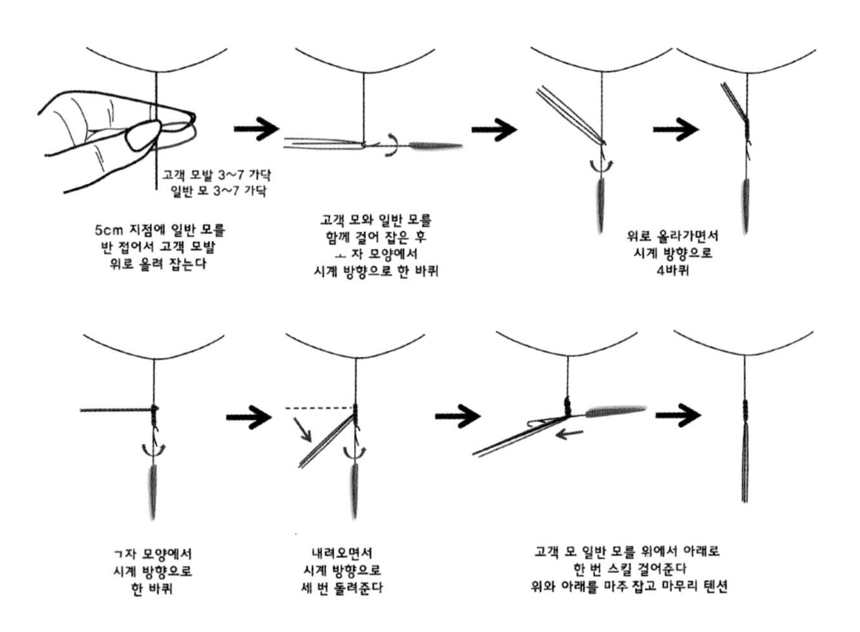

▣ 핫더블 스킬 기법

일반 모를 사용해 핫더블 스킬할 때는 다음 순서로 진행한다.

① 일반 모 3가닥~7가닥(일반 모 3가닥~7가닥)을 섹션을 뜬다.

② 고객 모 5cm 지점에서 일반 모를 십자(+) 모양으로 올려 잡는다.

③ 스킬 바늘을 아래로 향하게 하여 십자(+) 밑에서 고객 모를 걸어 무텐션으로 십자(+) 밑으로 당긴다.

④ 스킬 바늘을 우측 1/2바퀴 돌려 하늘을 보게 한다.

⑤ 좌측으로 살짝 돌려 십자(+)에 걸어 좌측으로 꺾어 접는다.

⑥ 오른손 검지로 고정부를 누른 후 접어놓은 짧은 모발과 왼손에 있는 모발을 다 같이 잡아서 바늘로 한 번 돌린다.

⑦ 스킬 바늘을 아래로 향하게 트위스트 한 후 다시 원위치 상태에서 고객 모와 함께 잡은 후 360° 회전시킨다.

⑧ 스킬 바늘을 4바퀴 회전하듯이 돌린다.

⑨ ㄱ자로 놓고 한 바퀴 내려오면서 3바퀴 돌린다. (총 9바퀴 스핀)

⑩ 스킬 바늘에 감겨 있는 짧은 모발을 풀고 왼손에 잡은 모발을 스킬 바늘에 넣어 빼준다.

⑪ 매듭을 마주 잡고 마무리 텐션을 준다.

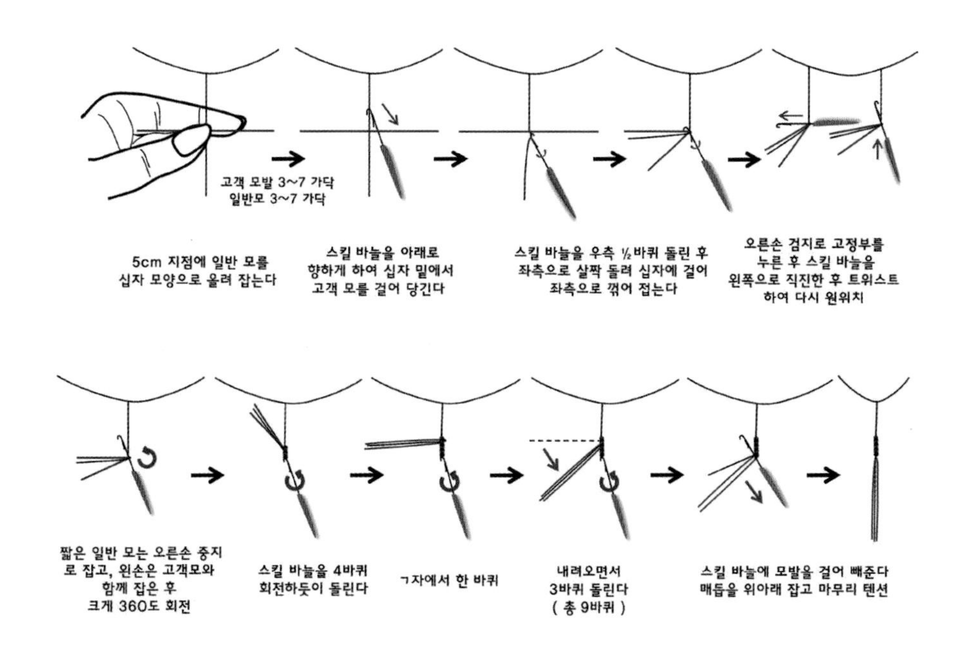

■ 헤어증모술 관리법

▣ 샴푸

헤어증모술 후 샴푸를 할 때는 다음 사항에 주의한다.

– 샴푸를 하기 전, 마른 머리의 증모 부위에 트리트먼트나 린스를 잘 도포한 후 약

산성 샴푸로 샴푸한다.
- 샴푸를 할 때는 양손 손바닥에 샴푸제를 골고루 묻힌 다음 손가락 지문을 사용하여 두피 뿌리 쪽을 마사지하듯 샴푸한다. 이때, 머리카락은 절대 비비지 말고, 손가락으로 위에서 아래로 빗질하듯이 샴푸한다.
- 머리를 헹굴 때는 미지근한 물을 사용하고, 물의 방향은 위에서 아래로 향하게 한다.
- 샴푸 후 트리트먼트나 린스로 마무리한다.

▣ 건조

샴푸 후 머리카락을 말릴 때는 가능한 타올을 사용해 건조하는데, 증모한 모발의 큐티클이 역방향이기 때문에 쉽게 엉킬 수 있으므로 절대 비비지 말고, 가볍게 털어 말린다. 만약 드라이기를 사용한다면 반드시 찬 바람으로 건조한다.

▣ 모발이 엉킨 경우

만약 증모한 부위의 모발이 엉키거나 손상이 있을 때는 증모 부위에 트리트먼트를 바르거나 유연제를 뿌려 풀어준 후 샴푸한다.
이렇게 해도 엉킨 모발이 풀리지 않으면, 컨디셔너나 린스 또는 헤어 오일을 도포 후 한 손으로 매듭점 뿌리를 잡고 다른 한 손으로 엉킨 모발 끝부분부터 살살 스킬 바늘 뒤쪽이나 이불 바늘같이 뾰족한 것으로 하나씩 조심스럽게 풀어준다.
모발이 심하게 엉켰을 경우, 증모 부위에 가발 유연제를 뿌려 모발 끝부분부터 살살 풀어준다.

▣ 그 밖에 주의사항

- 빗질, 브러싱을 과하게 하면 모발 큐티클이 상처가 날 수도 있다.
- 빗질할 때나 롤 브러시를 사용해 드라이로 스타일링을 할 때는 증모 매듭 부분이 풀리지 않도록 각별히 조심하고, 롤 브러시보다는 헤어롤로 머리카락을 말아서 스타일링하는 것이 좋다.
- 일반 롤 브러시는 증모가 뜯길 가능성이 있으므로, 열전도율이 있는 가시가 짧

은 롤 브러시로 드라이해주면 좋다.

- 펌, 염모제 사용 시 약품으로 인한 증모 매듭, 또는 증모한 모발이 손상되지 않도록 주의한다.
- 증모 모발의 머릿결 보호를 위해 단백질 제품(가발 유연제, 오일에센스 등) 사용을 권한다.
- 무색 코팅을 발라 하루 재우고 시술하면 덜 부스스하다.
- 매듭이 잘 풀리면 매듭 부분 연화 후 사용하면 좋다.

Ⅱ. 붙임머리

붙임머리는 두피와 가까운 머리카락 부분에 길이가 긴 다른 가발 피스를 붙이거나 땋기를 하여 머리카락의 길이가 늘어난 것처럼 보이게 해주고, 숱을 풍성하게 만들어주는 기법이다.

고객이 붙임머리를 원하는 목적은 다음과 같다.
- 짧은 머리를 길게 하고자 할 때
- 잘못 커트해서 긴 머리를 복구하고자 할 때
- 숱이 없어서 풍성하게 숱 보강을 하기 위해
- 염색, 탈색 시술로 머리를 손상시키지 않고 멋을 내고 싶을 때
- 잦은 염색이나 탈색으로 모발이 끊어져서 머리 스타일이 나지 않을 때
- 항암 치료 끝난 후 모발이 조금 자랐을 때 스타일 내기 위해
- 머리 기르기가 힘드신 분
- 헤어 스타일 변화를 주고 싶을 때

지금부터는 붙임머리를 할 때 사용하는 재료와 다양한 붙임머리 기술, 그리고 관리법에 대해 알아본다.

■ 붙임머리 재료

붙임머리를 할 때 사용하는 모발은 인모, 혼합모, 합성모(고열사모)로 구분할 수 있다. 각자의 특징은 다음과 같다.

▣ 인모

인모는 가격이 다른 합성모나 혼합모에 비해 비싸고 장기간 착용하면 모발이 까칠까칠하고 부스스해진다. (큐티클 방향 역방향) 단, 펌, 염색이 자유롭고 스타일링이 자유롭고 붙임머리를 했을 때 내 모발과 같이 자연스럽다는 장점이 있다.

▣ 혼합모

혼합모는 인모와 합성모를 섞어서 만든 모발로서 인모보다 가격이 저렴하다. 인모와 유사하나 인모만큼 자연스럽지 못하고, 펌, 염색이 원하는 컬이나 컬러로 나오지 않으며, 인모인 부분만 컬, 염색된다는 특징이 있다.

▣ 합성모 (고열사모)

합성모(고열사)는 가격이 저렴하다는 장점이 있단, 단, 인모와 다르게 빛이 나서 부자연스럽고, 염색, 펌 등이 불가하다. 또한 드라이 외에 스타일링은 열기구를 사용해야 가능하다. 엉킴 현상이 생기면 사용할 수 없다.

붙임머리를 할 때는 천연 생모, 달비모, 레미모, 일반모 중 적적한 모발을 선택한다.

■ 붙임머리 종류

붙임머리 기법은 크게 스킬을 이용한 방법과 손으로 땋는 방법으로 나눌 수 있다.

붙임머리 매듭 비교 사진

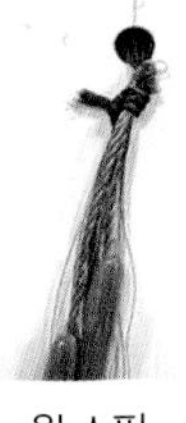
원 스핀

더블 스핀

트위스트 땋기

크로스 땋기

■ 스킬 매듭법

스킬 매듭법에는 원 스핀과 더블 스핀 기법이 있다.

- 원 스핀: 매듭의 크기가 가장 작다. 한 바퀴를 돌려서 붙임머리를 고정하기 때문에 짧은 머리에는 작업이 어려울 수 있다.
- 더블 스핀: 매듭 크기가 원 스핀보다 더 크다. 짧은 머리에 사용하기 좋다. 스킬법 중에 밀리지 않는 가장 단단한 스킬법이다.

스킬 매듭법의 장단점은 다음과 같다.

장점	스킬 매듭 할 때 사용하는 붙임머리 제품은 양쪽 팁에 모발이 달려 있고 중간에 고정부가 있는 형태라서 한 섹션당 두 다발의 모발이 생성되기 때문에 풍성하고 자연스럽다. 고정부의 매듭 크기가 작아서 티가 나지 않는다. 두피 트러블이 잘 발생하지 않고, 이질감이 적다. 땋기에 비해 소요 시간이 짧다. 샤우나, 드라이 등을 할 때도 팁 부분만 조심한다면 문제 되지 않는다.
단점	스킬이 없으면 작업이 불가하다. 둥근 한 개의 매듭 형태라서 두피 쪽에 연결된 부분의 힘이 가해져 두피에 무리가 간다. 재사용 시 기존에 고정한 매듭을 풀어내야 해서 시간이 걸린다.

■ 땋기 기법

붙임머리를 손으로 작업하는 방법은 트위스트 땋기, 세 가닥 땋기, 슬림 땋기 방법이 있다.

- **세 가닥 땋기**: 단단한 매듭으로 매듭 모양이 납작해서 두피 배김 현상이 없고, 두피 자극이 적다. 땋기를 하는 첫 매듭은 텐션을 넣어서 단단하게 해야 작업 후 풀리지 않는다.
- **트위스트 땋기**: 매듭이 꽈배기 모양 형태로 둥글다. 두피 배김 현상이 없고, 두피 자극이 적다. 두상이 커 보이는 현상이 덜하다. 세 가닥 땋기에 비해 소요 시간이 짧다.
- **슬림 땋기**: 트위스트 땋기와 시술 방법은 동일하나 모발량을 적게 잡고 작업한다. 모발이 얇고 숱이 없는 분들께 주로 사용하고, 두상이 작아 보이게 하는 효과를 준다.

※ 세 가지 땋기 기법 모두 초보자가 작업하기 어려우면, 첫 매듭을 더블 스핀 매듭을 한 다음 땋기를 하면 미끄러지지 않고 쉽게 붙임머리를 할 수 있다.

장점	땋기 고정법을 할 때 사용하는 붙임머리 제품은 양쪽 팁에 모발이 달려 있고 중간에 고정부가 있는 형태라서 한 섹션당 두 다발의 모발이 생성되기 때문에 풍성하고 자연스럽다. 스킬 매듭에 비해 매듭 두께가 작다. 두피 트러블이 적다. 긴 땋은 모양의 매듭 형태가 되어서 힘이 골고루 분산된다. 따라서 두피의 통증이 현저히 적다. 이질감이 적기 때문에 잠잘 때 불편함이 없다. 특별한 작업 도구가 없어도 손과 고무줄만 있으면 붙임머리가 가능하다.
단점	땋기 기법은 다른 익스텐션보다 어려운 기술이므로 연습을 충분히 해야 정확하게 작업할 수 있다. 작업 소요 시간이 비교적 길다.

■ 붙임머리 도해도

보통 붙임머리 작업을 위해 섹션을 나눌 때에는 바람이 불었을 때 헤어라인과 네이프 부분의 붙임머리 매듭이 보이지 않게 하기 위해서 1.5cm~2cm 정도 띄우고 시작한다.

- 사이드: 3단~ 4단
  4단을 할 경우 첫째 단과 넷째 단은 촘촘히 달고 가운데는 조금 느슨하게 지그재그로 단다.
- 뒤통수: 4단~6단
  고객의 모발과 길이에 따라 조절하여 들어간다.

단과 단 사이는 2cm~3cm 정도로 나눈다.

붙임머리 작업 시 고정 기법에 따라 섹션의 크기가 달라진다.

- 스킬 기법: 가로 0.7cm / 세로 0.5cm

- 땋기 기법: 가로 1cm / 세로 0.7cm

이 때 섹션은 U자 또는 V자 모양으로 섹션을 뜬다.

스킬 기법을 할 때는 섹션간 0.7cm 간격을 두고 진행하며, 단과 단 사이는 벽돌 쌓기 방식으로 윗단과 아랫단의 섹션 위치가 겹치지 않게 한다.
땋기 기법의 경우, 섹션간 간격을 띄우지 않는다. 단과 단 사이는 벽돌 쌓기 방식으로 윗단과 아랫단의 섹션 위치가 겹치지 않게 주의한다. 이렇게 붙임머리를 작업하면 고객의 두피에 무리가 가지 않고, 이질감이 적어서 고객 만족도를 높일 수 있다.

네이프 두 단 정도의 간격과 맨 윗단의 간격은 촘촘히 들어가고 중간 부분은 간격을 중간중간 1.5cm씩 띄워 들어가도 무방하다.
이렇게 하면 원재료를 절감할 수 있고, 고객도 무게감을 덜 느끼게 된다.

붙임머리를 할 때에는 각도가 매우 중요한데, 반드시 두상으로부터 15°를 유지하도록 한다.

다음 도해도 중 일자 섹션 도해도와 U자 섹션 도해도는 붙임머리의 기본형 도해도이다.

▣ 일자 섹션 도해도

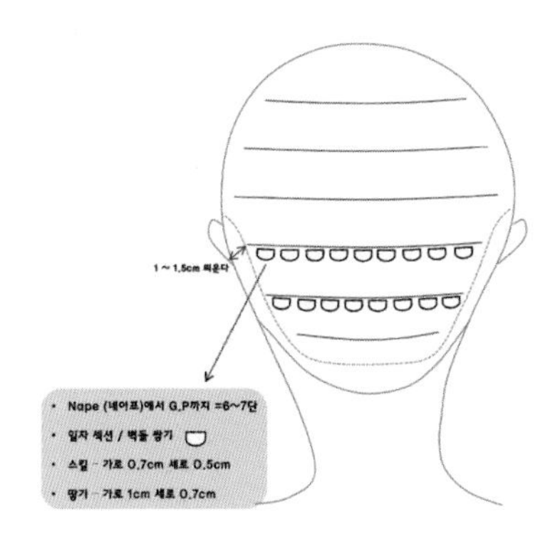

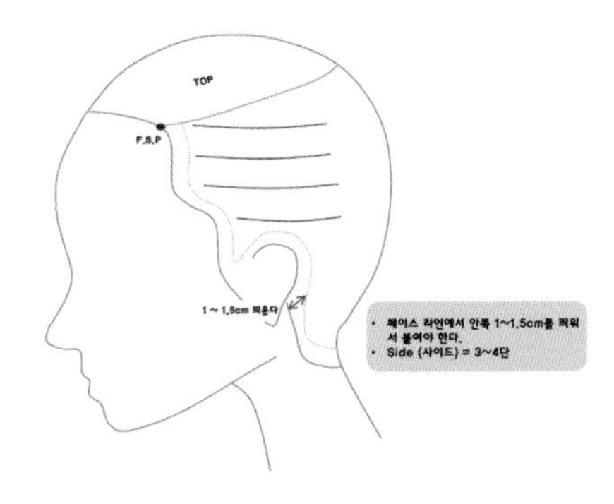

▣ U자 섹션 도해도

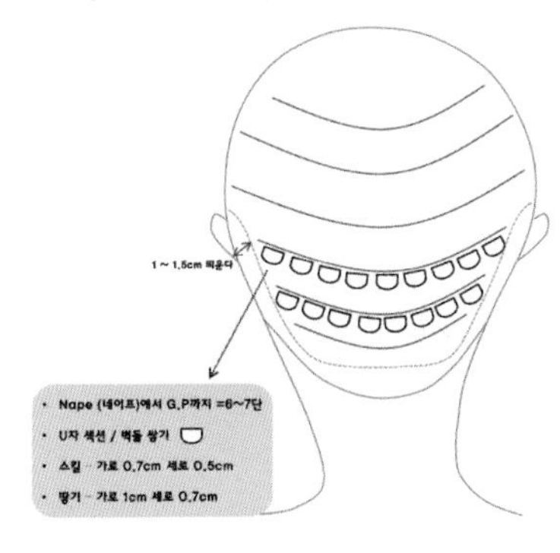

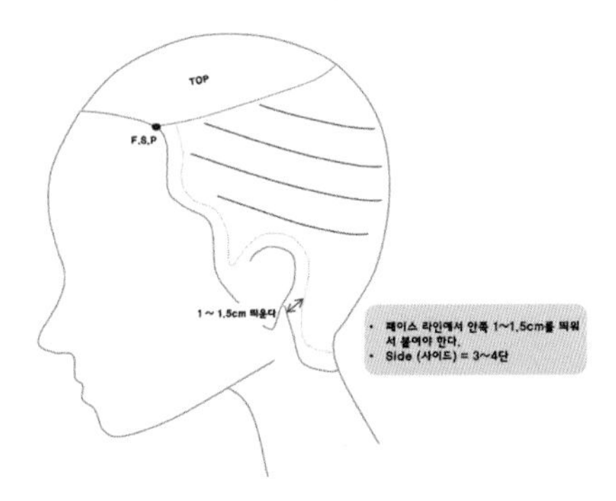

▣ V자 섹션 도해도

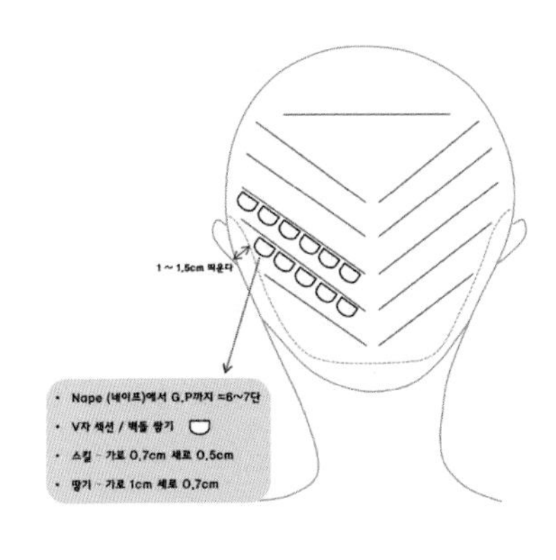

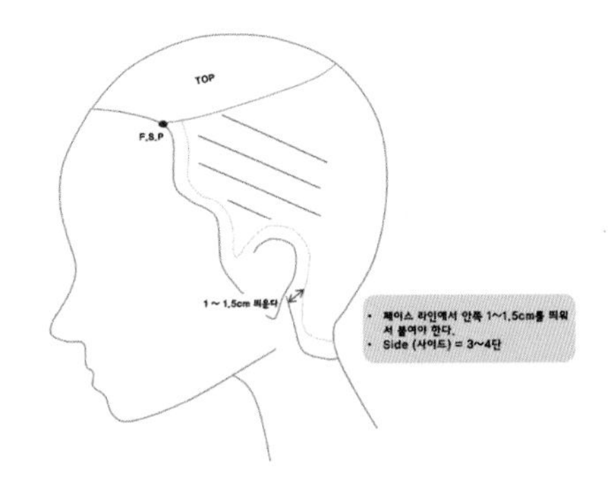

V자 섹션 붙임머리는 머리 스타일을 주로 앞쪽으로 내리는 사람에게 적합하다.

▣ 브리지 붙임머리 도해도

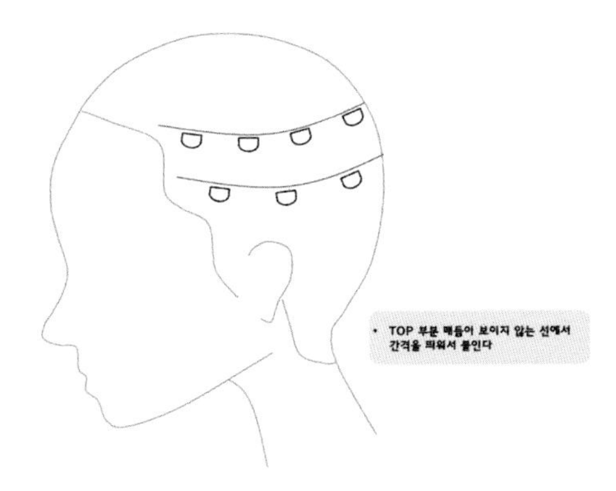

브리지 붙임머리를 할 때는 TOP 부분 매듭이 보이지 않는 선에서 간격을 띄워서 고객 취향에 따라 가닥 가닥 붙인다. (발레아쥬 – 하이라이트 브리지를 자유롭게 디자인하는 것을 말한다)

▣ 투톤 붙임머리 도해도

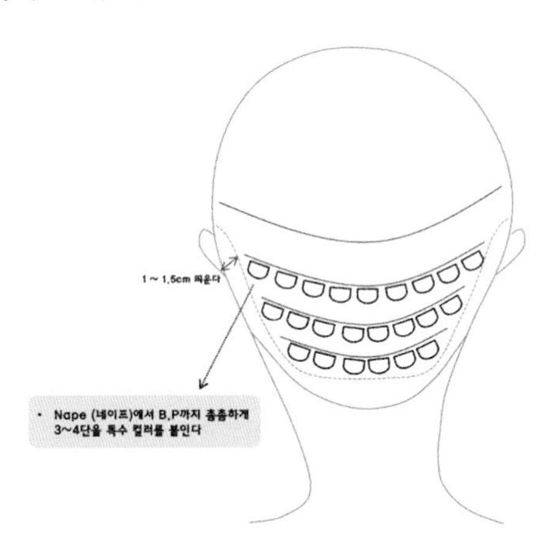

투톤 붙임머리는 네이프에서 B.P까지 촘촘하게 3단~4단을 붙인다. 윗단은 고객 모발 색상과 같은 색을 붙인 후 층을 내어 밑에 컬러 색이 보이게 한다.

▣ 옴브레 붙임머리 도해도

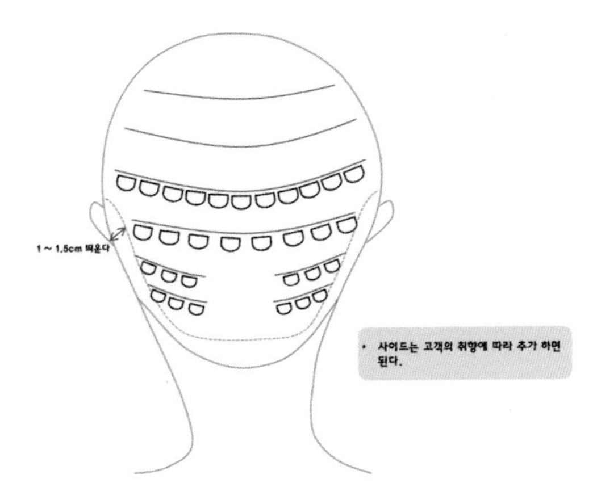

옴브레 붙임머리는 두 가지 헤어 컬러를 자연스럽게 그러데이션하는 기법이다.

▣ 솜브레 붙임머리 도해도

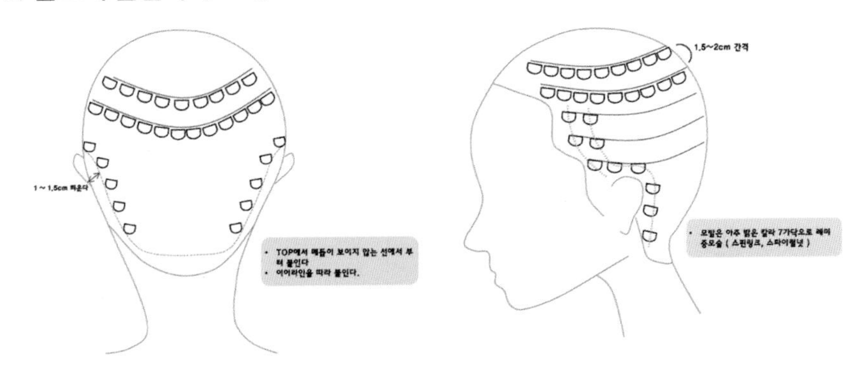

솜브레로는 soft + ombre의 합성어로, 옴브레는 컬러 차이나 명도 차이가 크지만, 솜브레로는 서로 비슷한 두 가지 컬러를 그러데이션하는 기법으로 자연스러운 분위기 연출이 가능하다.

■ 고무줄 묶는 방법

모든 붙임머리 작업은 붙임머리 후 고정 부위를 더욱 단단하게 하려면 매듭을 고무줄로 묶어주는 것이 좋다.

고무줄 묶는 순서는 다음과 같다.

① 왼손 엄지와 검지로 매듭 밑을 잡아 꾹 누르고, 중지, 약지, 새끼손가락을 사용해 고객 모와 붙임머리를 감싼다.

② 왼손 약지와 새끼손가락을 펴서 고무줄을 잡고, 고무줄을 위로 당겨 왼손 엄지와 검지로 고무줄을 잡는다.

③ 왼손 엄지, 검지 위로 나온 고무줄을 오른손 엄지와 검지로 잡아, 왼쪽으로 넘겨준다.

④ 왼쪽으로 넘긴 고무줄을 왼손 중지로 눌러 잡고, 왼손을 오른쪽으로 (시계 반대 방향으로) 돌리면 고무줄이 따라온다.

⑤ ③과 ④동작을 4~5회 정도 반복하여 고무줄을 단단하게 감아준다.

⑥ 감아진 위쪽 고무줄은 오른손 엄지와 검지로 잡아당기고, 밑에 고무줄은 중지로 감아 텐션을 주어 당겨준다.

⑦ 오른손을 내 몸쪽으로(시계 반대 방향으로) 엎은 다음 고무줄 사이로 왼손 엄지와 검지를 넣어 오른손을 원위치로 돌려준다.

⑧ 오른손 엄지, 검지로 잡은 고무줄을 왼손 엄지와 검지로 잡아당겨 묶어준다.

⑨ ⑥~⑧ 동작을 3번 반복해서 고무줄을 단단히 묶어준다.

⑩ 남은 고무줄을 0.5cm 정도 남기고 자른다. 이때 너무 짧게 자르면 고무줄이 풀어질 수 있으니 주의한다.

■ 붙임머리 고정 기법

지금부터는 스킬을 활용한 붙임머리 기법부터 손으로 땋는 붙임머리 기법까지 붙임머리 순서를 알아본다.

▣ 원 스핀

〈 작업 순서 〉

① 가로 0.7cm, 세로 0.5cm를 U자 모양으로 섹션을 뜬 다음 하트 패널로 고정한다.

② 왼손 엄지, 검지로 고객 모를 잡고, 나머지 손가락으로 고객 모와 붙임머리 모발을 함께 잡고 스킬 바늘에 고객 모를 걸어준다.

③ 스킬 바늘 뚜껑을 닫고 일자가 된 상태에서 스킬 바늘을 0.5cm 정도 빼낸다.

④ 시계 방향으로 한 바퀴 돌린 후, 고객 모는 잡고, 익스텐션은 놓은 상태에서 왼손 검지로 중심부를 누른 후 스킬 바늘을 전진한다.

⑤ 고객 모만 위에서 아래로 (고객 모를 그대로 올려) 스킬 바늘에 걸고 빼낸다.

⑥ 빼낸 고객 모와 팁 모두 텐션을 준다.

⑦ 매듭 바로 밑에 고무 밴딩을 손목 텐션을 이용해서 3회~4회 정도 돌린 후 매듭 묶음 처리한다.

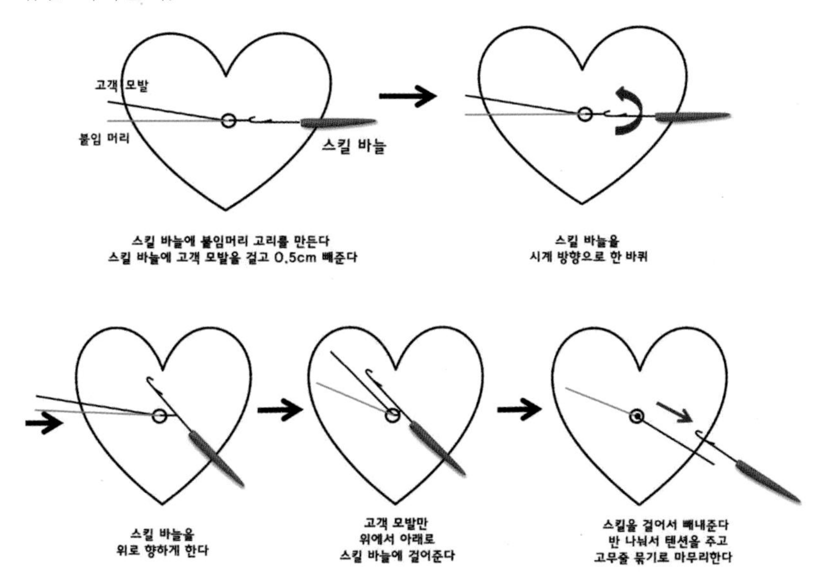

▣ 더블 스핀

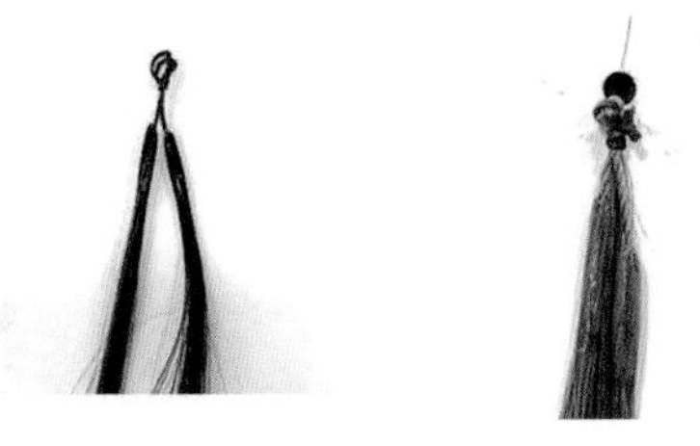

〈 매듭고리 만드는 방법 〉

붙임머리를 왼손 엄지 검지, 중지 약지로 잡고, 붙임머리 고정부를 스킬 바늘대에 올리고, 고정부를 스킬 바늘대에 얹는다. 팁 두 개를 함께 잡고, 뒤에서 앞으로 한 번, 앞에서 뒤로 한 번, 총 두 번의 매듭을 만들어준다. (매듭 모양이 넥타이모양)

〈 작업 순서 〉

① 가로 0.7cm, 세로 0.5cm를 U자 모양으로 섹션을 뜬 다음 하트 패널로 고정한다.

② 고객 모는 왼손 검지에 놓고 엄지로 잡고, 약지와 새끼손가락으로 잡는다.

③ 붙임머리모는 중지에 따로 잡는다.

④ 고객 모를 스킬 바늘에 걸고 스킬 바늘 뚜껑을 닫고, 고객 모와 스킬 바늘이 일자가 되도록 한 후 스킬 바늘에 고객 모를 걸고 0.5cm 빼낸다.

⑤ 바로 스킬 바늘 전진 후 왼손 엄지 검지로 잡고 있던 고객 모를 위에서 아래로 스킬 바늘에 걸고 빼낸다.

⑥ 고객 모와 붙임머리를 각각 텐션을 주어 조여주고, 매듭 아래에 밴딩을 한다.

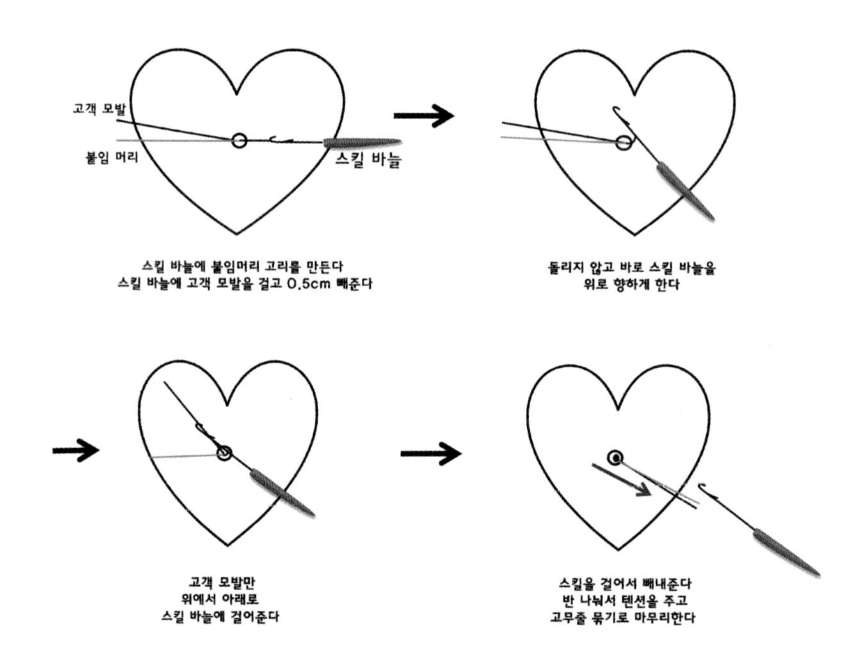

▣ 피넛스팟

피넛스팟은 고무밴드 처리를 하지 않아도 되는 단단한 스킬 방법이다. 단 건강모를 붙임머리할 때는 매듭이 풀리지 않도록 모발량을 적게 잡고 작업해야 한다.

〈 작업 순서 〉

① 가로 0.7cm, 세로 0.5cm를 U자 모양으로 섹션을 뜬 다음 하트 패널에 고정한다.
② 붙임머리를 왼손 엄지, 검지, 중지, 약지 사이에 두고 OK 모양이 되도록 잡는다.
③ 스킬 바늘에 붙임머리 고정부를 두고 오른손 검지로 누른 후 2바퀴를 감아준다.
④ 하트 패널 위에 15° 각도로 들어간다.
⑤ 고객 모를 잡아서 왼손 검지 첫째 마디에 놓고 엄지로 잡고, 붙임머리는 중지에 따로 잡는다.
⑥ 고객 모를 스킬 바늘에 걸고, 스킬 바늘 뚜껑을 닫고, 고객 모와 스킬 바늘이 일자가 되게 한 후, 붙임머리 중심부를 오른손 검지로 밀어낸다.
⑦ 고객 모발이 나오자마자 12시 방향 일자로 만들어서 고객 모를 0.7cm~1cm 빼준다.
⑧ 12시 방향에서 스킬 바늘을 시계 방향으로 2바퀴 돌린다.
⑨ 고객 모발을 오른쪽 180°로 넘겨준 후, 붙임머리를 고정한다.
⑩ 고객 모를 왼쪽 매듭 밑으로 오게 한 다음, ㄱ자 모양에서 스킬 바늘을 시계 방향으로 한 바퀴, 내려오면서 한 바퀴 돌린다.
⑪ 중심부를 누르고 스킬 바늘을 밀어 밑에서 위로 한 번, 위에서 밑으로 한 번 스킬을 걸어 모발을 빼내어 마지막 텐션을 주고 정리한다.

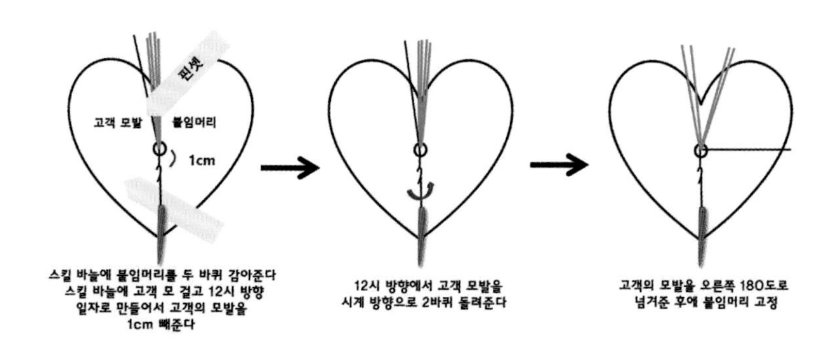

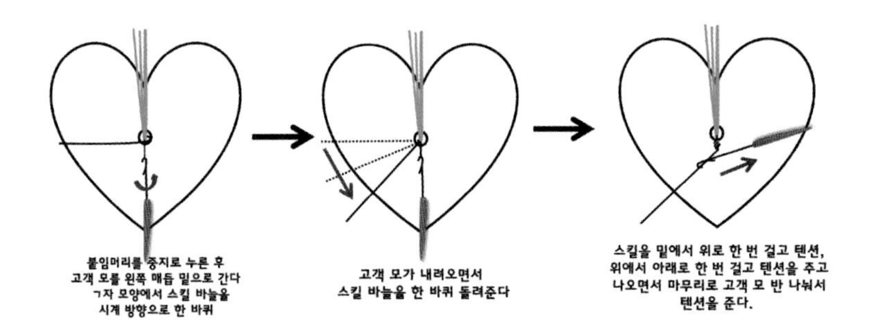

▣ 크로스 (세 가닥 땋기)

〈 작업 순서 〉

① 섹션은 가로 1cm 세로 0.7cm로 뜨고 고객 모를 1:2 비율로 사선으로 나눈다.

② 고객 모를 왼손 엄지 검지, 중지 약지로 잡고, 익스텐션은 오른손 중지 약지에 한쪽을 잡고, 나머지 한쪽은 왼손 중지 위에 올린다.

③ 오른손 엄지 검지로 왼손 중지 약지에 있던 고객 모발을 잡고, 오른손의 중지로 왼손 엄지 검지의 모발을 반대쪽으로 보내 당겨주면서 크로스를 만들어준다.

④ 오른손 중지로 익스텐션의 팁과 고객 모를 한 번에 잡고, 왼손은 엄지와 검지에 고객 모를, 검지와 중지에 익스텐션 팁을 잡는다. (총 3가닥)

⑤ 만들어진 세 가닥으로 땋기를 한다. 이때 모발이 밀려나지 않고 기울어지지 않게 튼튼히 땋는다.

⑥ 팁의 위치까지 땋아준 후 고무 밴딩 처리를 한다.

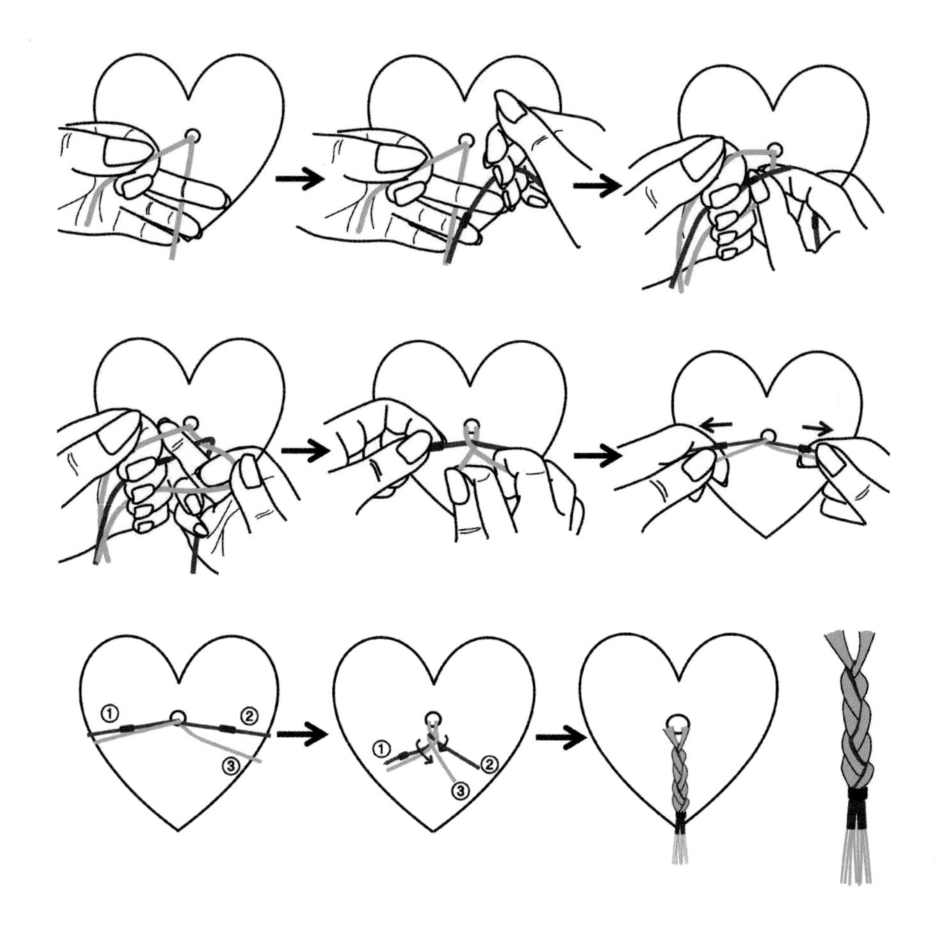

■ 트위스트 (두 가닥 땋기)

〈 작업 순서 〉

① 섹션은 가로 1cm 세로 0.7cm로 뜨고 고객 모를 사선으로 나눈다.

② 고객 모를 왼손은 엄지 검지, 중지 약지로 잡고, 익스텐션은 오른손 중지 약지에 한쪽을 잡고, 나머지 한쪽은 왼손 중지 위에 올린다.

③ 오른손 엄지 검지로 왼손 중지 약지에 있던 고객 모발을 잡아 오고, 오른손 중지로 왼손 엄지 검지에 있던 고객 모를 반대쪽으로 보내 당겨 잡는다.

④ 고객 모와 팁을 X자로 교차시켜 당겨주면서 크로스 만들어준다. 뿌리를 바짝 당겨주면 크로스가 완성된다.

⑤ 팁 X자로 교차시켜 양쪽으로 잡은 후 오른손 엄지로 중심부를 살짝 누른다.

⑥ 왼손 엄지 검지로 고객 모와 팁을 함께 잡고 꼬아준다. (엄지 검지로 꼬고, 중지 약지로 잡는 방법)

⑦ 왼쪽 꼬기가 다 되면 왼손 엄지로 중심부를 누른 후, 오른쪽도 마찬가지로 꼬아준다.

⑧ 양쪽 모두 딴딴하게 잘 꼬아졌으면 오른쪽 팁이 왼쪽으로, 왼쪽 팁이 오른쪽으로 오게 하여 두 가닥을 교차시켜가며 꽈배기 꼬듯이 3회~4회 꼬아 두 가닥 땋기를 한다.

⑨ 마지막으로 고무 밴딩 처리를 해준다.

※ 슬림 땋기는 트위스트 땋기보다 얇게 하는 방법으로, 섹션 가로 0.7cm 세로 0.5cm 모량 작게 잡는다.

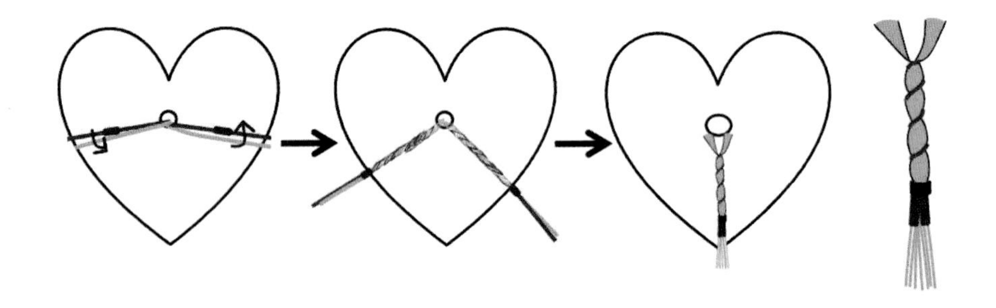

모발이 얇거나 숱이 없는 고객, 두상이 커 보이지 않게 하고 싶은 고객에게 주로 사용한다.

■ 붙임머리 스타일링

▣ 커트

두상 성형에 대한 디자인 후 붙임머리 작업을 해야 완성도 높은 결과를 만들 수 있다.
숱이 적고 힘없는 머리는 고객 모의 끝 라인만 질감 처리 후 붙임머리를 하면 자연스럽다.
숱이 많은 머리는 고객 모의 전체 질감 처리와 디자인 컷 후 붙임머리 작업을 해야 자연스럽게 연결할 수 있다.
곱슬머리는 매직스트레이트 후 붙임머리를 해야 모발도 잘 마르고 일체감으로 연결되어 자연스럽게 표현할 수 있다.

붙임머리 후 커트 Tip

1. 붙임머리를 하면 모발이 팁에 뭉쳐 있어서 일반 가위로 커트할 경우 뭉툭하게 잘려 부자연스럽다.
2. 붙임머리는 커트를 잘해야 티가 나지 않고 자연스러운 느낌을 만들 수 있어서 커트가 가장 중요하다고 할 수 있다.
3. 붙임머리 작업 후 커트를 할 때는 레저 날을 이용해 아주 미세하게 조금씩 섹션을 잡고 버티컬 섹션으로 소량씩 잘라내주어야 자연스러운 커트가 완성된다.
4. 가장 중요한 것은 고객의 모발 탑 부분에 덮여 있는 모발과 익스텐션을 한 가장 윗부분의 모발이 자연스럽게 연결이 되게 커트하는 것이다. 그래야 결과적으로 티가 나지 않고 자연스럽다.
5. 앞쪽에 떨어지는 부분에서 익스텐션용 헤어는 팁으로 뭉쳐 있어서 샴푸를 했을 경우 뭉침 현상이 발생하기 때문에 익스텐션용 모발의 사이사이에 레저 날을 이용한 질감 처리나 공기감을 형성해준다면 집에서 홈케어를 할 경우에도 자연스럽게 고객이 손질할 수 있다.

▣ 펌

붙임머리를 할 때 가장 많이 하는 펌은 일반펌과 세팅펌이 있다.

1) 일반펌

일반 펌할 때는 고객이 원하는 컬에 따라 고객 모를 먼저 펌한 후 붙임머리용 모발을 따로 펌한 다음 붙임머리 작업을 한다.

① 가모에 전처리제를 바르고 치오 펌제나 멀티 펌제를 도포한다.

② 롯드 선정 후 트위스트 기법으로 와인딩한다. 가모는 펌하면 늘어지는 성향이 있어서 붙임머리를 하는 고객이 펌 스타일을 원하면 트위스트 방법으로 작업하는 것이 좋다.

③ 와인딩 후 고객이 원하는 스타일에 따라 15분~ 최대 30분 자연 방치한다.

④ 중간 린스 후 타올 드라이 하고 말린 다음 과수 중화 5분 2회로 해준다.

⑤ 약산성 샴푸 후 트리트먼트로 마무리해준다

2) 세팅펌

세팅펌은 고객 모와 가모를 같이 펌해야 따로 놀지 않고 자연스럽게 연출된다.

① 고객 모가 건강모일때 치오 펌제로 애벌 작업을 먼저 10분~15분 한 후 헹굼 처리한다.

② 붙임머리 시술 완성 후 컬을 원하는 위치에서 고객 모와 붙임머리를 같이 세팅펌제로 연화 처리 15분 한다.

③ 약산성 샴푸로 헹굼 처리한다.

④ PPT를 모발에 골고루 바르고 꼬리 빗질 후 수분 20% 남기고 건조한다.

⑤ 원하는 세팅 롤을 선택해서 와인딩한 다음 세팅펌기 건강모를 누른 후 10분~15분 방치한다.

⑥ 과수 중화 5분 2회로 해준다.

⑦ 약산성 샴푸로 샴푸 후 트리트먼트로 마무리해준다.

■ 붙임머리 후 관리

▣ 빗질

빗질할 때 굵은 쿠션 브러시로 끝부분부터 차츰차츰 위로 올라가면서 빗질한다.
두피 부분을 잡고 모발만 빗질해주면 두피 자극도 없고, 익스텐션 고정부가 빠지거나 빗에 걸리는 것도 방지할 수 있다.

▣ 샴푸

익스텐션 모발에서 가장 엉키기 쉬운 부분은 끝부분이다.
샴푸하기 전에 익스텐션 모발 끝부분에 빗질을 하고 샴푸를 하면 엉킴도 적고 빨리 마른다.
익스텐션용 샴푸로는 손상모 용으로 세정력이 강하지 않은 모이스처한 (약산성용) 샴푸를 사용하는 것이 좋다.
샴푸는 서서 머리를 감는 것이 좋다. 공병에 샴푸와 물을 넣어 섞어 두피 사이사이에 거품을 넣어 두피 마사지를 해준다.
엉킴 방지를 위해 모발을 위에서 아래로 물을 적신다.
공병이 없을 시에는 손바닥에 샴푸를 덜어 거품을 충분히 내준 후 모발보다는 두피를 깨끗하게 세척한다.

▣ 샴푸 후 관리

익스텐션 모발에는 린스나 트리트먼트를 사용 후 헹궈준다. 모발에 보습을 충분히 해줘야 오래도록 좋은 결을 유지할 수 있다. 보습성 좋은 트리트먼트를 모발에 충분히 바르고 두피에는 될 수 있으면 가지 않도록 하고 2분~3분 정도 방치한다.
기다리는 동안 모발 끝부분을 빗질해 결을 정리해주고 헹구면 말릴 때 빨리 마르고 드라이 시 엉킴이 훨씬 덜하다.
헹굴 때는 모발을 세게 문지르면 코팅이 빨리 벗겨져 결이 빨리 손상되기 때문에 부드럽게 결 따라 헹궈주는 것이 좋다.
두피는 꼼꼼하게 모발은 부드럽게 헹궈주고 마지막에 보습 오일에센스나 가발 유연제 발라주는 것이 좋다.

▣ 드라이

타올 드라이를 한 뒤 에센스나 유연제를 바르고 모발 끝부분부터 말려주면서 두피 쪽은 찬 바람으로 꼼꼼히 말려주는 것이 좋다. 붙임머리 피스는 뭉쳐 있으므로 말리는 시간이 오래 걸린다. 철 쿠션 브러시로 위에서 아래로 빗질하면서 말려주면 빠르게 마른다.

▣ 취침 시 관리

익스텐션 헤어가 취침 시 뒤척거리다가 엉킬 수가 있으니 양 갈래로 느슨하게 땋아 묶고 자면 아침에 자연스러운 웨이브를 연출할 수도 있고 엉키지도 않는다. 샴푸 후에는 반드시 말린 후 잠자리에 들게 한다.

▣ 리터치 기간

익스텐션용 모발은 두 달에서 석 달에 한 번은 교체해야 한다.

리터치 기간이 넘어가면 모발의 엉킴 현상이 생기고 매듭이 보여 표가 많이 난다.

고정부가 길어짐에 따라 샴푸 시 손가락에 걸림 현상이 심해져 견인성 탈모가 생길 수 있으므로 기간을 넘기지 않고 리터치 받는 게 좋다.

Ⅲ. 블록증모술

블록증모술은 머신줄을 이용하여 숱이 없는 부위의 두피에 고정하는 시술 방식이다. 블록증모술의 기본 디자인은 트라이앵글식이다. 단, 두상의 숱을 보강할 위치에 따라 블록증모술의 디자인을 벽돌식, 다이아몬드식, 지그재그식, 라운드식, 모래시계 형태, S 라인식 등으로 디자인할 수 있다. 이때 가장 중요한 것은 시작점과 끝점이 같아야 한다는 점이다.

한 번에 10,000가닥 이상의 숱을 보강할 수 있고, 머신줄을 사용하기 때문에 다양한 모양의 라인을 만들어 블록 형태를 형성하는 것이 특징이며, 디자인을 마음대로 정할 수 있으므로 고객이 숱 보강을 필요로 하는 자리에 원하는 만큼 증모 시술이 가능해 고객 만족도가 매우 높다.

포인트 증모술은 두피, 모발, 탈모 유형 등 다양한 진단이 필요하고, 시술 자세가 정확해야 하며, 모량의 범위에 따라 섬세하게 cm를 계산해야 한다. 또한 시술 시간이 비교적 길고, 비용 부담이 크고, 증모한 모발이 빠지면 고객이 직접 확인할 수 있다는 단점을 가지고 있다.

블록증모술은 이러한 포인트 증모술의 단점을 보완하기 위해 고안되었으며, 머신줄을 사용하기 때문에 고객의 비용 부담이 적고, 안정감과 중독성을 느낄 수 있다. 또한 머신 줄의 간격을 필요에 따라 조절할 수 있어서 숱이 많이 보강되어야 하는 곳과 적게 보강되어야 하는 곳을 조절해서 디자인할 수 있다는 장점이 있다.

시술자는 블록증모술을 상담할 때, 특징, 장단점, 그리고 포인트 증모술과의 차별성까지 확실하게 파악하고 있어야 고객의 신뢰를 받을 수 있고, 고객이 블록증모술을 선택할 수 있게끔 리드할 수 있다.

두상의 M자, 이마와 탑 사이, 가르마 볼륨, 정수리 볼륨, 뒤통수 볼륨, 옆 사이드 볼륨, 길이 연장 등을 할 때 블록증모술을 활용할 수 있다.

멀티 블록 증모술
Block Hair Increasing

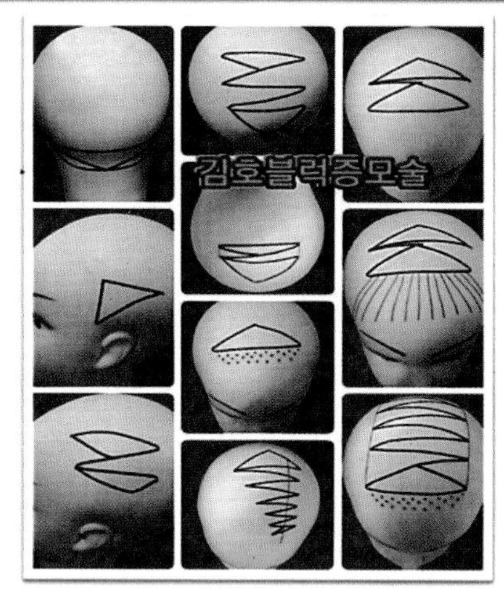

〈 블록증모술 기본 도해도 〉

■ 블록증모술 순서

블록증모술의 작업 순서는 다음과 같다.

① 숱 보강 또는 볼륨을 원하는 부위의 크기를 확인한다.

② 머신줄을 증모할 부위의 사이즈만큼 자른 후 끝부분 올이 풀리지 않게 하려면 끝부분의 모발을 제거하고 라이터로 지져준다.

③ 핀셋으로 양쪽을 고정한 후 중간에 가고정한다.

④ 핀셋을 뺀 자리에 가고정을 한다. 이때, 사이드, 뒤통수, 정수리 부위에 시술할 때, 줄이 보이지 않도록 1cm~1.5cm 띄워서 증모해야 한다.

⑤ 가고정 사이 사이에 링 고정한다. (링 사이즈만큼 간격을 띄워서 고정한다)

⑥ 가고정은 빼고 다시 링 고정한다.

⑦ 디자인하고자 하는 모양을 잡으면서 코너 부분이나 방향 전환하는 부분에 가고정 후 링 고정을 한다.

ex

모든 블록증모술을 하고자 할 때 시작점과 끝점 처리가 매우 중요하다.
시작점과 끝점이 별도로 떨어져 있으면 사후 관리가 매우 불안정하여서 시작점과 끝점의 위치가 떨어지지 않게 처리하여야 한다.

■ 리터치

블록증모술을 한 다음 고객 모발이 자라서 고정한 부위가 두피로부터 떨어지면 불편함을 느낄 수 있다. 따라서 블록증모술 고객은 한 달~한 달 반에 한 번씩 샵에 재방문해 리터치 받는 것이 좋다.

블록증모술 리터치 순서는 다음과 같다.
① 수건을 깔고 블록증모술 맨 앞줄부터 제거 후 순서대로 정리해둔다.
② 고객 모를 커트하고 두피 스케일링 해준다.
③ 정리해둔 머신줄을 순서대로 세척해준다.
④ 처음 순서대로 맨 앞줄부터 재고정해준다.

■ 스타일링

▣ 커트

블록증모술을 고정한 후 고객 모발의 길이보다 1cm~1.5cm 안쪽에서부터 자연스럽게 질감 처리하듯이 커트해준다.

▣ 펌

블록증모술을 하는 고객이 펌 스타일을 원하는 경우, 고객 모 펌하고 난 뒤 머신줄을 따로 펌한 다음 블록증모 고정 작업을 해야 한다.
① 가모에 전처리제를 바르고 치오 펌제나 멀티 펌제를 도포한다.
② 롯드 선정 후 와인딩한다.
③ 와인딩 후 고객이 원하는 스타일에 따라 15분~ 20분 자연 방치한다.
④ 중간 세척 후 타올 드라이를 꼼꼼하게 한 다음 과수 중화 5분 2회로 해준다.
⑤ 약산성 샴푸 후 트리트먼트로 마무리해준다.

▣ 홈케어

블록증모술 후 집에서 관리할 때에는 다음과 같은 순서로 진행한다.

① 물기가 없는 상태에서 트리트먼트를 가모에 충분히 도포한다. 그러고 난 후 미온수를 이용해 고르게 적신다.

② 적당량의 약산성 샴푸를 손에서 거품을 내서 블록증모술 줄과 줄 사이에 지문을 이용해 마사지해준다.

③ 물을 위에서 아래 방향으로 향하게 한 다음 깨끗이 헹군다.

④ 트리트먼트를 가모 끝에 도포 후, 깨끗이 헹군다.

⑤ 마른 수건으로 모발을 눌러 물기 제거한다.

⑥ 모발이 젖은 상태에서 가발 유연제를 뿌려준다.

⑦ 뜨거운 바람으로 고정 부분을 빠르게 건조 후, 찬 바람으로 90% 건조 시킨다.

⑧ 가발 브러시로 끝에서부터 빗질한다.

⑨ 취향에 따라 드라이, 아이롱 등을 사용하여 스타일링 한다.

실전 증모술

- 블록증모술
- 보톡스증모술
- 이식증모술
- 헤어증모술
- 증모연장술
- 붙임머리
- 숱 보강 증모피스
- 누드증모술

블록증모술

블록증모술은 머신줄을 이용하여 숱이 없는 부위의 두피에 고정하는 방식이다. 블록증모술의 기본 디자인은 트라이앵글식이다. 단, 두상의 숱을 보강할 위치에 따라 블록증모술의 디자인을 벽돌식, 다이아몬드식, 지그재그식, 라운드식, 모래시계 형태, S 라인식 등으로 디자인할 수 있다. 이때 가장 중요한 것은 시작점과 끝점이 같아야 한다는 점이다.

한 번에 10,000가닥 이상의 숱을 보강할 수 있고, 머신줄을 사용하기 때문에 다양한 모양의 라인을 만들어 블록 형태를 형성하는 것이 특징이며, 디자인을 마음대로 정할 수 있기 때문에 고객이 숱 보강을 필요로 하는 자리에 원하는 만큼 증모시술이 가능해 고객 만족도가 매우 높다.

포인트 증모술은 두피, 모발, 탈모 유형 등 다양한 진단이 필요하고, 자세가 정확해야 하며, 모량의 범위에 따라 섬세하게 cm를 계산해야 한다. 또한 소요 시간이 비교적 길고, 비용 부담이 크고, 증모한 모발이 빠질 경우 고객이 직접 확인할 수 있다는 단점을 가지고 있다.

블록증모술은 이러한 포인트 증모술의 단점을 보완하기 위해 고안되었으며, 머신줄을 사용하기 때문에 고객의 비용 부담이 적고, 안정감과 중독성을 느낄 수 있다. 또한 머신줄 간격을 필요에 따라 조절할 수 있기 때문에 숱이 많이 보강되어야 하는 곳과 적게 보강되어야 하는 곳을 조절해서 디자인할 수 있다는 장점이 있다.

시술자는 블록증모술을 상담할 때, 특징, 장단점, 그리고 포인트 증모술과의 차별성까지 확실하게 파악하고 있어야 고객의 신뢰를 받을 수 있고, 고객이 블록증모술을 선택할 수 있게끔 리드할 수 있다.

두상의 M자, 이마와 탑 사이, 가르마 볼륨, 정수리 볼륨, 뒤통수 볼륨, 옆 사이드 볼륨, 길이 연장 등을 할 때 블록증모술을 활용할 수 있다.

멀티 블록 증모술
Block Hair Increasing

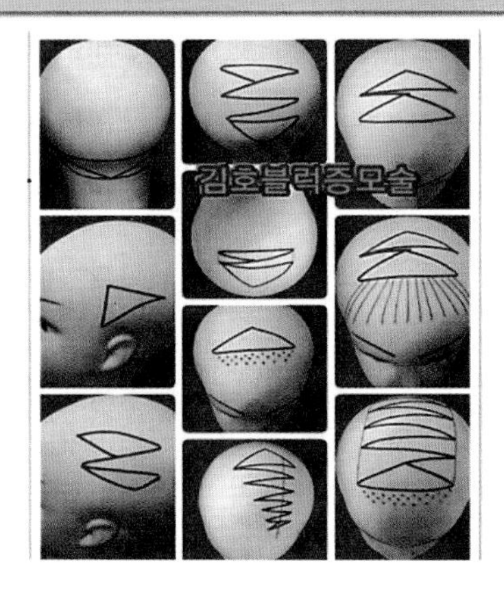

1. 블록증모술 재료

블록증모술을 할 때는 증모할 모량 또는 모발의 길이에 따라 1m 다증모 롱 머신줄 또는 1m 한 올 숏 다증모 머신줄을 사용한다.

no.5 다중모롱 1m
(3~4올 매듭/6~8모)
(숏 다중모롱 1m)

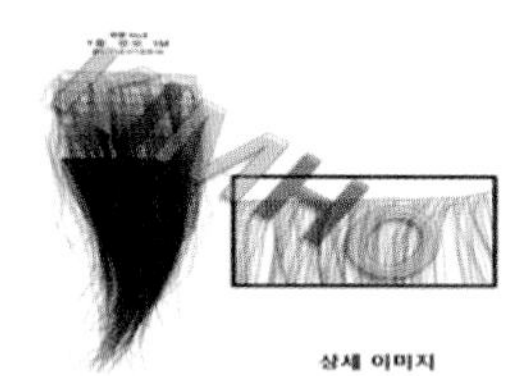

no. 9 한 올 증모 1m
(숱 보강 한 올 숏 다증모 1m)
※ 1cm 7매듭(약 14가닥)/10cm 70매듭(약 140가닥)

2. 블록증모술 고정 방법

블록증모술의 작업 순서는 다음과 같다.

① 숱 보강 또는 볼륨을 원하는 부위의 크기를 확인한다.

② 머신줄을 증모할 부위의 사이즈만큼 자른 후 끝부분 올이 풀리지 않게 하기 위해 끝부분의 모발을 제거하고 라이터로 지져준다.

③ 핀셋으로 양쪽을 고정한 후 중간에 가고정한다.

④ 핀셋을 뺀 자리에 가고정을 한다. 이때, 사이드, 뒤통수, 정수리 부위에 블록증모술을 할 때, 줄이 보이지 않도록 1cm~1.5cm 띄어야 한다.
⑤ 가고정 사이 사이에 링으로 고정한다. 이때 링 사이즈만큼 간격을 띄워서 고정한다.
⑥ 가고정은 빼고 다시 링으로 고정한다.
⑦ 디자인하고자 하는 모양을 잡으면서 코너 부분이나 방향 전환하는 부분에 가고정 후 링으로 고정한다.

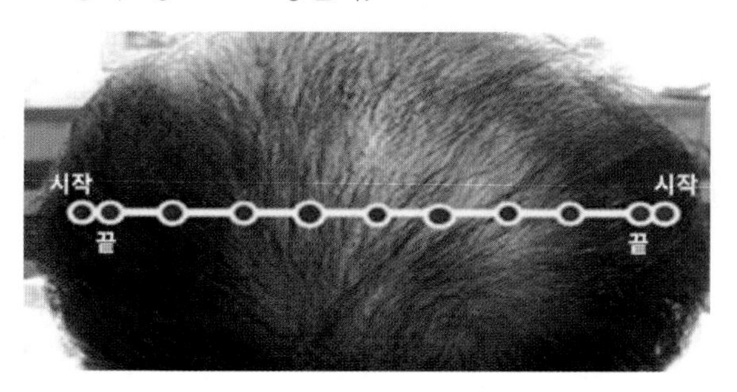

(참고 사항)

모든 블록증모술을 하고자 할 때 시작점과 끝점 처리가 매우 중요하다.
시작점과 끝점이 별도로 떨어져 있으면 사후 관리가 매우 불안정하여서 시작점과 끝점의 위치가 떨어지지 않게 처리하여야 한다.

3. 블록증모술 리터치 방법

블록증모술을 한 다음 고객 모발이 자라서 고정한 부위가 두피로부터 떨어지면 불편함을 느낄 수 있어서 한 달~한 달 반에 한 번씩 샵에 재방문해 리터치 받는 것이 좋다.

① 수건을 깔고 맨 앞줄부터 블록증모한 머신줄을 제거한 다음 순서대로 정리해둔다.
② 고객 모를 커트하고 두피스켈링을 해준다.
③ 정리해둔 머신줄을 순서대로 세척한다.

④ 처음 순서대로 맨 앞줄부터 재고정한다.

■ 보톡스증모술

보톡스증모술은 원포인트 증모술로 커버가 어려운 비교적 넓은 정수리 쪽 탈모 부위를 쉽고 빠르게 증모할 수 있도록 다양한 형태의 디자인이 되어 있는 고정식 숱 보강 증모피스이다.

보톡스라는 명칭은 일반적으로 피부의 잔주름을 없애주는 주사제를 뜻하는데, 보톡스증모술 역시 탈모가 있는 부위에 내 모발과 같은 100% 인모로 머리숱을 보강해 동안으로 만들어준다는 의미에서 착안했다.

보톡스증모술은 내피 없이 특수줄로 제작해서 고객의 모발과 두피는 건강하게 관리하면서 탈모 부위만 완벽하게 머리숱을 보강할 수 있는 두피 탈모 성장관리가 목적이며, 착용 시 무게감이 거의 없고, 통기력이 뛰어나기 때문에 착용감이 매우 편안하다는 점, 증모 방법이 매우 간단하고 쉽고, 한 번에 많은 양의 모발을 증모할 수 있다는 점 등의 장점이 있다.

네이프 라인을 기준으로 하여 탑과 정수리 부위의 모량을 확인해 고객의 탈모 진행 정도(%)를 알 수 있는데, 보톡스증모술은 탈모 부위 숱 빠짐이 30%~50% 진행되어 모발이 듬성듬성 있는 경우에 많이 사용한다.

보톡스증모술은 머리숱 보강뿐만 아니라 정수리 쪽 볼륨감을 살리고자 할 때도 활용할 수 있다.

보톡스증모술을 고정할 때는 약한 모발이 아닌 고객의 건강한 모발에 고정해야 견인성 탈모가 생기지 않고 안전하게 고정을 할 수 있다. 따라서 제품 사이즈가 탈모 범위 보다 약 1cm 정도 큰 보톡스 종류를 선택해야 고정 시 안전하고 완벽하게 탈모를 커버할 수 있다.

보톡스증모술은 탈모 범위와 부위별에 따라 7가지 제품으로 분류되어 있고, 기존에 없던 증모 디자인으로 전 제품 모두 디자인 특허를 획득했다.

보톡스증모술 제품 안내

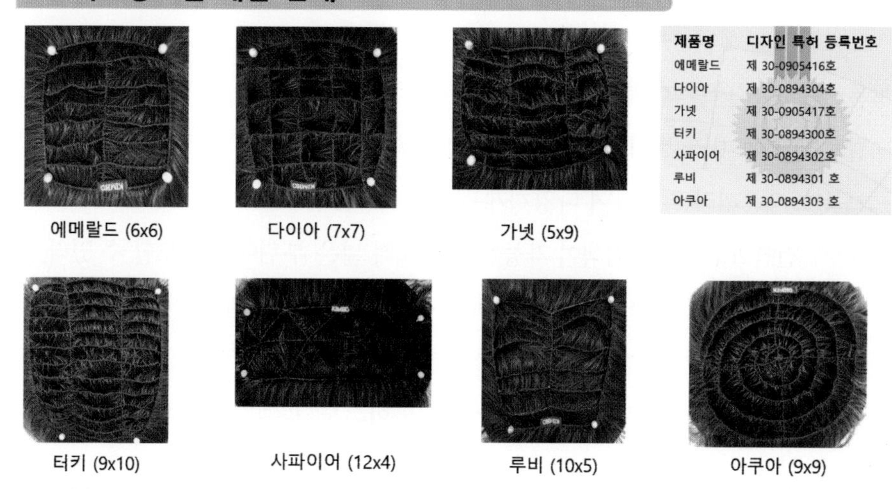

제품명	디자인 특허 등록번호
에메랄드	제 30-0905416호
다이아	제 30-0894304호
가넷	제 30-0905417호
터키	제 30-0894300호
사파이어	제 30-0894302호
루비	제 30-0894301 호
아쿠아	제 30-0894303 호

- 터키: 9cm x 10cm 크기며, 정수리, 탑, M자 탈모 부위의 탑 전체 커버에 사용할 수 있다.
- 루비: 10cm×5cm 크기며, 앞머리 뱅, 정수리 등에 숱을 보강할 때 주로 사용한다.
- 에메랄드: 6cm×6cm 크기며, 정수리, 탑 등의 숱이 부족한 부분에 숱을 보강할 때 주로 사용한다.
- 사파이어: 12cm×4cm 크기며, 앞머리, M자 탈모, 가르마에 사용하고, 탈모 커버뿐만 아니라 볼륨이 필요할 때도 활용할 수 있다.
- 아쿠아: 9cm×9cm 크기며, 확산성 탈모(원형 탈모), 정수리에 숱을 보강할 때 주로 사용한다.
- 가넷: 5cm×9cm 크기며, 정수리 가르마, 이마뱅 부위에 숱을 보강할 때 주로 사용한다.
- 다이아: 7cm×7cm 크기며, 정수리, 탑 부위에 숱을 보강할 때 주로 사용한다.

보톡스증모술의 줄은 머리카락의 평균 두께(0.05mm ~ 0.12mm)보다 약간 더 두꺼운 0.3mm 머신줄로 제작되어 있고, 고객에게 고정할 때 모량 조절이 가능하다. 줄의 색상은 블랙 컬러라서 착용 후 고객 모발을 줄 사이로 빼냈을 때 줄이 거의 티가 나지 않는다.

보톡스증모술의 특징은 다음과 같다.
- 탈모 크기에 따라 부위별 탈모 시술이 가능하다.
- 보톡스 제품끼리 결합하여 다양하게 응용할 수 있다.
- 100% 천연 모라서 펌, 염색이 가능하며 비교적 넓은 부위에도 증모할 수 있다.
- 증모 시 소요 시간은 커버 부위나 증모하는 모량에 비해 짧게 걸린다. (약 30분 ~1시간)
- 고정식 증모술로 3주~4주 후 리터치를 해야 하므로 고객을 계속해서 유지, 관리할 수 있다.
- 내 머리처럼 샴푸가 가능하고, 수영, 사우나, 활동적인 운동을 해도 벗겨질 염려가 없다.
- 고정식이기 때문에 출장, 합숙, 장기 여행 시 편하게 관리할 수 있다.
- 일반 가발처럼 내피나 망 재질로 되어 있지 않아 매우 가볍고 통기성이 좋으며 착용감이 편안하다.
- 남아 있는 잔모와 두피를 케어할 수 있는 기능성 탈모 커버 제품이다.
- 탈모 커버를 동시에 탈모 관리를 할 수 있어서 2차 탈모가 일어나지 않는 두피 성장 케어 제품이다.
- 내피가 없이 줄로 되어 있어 줄과 줄 사이로 내 모발을 빼낼 수 있어 밀착감이 뛰어나다.

1. 보톡스증모술 고정 방법

보톡스증모술을 링으로 고정하는 방법은 다음과 같다.

① 링 크기에 맞는 섹션모를 뜬다.

② 두상 각 90°를 유지하여 링 사이로 섹션모를 통과시킨다.

③ 펜치로 링을 잡고, 섹션모를 잡은 왼손은 두상 가까이 각도를 내린다.

④ 펜치를 든 오른손의 각도를 내려서 링을 두피에 밀착시켜 1차 100% 집어준다.

⑤ 링의 2/3 지점에서 한 번 더 집어주어 고정력을 높여준다.

링으로 보톡스증모술을 고정할 때는 다음 사항을 반드시 유의해야 한다.

- 연모일 경우, 작은 흔들림에도 견인성 탈모가 생길 수 있어서 링과 링 사이는 띄우지 않고 틈 없이 고정하는 것이 이상적이다.
- 건강모일 경우, 링과 링 사이를 촘촘하게 붙이면 안정적이긴 하지만 통기성이 약하고, 피지가 모이거나 샴푸를 할 때 샴푸 또는 트리트먼트 등 제품이 잔류해서 두피가 손상될 수 있으므로 살짝 띄우는 것이 이상적이다.
- 링의 크기가 다양하므로 필요한 링 크기를 선택해 사용할 수 있다.
- 연모나 약한 모발은 작은 크기의 링을 사용하면 고정력도 좋아지고 고객도 편안하다.
- 모발이 건강하고 노출이 적은 부위는 큰 크기의 링을 사용하여 고정하면 사용하는 링의 개수를 줄일 수 있다.
- 링과 링 사이를 0.5cm 이상 띄우면 안 되는 이유는 샴푸 시 손가락이 링과 링 사이로 들어가 견인성 탈모가 생길 우려가 있기 때문이다. 링의 크기만큼씩 띄우는 것이 가장 안정적이다.
- 링 고정 시 시술자의 자세는 시술자가 두상의 시술 부위에 따라 위치를 이동하여 고정해야 한다.

※ 모든 새 제품은 가모에 유연제 처리가 되어 있기 때문에 코팅을 벗겨내기 위해서 가볍게 알칼리 샴푸로 딥클렌징을 먼저 해준 후 가봉 커트, 펌, 염색 등을 미리 준비해준다.

▣ 보톡스증모술 중 다이아 링 고정 방법 (디자인 특허 30-0905417)

다이아는 헤어 탑 Medium 크기로 주로 사용하고, 제품 크기는 8cm×8cm이다.

다이아를 고정하는 방법에 대해 살펴보자.

① 제품을 모류 방향대로 빗질한다.

② 고정할 부위에 다이아를 올려 핀셋으로 움직이지 않게 고정한다.

③ 줄 사이사이 위빙으로 고객 모발을 조금씩 빼낸 후, 잘 섞이게 빗질한다.

④ 보톡스 제품의 가장자리 코너 부분을 고정력이 있는 핀셋 또는 망클립으로 가고정해서 모양틀이 잡기 편하고, 움직이지 않게 한다.

⑤ 본 고정을 할 때 1번부터 차례로 가고정한 핀셋 또는 망클립을 제거하고 그 자리에 본 고정이 들어간다.

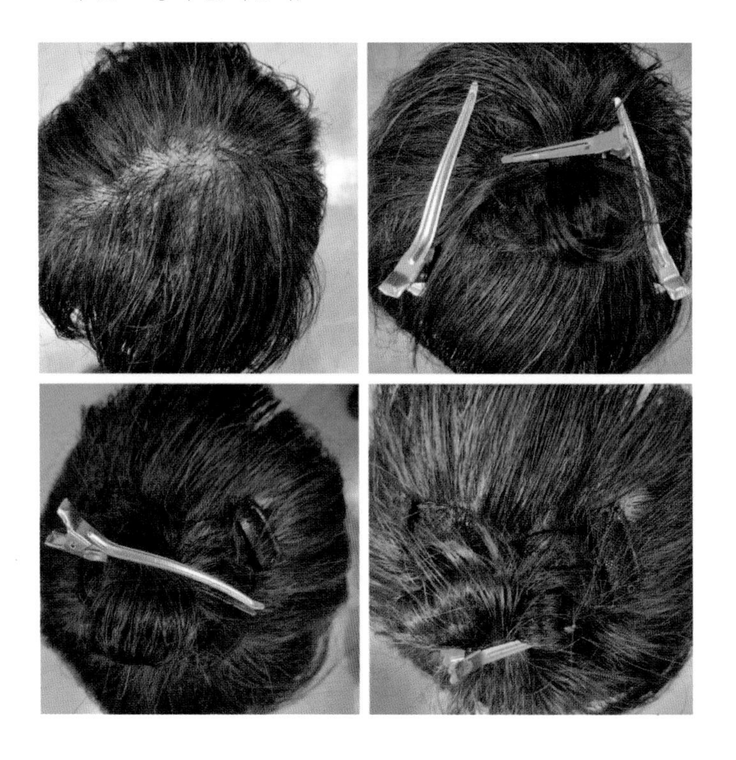

- 1번은 무텐션으로 3개~5개 정도 고정한다. 이때 줄이 당기지 않게 줄 라인선 모양에 따라 일자 형태로 떠서 고정한다.
- 2번은 20%의 텐션을 주어 3개~5개 정도 고정한다.
- 3번~4번은 30%~40%의 텐션을 주어 3번~5개 정도 고정한다.
- 5번~6번은 50%~60%의 텐션을 주어 3번~5개 정도 고정한다.
- 7번~8번은 70%~80%의 텐션을 주어 3번~5개 정도 고정한다.
- 9번은 90%의 텐션을 주어 고정한다.
- 10번은 100%의 텐션을 주어 고정한다.

다이아 고정법

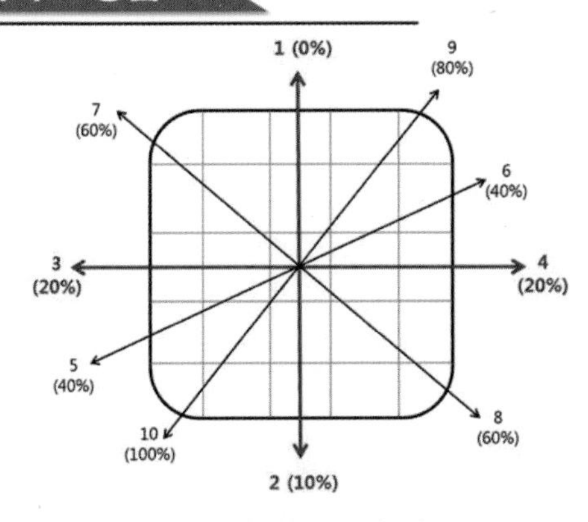

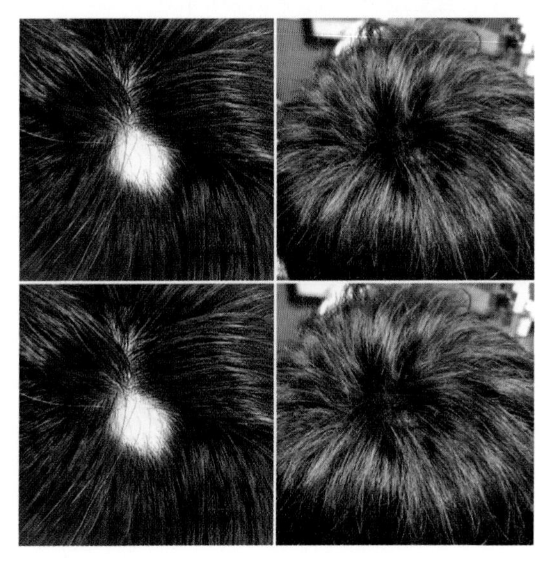

[보톡스증모술 – 다이아 고정 전후]

2. 보톡스증모술 리터치

일반적으로 모발은 3주~4주가 지나면 1cm~1.5cm 정도 자라는데, 이때 고정 부위가 두상에서 들뜨기 때문에 샴푸나 스타일링 할 때 견인성 탈모를 유발할 수 있고, 증모 제품과 고객 모발의 단 차가 생겨서 증모한 티가 나기 때문에 3주~4주 안에 방문하는 것이 가장 이상적이다.

보톡스증모술을 리터치하는 순서는 다음과 같다.

① 링 안에 있는 모발을 위로 올린다.

② 오른손 검지를 펜치 집게 가운데 넣어 잡는다.

③ 펜치의 구멍을 이용해 링을 살짝 눌러준다.

④ 링을 제거 후 보톡스 제품을 빼내준다.

⑤ 가벼운 두피관리와 커트 등 작업을 한다.

⑥ 샴푸 후에 다시 처음 같은 고정 방법으로 진행한다.

※ 보톡스증모술은 앞뒤 구분이 없어서 리터치를 하기 위해서 보톡스 제품을 탈착한 다음에는 커트 형태를 확인해서 이마 쪽과 뒤통수 쪽을 잘 구분한 후 고정해야 한다.

3. 보톡스증모술 A/S

보톡스증모술은 머신줄로 제작했기 때문에 사용을 잘못하면 줄이 끊어질 수 있다. 머신줄은 두 개의 줄이 엮여 있어서 줄 가운데 부분이 끊어지면 줄이 풀어져 모발이 모두 빠질 수 있다.

따라서 줄이 끊어지면 줄이 더 이상 풀어지지 않도록 빨리 수선해주어야 한다.

보톡스증모술의 줄이 끊어졌을 때 수선하는 방법은 다음과 같다.

① 마네킹에 보톡스 제품을 구슬핀으로 고정한 후 끊어진 부위의 머신 줄 모발을 모두 제거한다.

② 남은 줄을 족집게로 잡고, 라이터로 끝을 살짝 지진 다음 엄지와 검지로 끝을 잡아 눌러준다.

③ 새로운 머신줄을 끊어진 길이보다 조금 더 길게 재단해서 퀼트실로 벌어지지 않게 양 끝을 묶어준다.

④ 양 끝에 나온 실을 깔끔하게 정리한다.

4. 보톡스증모술 커트

보톡스증모술 커트 시 섹션을 뜰 때는 버티컬 섹션이 기본이다. 커트할 때는 주로 무홈 틴닝가위와 레저날을 사용한다.

▣ 틴닝가위(30발 무홈 틴닝)를 활용한 테이퍼링(Tapering) 질감 테크닉

– 모발 끝을 붓끝처럼 가볍게 한다.

– 모발의 양을 조절하기 위해 사용한다.

– 앤드: 모발 끝에서 1/3 지점

– 노멀: 모발 끝에서 1/2 지점

– 딥: 모발의 2/3 이상

– 버티컬 섹션(Vertical Section)으로 전체 앤드 테이퍼링(가커트)

※ 보톡스증모술 제품을 고객 모발보다 1cm 길게 커팅하는 것이 자연스럽다.

▣ 레저(Lazor)를 활용한 베벨(Bevel)업, 언더 질감 테크닉

베벨–업(Bevel–up): 겉말음 기법으로 에칭 기법을 한층 더 효과 있게 겉머리에서 머리 질감을 만들어 아웃컬의 형태 표현이 쉽다.

베벨–언더(Bevel–under): 안말음 기법으로 속말음 효과를 주기 위해 레저날을 섹션 뒤에 위치한 후 곡선으로 움직여 아킹 기법에 더욱 효과가 있다.

레저날을 사용해 한 올씩 커트하는데 고객 모발 1cm 안쪽 지점에서 한 번, 2/3 지점에서 2회~3회, 마지막으로 끝부분을 가볍게 여러 번 틴닝 처리한다.

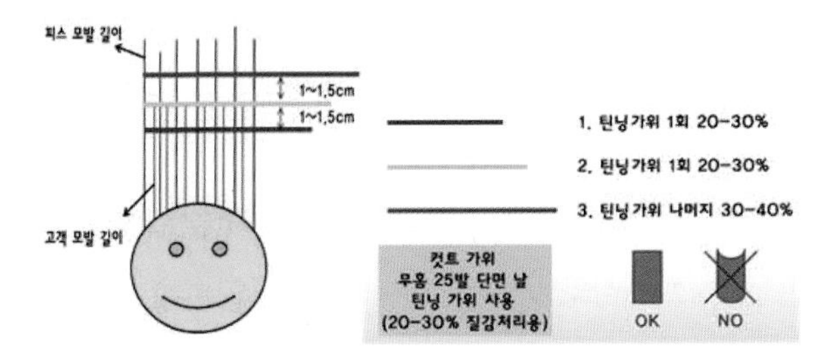

5. 보톡스증모술 펌

고객이 펌 스타일을 원하는 경우, 고객 모를 펌하는 시간과 보톡스 제품을 펌하는 작업 시간이 다르므로 보톡스 제품과 고객 모발을 각각 펌을 해야 한다.

■ **일반펌**

① 보톡스 제품 모발에 전 처리제를 도포한다. (일반펌 – LPP 사용한다)

② 멀티펌제(1제)를 도포한다.

③ 원하는 롯드를 선정하여 와인딩한다. 와인딩 후 비닐캡을 씌운다.

④ 자연 방치 15분~20분. 보톡스 증모 제품의 모발은 산 처리된 모발이기 때문에 작업 시간이 길어지지 않게 주의한다.

⑤ 중간 린스 후 타올 드라이한다.

⑥ 과수 중화 5분 (2회)

⑦ 약산성 샴푸로 헹구고, 린스나 트리트먼트로 마무리한다.

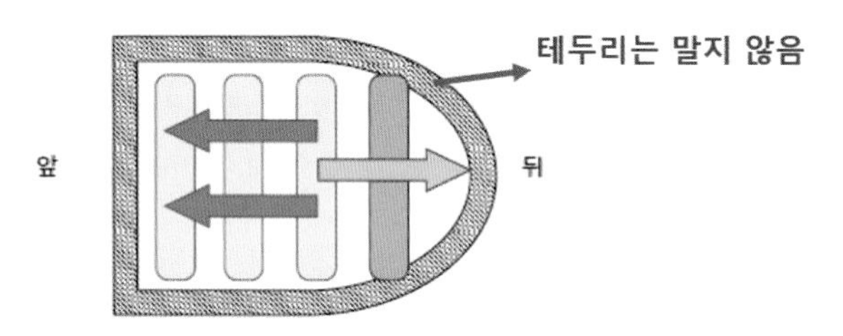

6. 보톡스증모술 관리 방법

보톡스증모술 제품을 홈케어 하는 방법은 다음과 같다.

① 준비: 물기가 없는 보톡스증모술 모발에 트리트먼트를 충분히 도포한다. 그 후 미온수로 모발을 골고루 적신다.

②샴푸: 공병에 물과 함께 적당량의 약산성 샴푸를 넣어 거품을 낸 다음 샴푸하고, 솔이 부드럽고 촘촘한 실리콘 샴푸 브러시로 두피 마사지를 한다.

③ 헹굼: 샴푸제가 남지 않도록 깨끗이 헹군다.

④ 트리트먼트: 가모 끝에 트리트먼트를 도포한 다음 깨끗이 헹군다.

⑤ 타올 드라이: 마른 수건으로 모발을 눌러 물기를 제거한다.

⑥ 드라이기: 뜨거운 바람으로 고정 부분을 먼저 빠르게 건조한 다음, 찬 바람으로 완전히 말린다.

⑦ 빗질: 가발 브러시로 모발 끝에서부터 빗질한다.

⑧ 가발 유연제 또는 오일에센스를 적당히 도포한다.

⑨ 스타일링: 취향에 따라 드라이기, 아이론기 등 미용기구를 사용하여 스타일링한다.

▣ 주의 사항

- 보톡스 제품은 줄로 제작했기 때문에 고객이 샴푸할 때 줄이 손상되지 않도록 주의한다.
- 샤워기 방향을 머리 위에서 센 물줄기로 맞으면 모발이 줄 안으로 들어갈 수 있으므로 주의한다.
- 보톡스 제품은 가모이기 때문에 반드시 샴푸 전 모발에 물기가 없는 상태에서 가모에 트리트먼트를 충분히 도포하여 엉키지 않게 관리해야 한다.
- 모발이 엉켰을 경우 엉킨 부위에 린스 또는 헤어 오일을 도포한 다음 한 손으로 내피 부분을 잡고 다른 한 손으로는 엉킨 모발 끝부분부터 꼬리빗 뒤쪽을 사용해 살살 조심스럽게 풀어준다.
- 타올 드라이를 할 때는 절대 비비지 않는다.
- 과도한 빗질, 브러싱을 하면 모발 큐티클에 상처가 날 수 있으므로 주의한다.
- 빗질, 롤 브러시 드라이, 펌, 컬러 사용 시 조심하여야 한다.

[참고] 고객상담 카드, 동의서

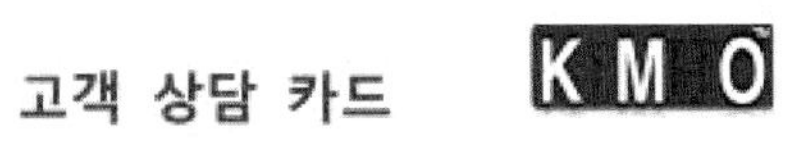

고객 상담 카드 KMO

관리 번호		상담원		상담 일자	
성명		생년 월 일		이동 전화	
성별		연령대			
주소	자택 :			전화 :	
	주소 :			전화 :	
직장명		부서		직위	
방문 동기	광고(매체명:)		소개 (소개인:)		

두피, 모발 상태 진단표 – 해당문항에 체크해 주십시요.

기록해주신 소중한 정보는 고객님께 보다 나은 만족을 드리기 위한 자료로만 활용합니다.

1.머리카락의 굵기는 ?

@굵고 강함 @굵고 약함 @부드럽고 강함 @부드럽고 약함

2.머리카락의 곱슬 정도는?

@직모 @반곱슬 @곱슬 @심한 곱슬

3.두피의 지방 성분과 두피 상태는?

@많다(지성) @조금 있다 (중성) @거의 없다 (건성) / (염증) (뾰로지) (가려움증) (각질,비듬 건성) (아토피, 지루성) (없다)

4.비듬과 각질 상태는

@없다 @조금 있다 @많다 @최근에 많아졌다 @최근에 적어졌다

5.일상 생활에서 땀을 흘리는 정도는?

@흘리지 않는다 @조금 흘린다 @많이 흘린다 @아주 많이 흘린다

6.탈모 유전은 어느 쪽인가?

@부계 유전 @모계 유전 @ 부.모계 유전 @관계 없음

7.탈모 치료 경험과 주기는?

@발모제 @약물 치료 @발모 기구 @기타 (매일 집에서) (일주일 한번 정도) (샵에서 정기적으로 케어 한다)

8.펌과 염색 주기는? 9.스타일링제 사용 유, 무 Yes / No

@매달 정기적이다 @2-3개월 @4-5개월 @한적 없다

10.가발 사용 경험은? 11.수면 상태 및 시간 ( )

@없다 @있다 (회사명:)

12..제품 제작 시 특별히 고려할 사항은 ? @ 특이 사항 @홈 케어 어드바이스

13.숱 빠짐 90% 이상인가? 예 아니오

14.두피 탈모가 진행중인 사람인가? 예 아니오

15.두피나 스킨 민감한 알레르기 있는 사람 (두피 염증 , 두피 과다열)

16.임신 모 태아 출산 1 년 후인 사람? 예 아니오

17.항암 치료중인 사람? 예 아니오

18.모자나 가발을 오래 사용 하신 분? 예 아니오

19.모발이 빈모인 사람 ? 예 아니오

20.헤나. 코팅 (셀룰라이드 실리콘 베이스) 하신지 1 주일 지나지 않은 모발 ? 예 아니오

상담원 메모:

담당 디자이너: 휴무:

고객님의 시술 기록표

시술 날짜	서비스 시술 종목 내용	재 시술 날짜	금액	기타

@하루 전 예약은 필 수 입니다. @시술 후 AS 기간은 10일 입니다.

@제품 상태에 따라서 AS기간은 일주일 또는 1개월 입니다. 감사합니다.

헤어 서비스 동의서

______미용실에오신 것을 환영합니다.

저희 ___________미용실은 여러 미용 서비스를 위한 미용실로써 좀 더 발전적인 헤어스타일의 서비스에 힘쓰고 있습니다.

나는________는 미용 헤어 서비스를 받기 전 고객으로써 미용실의 헤어 서비스 정책의 전 내용을 이해하고, 이에 동의 할 것을 인정 합니다.

1) 나는_______미용실에서 제공하는 헤어 서비스 시술에 대하여 스스로 참여함을 인정합니다.
2) 시술 전 나는 내가 가지고 있는 두피 질환 질병에 대하여 시술자에게 정확하게 설명해줘야 합니다.
3) 나는 ________미용실에서 제공하는 헤어 고객으로써 시술 형태에 대하여 시술 후 불만과 불평을 하지 않겠습니다.
4) 나는 헤어 서비스 시술 후 나 본인이 서비스 주의 사항에 비 협조로 인해 발생할 수 있는 부작용이나 불가항력적인 사항에 대해서는 일체 이에 대해서 불만 불평을 하지 않을 것은 본인은 _______미용실에게 책임을 묻지 않겠습니다.

고객 이름:
Signature:
미용실 대표 이름:
Signature:

Date :

KMO

이식증모술

이식증모술은 두피 건강을 최우선으로 하는 두피 성장케어를 할 수 있다. 탈모 유형별 10가지 디자인으로 제작되어 있어서 모발 이식하듯이 탈모 부위만 완벽하게 커버한다.

탈모 연령이 점점 낮아지면서 기존의 덮는 가발의 개념에서 벗어나 두피 건강과 자연스러움을 추구하는 젊은 세대를 겨냥해 개발한 신개념 맞춤 고정식 증모술이며, 초기에서 중기로 넘어가는 탈모 단계에 주로 사용하는 증모술이다. 탈모 유형별 10%에서 90%까지 탈모가 진행된 부위에 활용할 수 있다.

이식증모술의 특징은 다음과 같다.

- 모발을 밀지 않고 기존의 모발을 최대한 살려서 두피 관리와 탈모 커버가 동시에 가능한 고정식 증모술이다. (두피 성장 탈모케어)
- 붙이는 본딩식 가발은 두피나 모발을 손상시키지만, 이식증모술은 친환경 고정 공법으로 두피와 모발을 안전하게 보호할 수 있다.
- 인공 스킨, 망, 3D복제, 머신줄 등 다양한 재료를 사용하여 고객 맞춤형 탈모 커버가 가능하다.
- 고객의 탈모 유형에 따라 선택할 수 있도록 10가지 디자인으로 구성되어 있다.
- 내 머리처럼 샴푸할 수 있고, 수영, 축구, 레저스포츠 등 격렬한 운동이 가능하다.
- 다른 증모술에 비해 작업 시간이 비교적 짧고, 변화는 드라마틱하다.
- 100% 천연 인모여서 펌, 염색 가능하여 스타일링이 자유롭다.
- 평균 3주~4주에 리터치를 한다.

1. 탈모의 종류

이식증모술은 탈모 유형별 10가지 디자인으로 제작되어 있다. 이식증모술을 이해하기 위해서는 먼저 탈모증의 종류와 증상에 대해 파악하는 것이 필요하다. 탈모의 종류는 다음과 같다.

▣ 남성형 탈모증

– 남성형 탈모증의 원인은 유전 및 남성 호르몬 이상에 의해 발생한다.

– 탈모 형태에 따라 M형, O형, U형, C형으로 구분할 수 있다.

– 이마의 양쪽 부분의 모발이 없는 M형, 이마가 넓어지는 U형이 가장 대표적이다.

▣ 여성형 탈모증

– 여성형 탈모증의 원인은 습관성 다이어트, 피임약의 남용, 펌이나 염색 같은 화학적 시술, 스트레스 등이 요인으로 꼽히며, 갱년기 여성의 경우 호르몬 밸런스 불균형 등에 의해 발생한다.

– 여성형 탈모는 주로 가르마를 기준으로 모발이 얇아지면서 볼륨감이 꺼지고, 두피가 보일 정도로 듬성듬성 모발이 빠지는 경우가 많다.

▣ 원형 탈모증

– 원형 탈모증의 원인은 과도한 스트레스에 의해 발병하는 신경질환으로 발생한다.

– 동전 모양의 크기가 여러 군데 일시적으로 나타나는 현상이다.

– 치료 및 두피 관리를 통해 완치될 확률이 높다. 단 완치가 되더라도 재발하는 경우가 많다.

– 일반적인 원인은 정신적인 스트레스, 욕구불만 등으로 자율신경이 불안정하여 혈행 장애를 일으키기 때문으로 추정되며 회복기에는 흰머리가 먼저 나기 시작하면서 정상적으로 되는 경우가 많다. 원형 탈모증은 타인에게는 전염되지 않으며 고혈압, 내분비 이상, 위궤양, 당뇨병, 난소 기능 저하 시 발병하기 쉽고, 치료하기는 어렵다.

▣ 결박성 탈모증 (이상 탈모)

– 모발을 잡아당기거나 여러 가지 자극으로 모근 부에 가벼운 염증이 생기고 모유

두가 위축돼서 탈모되는 현상이다.

- 머리를 묶는 스타일을 자주 할 경우, 특히 강하게 당겨지는 상태가 지속되면 페이스라인 부위에 탈모증이 생긴다.

※ 자연 교체의 생리적 탈모 범위를 초월하여 일시적으로 탈모가 많아지거나 병적인 증상, 유전적 요소로 탈모되는 현상을 이상 탈모라고 하며 여러 가지 원인이 있다.

▣ 영양장애

- 모발이 성장하기 위해서는 주원료인 단백질(18종의 아미노산)과 비타민·미네랄 등 필수 영양소가 필요하다. 단백질은 보통의 식사를 하더라도 부족하지 않지만, 세포 내에서 효소의 일을 도와 신진대사를 증진하는 비타민·미네랄이 부족하면 탈모를 일으키는 원인이 된다.
- 다이어트를 하기 위해 저칼로리 식사를 3개월 계속하면 머리카락 굵기가 가늘어지고 통상 15%의 휴지기 모가 30% 정도 증가한다. 비만 방지를 위해서 식사를 줄이는 것이 건강상 필요할 때도 있지만 양질의 단백질은 줄이지 않도록 주의해야 한다.

▣ 내분비장애

- 두모에 가장 관계 깊은 호르몬은 성호르몬 중 여성 호르몬의 영향을 받고 있으며 체모는 남성 호르몬의 촉진 작용을 받고 있다. 이런 성호르몬의 부족과 컨트롤 장애로 인하여 탈모에 영향을 준다.

▣ 혈관장애

- 모발이 성장할 수 있도록 영양을 운반하는 역할을 하는 모세혈관은 자율신경의 영향을 받아 확대되거나 축소되는데 자율신경 조절의 이상으로 인하여 모세혈관이 축소되면 영양 보급이 약해지므로 성장기를 단축하게 하고 탈모와 연결될 수 있다. 자율신경의 불안정은 무의식적 정신 긴장, 잠재적 불안감, 긴장이 원인이며 원형 탈모증의 전형적인 예라 할 수 있다.

▣ 신경성 탈모증

– 원인으로 스트레스, 긴장 등 원형 탈모증과 비슷하나 탈모부가 한정되어 있지 않고 경계가 불분명하여 형태가 일정하지 않다. 정신적인 원인 외에 중추신경질환, 진행성 마비, 간질, 말초신경질환에 의해 탈모가 일어날 수 있다.

▣ 비강성 탈모증

– 원인은 유전적 요소, 피지의 질적 이상, 위장장애, 비타민A 부족 등으로 추정되며 쌀겨와 같은 미세한 비듬이 생기고 두피는 건조하고 광택이 없으며 모근이 가늘어진다.
– 이 탈모증의 범위는 부분적인 것도 있으나 광범위하게 생길 수도 있다. 마일드한 샴푸제를 이용하여 매일 샴푸하고 두피를 깨끗이 해야 한다.

▣ 트리코틸로 마니아

– 무의식중에 자신이 모발을 뽑아버리는 탈모로 주로 전두부, 측두부에서 볼 수 있다.
– 원형 탈모증과 구별이 안 되는 경우도 있으나 위축모가 안 보이고 단모가 보이는 것이 특징이므로 쉽게 알 수 있다. 발모벽의 원인은 우울증, 히스테리, 과도한 스트레스이므로 심리적 안정이 필요하다.

▣ 악성 탈모증

– 범발성 탈모증이라 하는데 치료가 매우 어렵다. 탈모 상태는 두발은 물론 눈썹, 속눈썹, 음모 등 모발 모두가 빠지는 특징이 있다.

2. 이식증모술 종류

이식증모술은 탈모 유형에 따라 'M자와 탑, U자, 이마와 탑, 가르마와 탑, 중간 가르마와 탑, M자와 중간 가르마와 탑, 스킨 이마와 탑, 스킨 이마와 양 가르마, 중간 가르마와 탑과 뒤통수, M자 커버' 등 총 10가지 디자인으로 구성되어 있다.

이식중모 기성제품 10가지

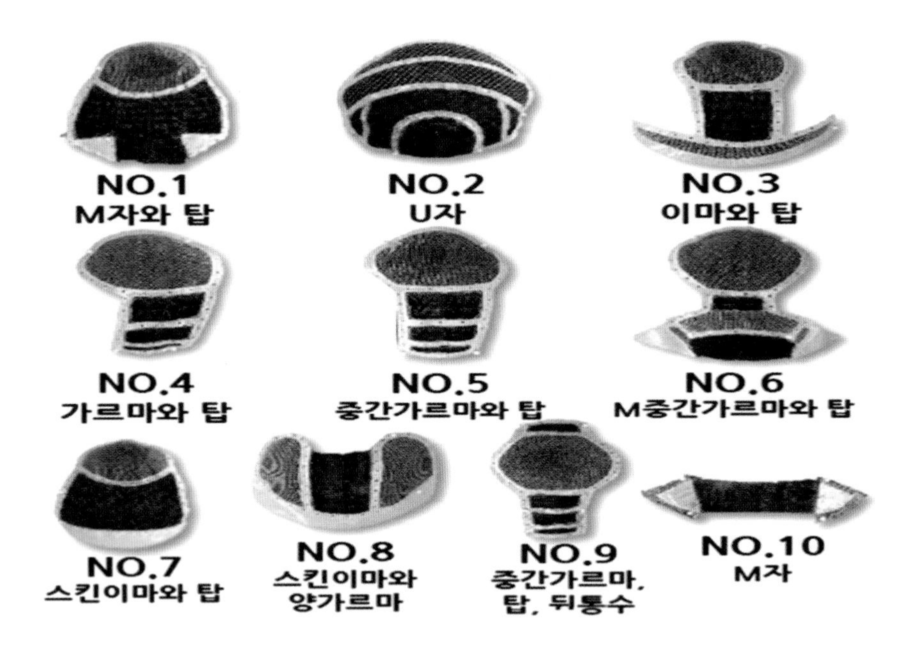

3. 이식증모술 고정 방법

이식증모술을 고정하기 전, 모든 새 제품은 가모에 유연제 처리가 되어 있기 때문에 코팅을 벗겨내기 위해서 가볍게 알칼리 샴푸로 딥클렌징을 먼저 해준 후 가봉 커트, 펌, 염색 등을 미리 준비해준다.

이식증모술을 고정하는 순서는 다음과 같다.

① 고객님의 탈모 유형에 맞는 이식증모 제품을 선택한다. 이때, 탈모가 발생한 부분의 모발은 약하기 때문에 안전하게 고정하기 위해서 고객의 탈모 부위보다 제품의 크기가 조금 더 큰 사이즈를 선택한다.

② 선택한 이식증모 제품은 처음 사용 시 모발에 물을 충분히 적셔서 타올 드라이 한다.

③ 물기를 30% 정도 남겨두고, 사방 빗질을 하여 볼륨과 방향을 잡아준다.

④ 고정하기 전 고객 두상에 살짝 얹어 스타일과 모류 방향 고려하여 고정할 위치를 잡는다.

⑤ 제품이 움직이지 않게 고정력이 있는 핀셋으로 사방 고정해준다.

⑥ 줄 사이사이 위빙으로 고객 모발을 조금씩 빼낸 후, 잘 섞이게 빗질한다.

⑦ 테두리 천공을 기준으로 모발을 위로 악어핀셋으로 고정한다.

⑧ 천공에서 고객 모를 90°로 빼낸다.

⑨ 고객 모와 가모를 모류 방향 따라 꼬리 빗질한다.

⑩ 섹션모(천공에서 빼낸 고객 모+제품의 가모+고객 모발)를 링 사이즈만큼의 모량으로 테두리 라인선 모양에 따라 일직선이 되게끔 섹션을 뜬다.

⑪ 링을 밀어 넣고, 섹션모를 두상각 90도를 유지하여 링 사이로 통과시킨다.

⑫ 펜치로 링을 잡고, 섹션모를 잡은 왼손은 두상 가까이 각도를 내린다.

⑬ 펜치를 든 오른손의 각도를 내려서 링을 두피에 밀착시켜 1차 100% 집어준다.

⑭ 링의 2/3 지점에서 한 번 더 집어주어 고정력을 높여준다.

⑮ 작업 순서는 제품을 1번~10번까지 구역을 나누고 구역마다 텐션을 다르게 하여 링(3개~5개) 작업을 한다. 링 작업을 할 때 가장 중요한 것은 수시로 모류 방향 따라 꼬리빗으로 빗질을 잘하는 것이다.

▣ 이식증모술 No. 3 (이마와 탑) 고정 방법

이식증모 3번인 '이마와 탑' 제품은 앞머리 숱이 적고 중간 가르마부터 가마까지 숱이 부족한 경우 사용하는데, 3번 이식증모술은 C.P로부터 2.5cm 띄워진 곳에 위치를 잡고 고정한다.

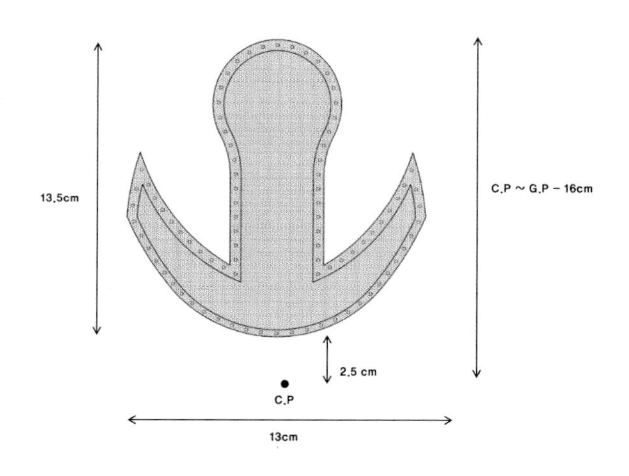

〈 이식증모술 3번 증모 고객 전후 사진 〉

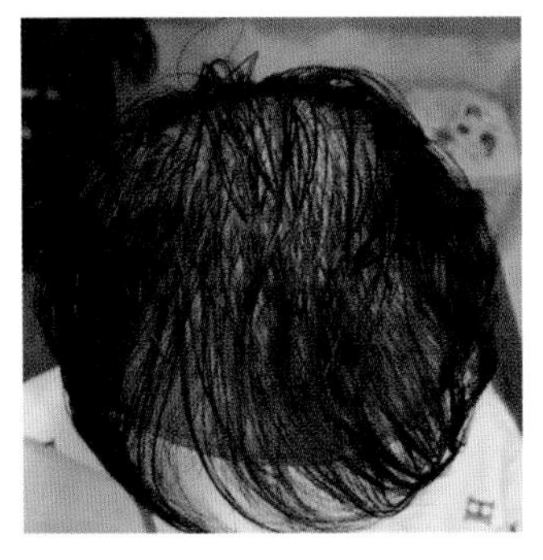

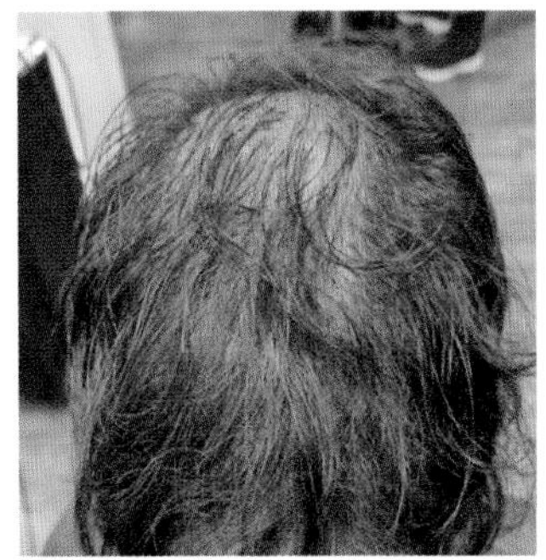

이식증모술 3번의 작업 순서는 다음과 같다.

먼저 증모 전 이식증모 모발을 모류 방향대로 충분히 빗질한다.

① 1번 무텐션으로 천공에서 모발을 90° 각도로 빼내어 섹션모 잡고 링 3개~5개 고정한다.

② 2번 20% 텐션을 잡고 천공에서 모발을 90°로 빼내어 섹션모 잡고 링 3개~5개 고정한다.

③ 3번 30% 텐션을 잡고 천공에서 모발을 90°로 빼내어 섹션모 잡고 링 3개~5개 고정한다.

④ 4번 40% 텐션을 잡고 천공에서 모발을 90°로 빼내어 섹션모 잡고 링 3개~5개 고정한다.

⑤ 5번 50% 텐션을 잡고 천공에서 모발을 90°로 빼내어 섹션모 잡고 링 3개~5개 고정한다.

⑥ 6번 60% 텐션을 잡고 천공에서 모발을 90°로 빼내어 섹션모 잡고 링 고정한다.

⑦ 7번 70% 텐션을 잡고 천공에서 모발을 90°로 빼내어 섹션모 잡고 링 고정한다.

⑧ 8번 80% 텐선을 잡고 천공에서 모발을 90°로 빼내어 섹션모 잡고 링 고정한다.

⑨ 9번 90% 텐션을 잡고 천공에서 모발을 90°로 빼내어 섹션모 잡고 링 고정한다.

⑩ 10번 100% 텐션을 잡고 천공에서 모발을 90°로 빼내어 섹셔모 잡고 링 고정한다.

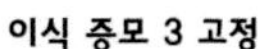

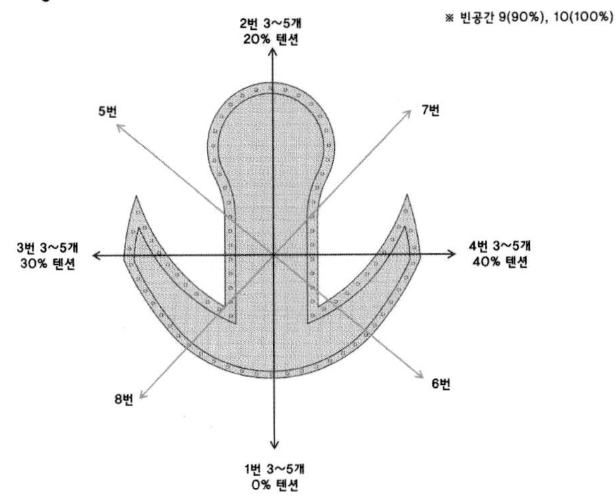

4. 이식증모술 펌

고객이 펌 스타일을 원하는 경우, 고객 모를 펌하는 시간과 이식증모 제품을 펌하는 작업 시간이 다르기 때문에 이식증모술을 고정하기 전, 이식증모 제품과 고객 모발을 각각 펌을 한 다음 고정한다.

또한 모든 새 제품은 가모에 유연제 처리가 되어 있어서 코팅을 벗겨내기 위해서 가볍게 알칼리 샴푸로 딥클렌징을 먼저 해준다.

▣ 일반펌

① 샴푸해 준비한 이식증모 제품 모발에 전처리제를 도포한다. (일반펌- LPP 사용)

② 멀티펌제(1제)를 도포한다.

③ 원하는 롯드를 선정하여 와인딩한다. 와인딩 후 비닐캡을 씌운다.

④ 자연 방치 15분~20분. 이식증모 제품의 모발은 산 처리된 모발이기 때문에 작업시간이 길어지지 않게 주의한다.

⑤ 중간 린스 후 타올 드라이한다.

⑥ 과수 중화 5분(2회)

⑦ 약산성 샴푸로 헹구고, 린스나 트리트먼트로 마무리한다.

5. 이식증모술 염색

▣ 산화제 농도별 사용 방법

1.5%	손상이 심하고 탈색된 모발에 착색. 손상이 적고 착색력이 뛰어나며 명도가 어두워질 수 있고 톤 업이 안 된다.
3%	0.5~1 level 리프트 업 가능. 톤 인 톤(Tone in Tone), 톤 온 톤(Tone on Tone), 모발 색상이 #4 level 시 #4~5 level 색상 연출
6%	1~2 level 리프트 업 가능하고 모발 색상이 #4 level 시 #5~7 level 색상 연출
9%	3~4 level 리프트 업 가능하고 밝은 명도 표현에 사용한다. 모발 색상이 #4 level 시 #7~8 level 색상 연출
탈색	5~6 level 리프트 업 가능하고 선명한 명도 표현에 사용한다.

▣ 산화제 비율별 사용 방법(염모제1제 : 산화제2제)

1:1 염모제에 맞춰 농도별 레벨을 원할 시 사용

1:2 염모제로 1~2 level 리프트 업, 건강한 모발 탈색 시 사용

1:3 안정적 탈색 또는 모발의 기염 부분 잔류색소 제거 시 사용

1:4 탈염제를 이용하여 검정 염색 입자 제거 시 사용

▣ 하이라이트

모발 손상 없이 하이라이트를 빼는 방법은 2가지가 있다.

1) 블루(1) + 화이트파우더(2) = 1:2 자연 방치(15분~20분)

2) 블루(1) + 화이트 파우더(3) + 과수 20v(6%) 1:3 = 30㎖ : 90

▣ 원색 멋내기 컬러링

– 중성 컬러 매니큐어 (원색의 원하는 컬러)

왁싱 매니큐어 산성 컬러 25분~30분

■ 헤어증모술

1. 헤어증모술의 개념

- 가발 내피에 모발을 심는 기법(낫팅)에서 착안해 고안한 스킬 방법으로 고객의 머리카락에 일반 모발을 심어서(묶기/스킬) 머리숱을 보강하는 모든 방법을 헤어증모술이라고 한다.
- 증모술은 가장 작은 단위의 가발이다.
- 헤어증모술은 두상의 모든 부위에 증모가 가능하다.

※ 모발 한 가닥이 견디는 무게감은 약 120g이다.(모발의 강도)

2. 헤어증모술을 할 수 있는 대상

- 두피가 건강한 모든 사람(두피에 문제가 없는 사람)
- 탈모가 진행 중이지만 진행이 느린 사람

3. 헤어증모술을 할 수 없는 대상

- 모발이 너무 얇거나 두피가 약한 경우(증모 시 탈모 가능성이 높아서 하지 않는 것이 좋다)
- 숱 빠짐 90% 이상 모발이 빈모인 사람
- 탈모가 급속하게 진행되고 있는 사람
- 두피가 민감한 사람
- 피부 관련 알레르기가 있는 사람
- 임신 중이거나 출산 후 1년 이내인 사람
- 항암 치료 중이거나 항암 치료 후 1년 이내인 사람
- 당뇨, 갑상샘 등 항생제를 장기 복용 중인 사람
- 일주일 이내에 헤나, 코팅(실리콘 베이스)을 받은 사람
- 가발이나 모자를 장기간 착용한 사람

4. 헤어증모술의 효과

- 정수리 가르마 숱 보강
- 원형 탈모 커버
- M자 이마 숱 보강 커버
- 흉터 커버
- 뒤통수 볼륨, 가마 커버
- 앞머리 연장
- 확산성 탈모 커버

5. 헤어증모술의 종류

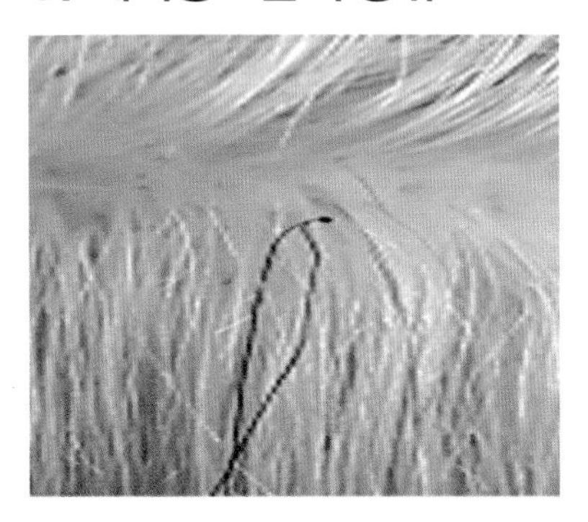

원터치 증모술은 가모의 고리에 고객 모발을 꺾어서 하는 매듭 증모술로 모량숱 빠짐 ~90% 정도에 필요한 증모술이다. 모근이 건강한 연모에도 증모하기 좋고, 원포인트 증모술 중에 가장 매듭 크기가 작은 증모술이다. 고객의 모발을 꺾는 매듭법이기 때문에, 두피에 너무 가까이 증모할 경우 모발이 뽑힐 가능성이 가장 높아서 두피에서 0.3cm~0.5cm 띄우고 증모해야 한다.

[원터치 증모술 순서]

① 고객 모발을 왼손 중지로 잡고 원터치 링크(홀) 안으로 스킬바늘을 넣어 고객 모를 빼낸다.

② 빼낸 모발을 오른손 중지로 잡고 일반 모는 왼손 엄지, 검지 / 오른손 엄지, 검지

로 따로 잡는다.

③ 세 곳의 텐션을 준 다음, 고객 모는 중앙에 놓고 힘을 뺀 다음 일반 모만 텐션을 준다.

④ 두피에서 0.3cm~0.5cm에 위치에서 텐션을 주어 0.2cm에서 완성시킨다.

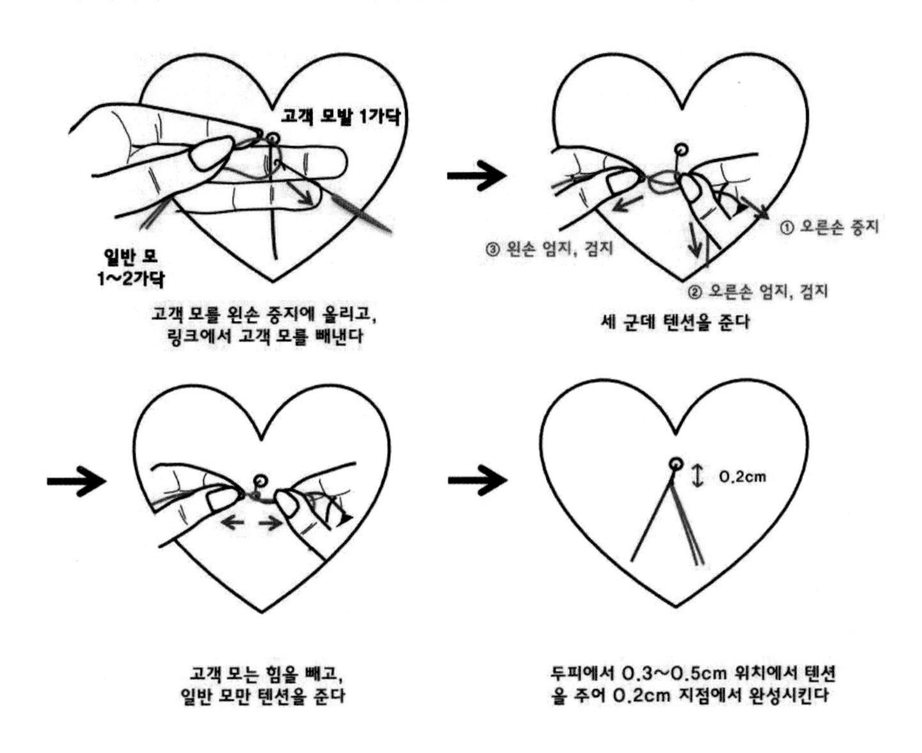

▣ 매직 다증모술

매직 다증모술은 360° 회전성과 볼륨감이 좋고 한 번에 많은 숱을 보강하는 최강의 증모술이다. 매직 다증모술은 길이에 따라 숏 다증모와 롱 다증모로 분류할 수 있는데, 숏 다증모는 짧은 머리, 롱 다증모는 긴 머리 또는 앞머리 연장을 할 때 사용한다.

〈 매직 다중모술 제품 〉

롱 다중모

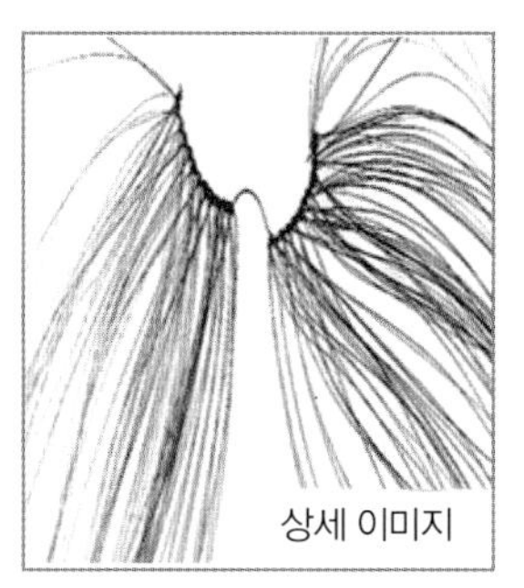
상세 이미지

숏 다중모

1) 매직 다중모술의 특징

- 3올~4올로 낫팅된 모발로 매듭이 한 올 다중모보다는 크다.
- 모량 조절이 가능하여 1개 부착 시 12가닥~180가닥의 모발 증모가 가능하다. (다중모 1매듭 120가닥~180가닥 → 평균 150가닥)
- 다중모는 뭉침 현상을 없애고, 볼륨감을 주기 위해 제품의 모발 길이 비율이 다양하다.
- 미지근한 물에 닿으면 오그라드는 특징이 있는 특수 낚싯줄을 사용해 동서남북 360° 분수 모양으로 퍼짐성이 있어서 볼륨감이 뛰어나다.
- 모발의 길이에 따라 6"~10"으로 이루어진 숏 다중모와 14"~16"으로 이루어진 롱 다중모가 있다.
- 100% 천연 인모를 사용하여 컬러, 펌, 열펌 모두 가능하여 스타일이 자유롭다.
- 증모 후 티가 나지 않는다
- 증모 후 유지 기간은 1개월~2개월이다.
- 1개 부착 시 증모 시간이 1분 내외라 전체 소요 시간이 짧다.
- 증모하는 모발의 양에 비해 서비스 비용이 부담 없어서 가성비가 뛰어나다.
- M자, 이마와 탑 사이, 탑, 가르마, 뒤통수 볼륨, 확산성 탈모, 두피 흉터 등에 증모가 가능하다.

2) 매직 다중모의 구조

- 오리지널 다중모는 120가닥~180가닥으로 약 150가닥으로 이루어져 있다.

- 총길이 2.5cm로 가운데 고정부 0.5cm 와 양쪽 매듭줄 1cm씩으로 이루어져 있다.
- 매직 다증모술의 한쪽 매듭줄 1cm에 각 10개~12개의 매듭, 한 줄에 총 20~24개의 매듭이 있다.
- 매듭 한 개당 3올~4올의 모발을 사용하며, 이 때 모발을 반으로 접어서 6가닥~10가닥의 모발을 형성한다.
- 다증모 매듭줄은 특수 낚싯줄(모노사, 폴리아아드, 나일론 재질)로 되어 있고, 줄의 두께는 0.05mm~0.12mm이다.

※ 사람 모발의 두께는 연모 0.05mm, 보통모 0.09mm, 건강모 0.12mm이다

- 매듭줄의 색깔은 살구색 또는 검은색이다.

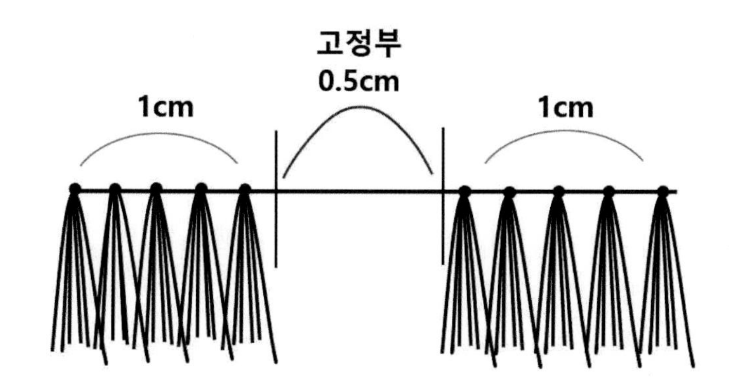

3) 매직 다증모술의 종류

링, 실리콘, 글루, 트위스트 매듭 꼬기, 스킬 바늘 사용한 스핀 2, 3, 파이브아웃, 피넛스팟등이 있다.

4) 증모술 기본 자세

증모를 할 때는 자세가 굉장히 중요하다. 자세가 틀어지면 각도가 무너지기 때문에 올바른 증모 시술이 되기 어렵고, 시술자의 몸에도 무리가 갈 수 있다.

올바른 자세는 손님의 두상 Top이 시술자의 배꼽 선상 5cm 이내(3cm ~5cm 지점)에 위치하는 것이 가장 좋다.

※ 미용실용 의자에서는 시술하기가 어렵다. 미용 의자가 높기 때문에 어깨와 팔이 자유롭

지 못해서 각도가 무너지기 쉽기 때문이다

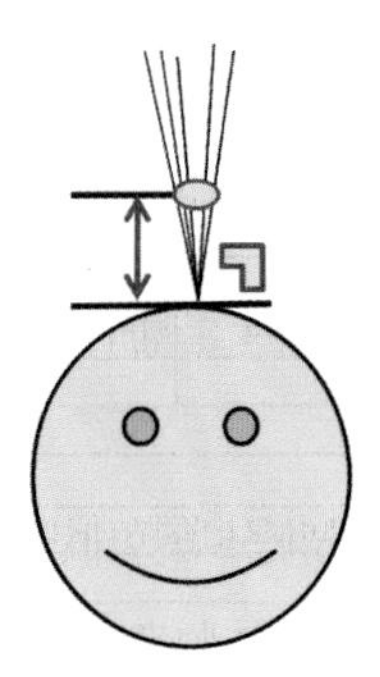

- 증모술을 할 때는 두상각으로 부터 90°를 유지해야 한다.
- 섹션을 뜰 때 한 번에 잡는 고객 모발의 양은 모발 7가닥~8가닥이다.
- 고객 두상의 위치는 시술자의 배꼽 선상 5cm 이내에 있어야 한다.
  (배꼽 선상 5cm 이내인 이유: 어깨에 힘이 들어가지 않고, 팔이 편안한 자세가 되는 위치이다)
- 증모 매듭의 위치는 두피로부터 0.3cm~ 0.5cm 내에 있어야 한다.
  (매듭이 0.3cm~ 0.5cm 아래에 위치하면 모발이 뽑힐 우려가 있고, 증모 후 아플 수 있다. 반면 증모 매듭이 두피보다 0.3cm~0.5cm 이상 위에 위치하면 볼륨감이 떨어지고 처진다.)

5) 스핀 2 (앞머리 M자 증모)

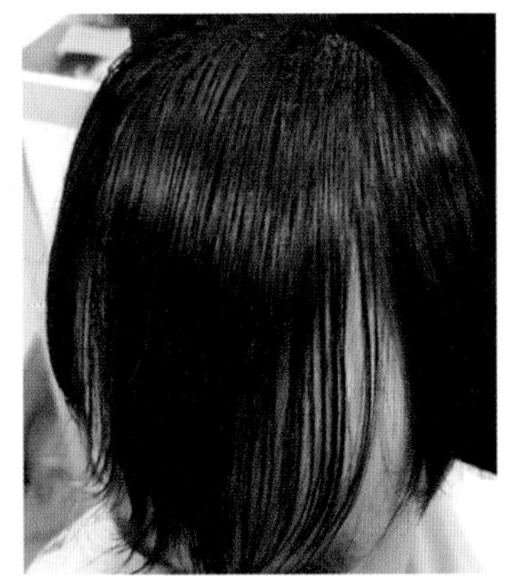

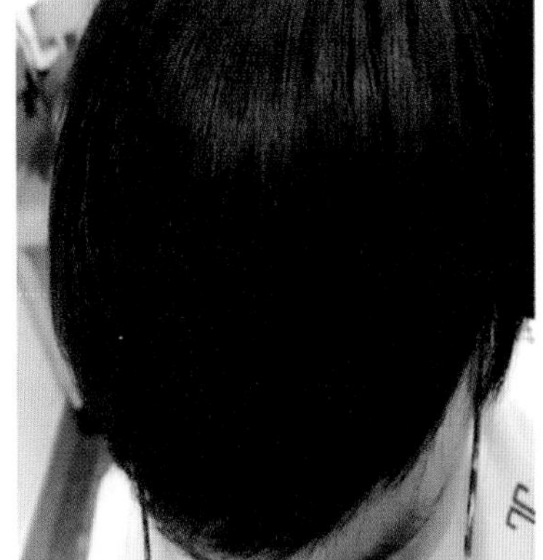

① 고객이 방문하면 상담을 한 후에 샴푸실에 가서 유분기를 없애는 딥클렌징 샴푸를 한다.

② 고객 모 7가닥~8가닥을 잡은 다음 하트 패널을 10시~11시 방향에 놓는다. 핀컬핀으로 잔머리가 들어오지 않게 하트 패널의 벌어진 부분을 닫고, ㄴ자가 되도록 핀컬핀을 꽂는다. 혹시 잔머리가 딸려 왔을 경우 패널의 벌어진 부분을 살짝 열어 빼낸다.

③ 고객님 모발도 충분한 수분이 있는 상태로 만들고, 다증모도 충분히 수분을 준 후 스킬을 걸 고정부에 잔머리나 다증모 모발이 딸려 오지 않게 엄지와 검지를 이용해 양쪽을 깨끗하게 정리한다.

④ 다증모를 엄지 검지와 중지 약지 사이에 두고 OK 모양이 되도록 잡는다.

⑤ 스킬 바늘을 고정부 오른쪽 바깥쪽에 두고 오른손 검지로 누른 후 2바퀴를 감아준다. 고정부 중간에 올 수 있도록 조절한다.

⑥ 오른손 새끼손가락으로 고객 모를 잡아서 왼손 검지 첫째 마디에 놓고 엄지로 잡는다. 이때 각도가 두상 각의 90°가 되도록 한다. 다증모는 중지로 따로 잡아준다.

⑦ 스킬 바늘을 고객 모에 거는데 이때 양손을 두상에 밀착시키고, 일직선이 되게 한다. 고객 모를 스킬 바늘에 걸고, 스킬 바늘을 두피에 밀착시킨 후에 세운 다음, 왼손이 좌측으로 이동 후, 고객의 모발은 텐션을, 다증모는 힘을 뺀 후 다증모를 오른손 검지로 밀어낸다. 밀어내는 순간 고객의 모발과 다증모를 같이 힘을 준다.

⑧ 고객 모발을 0.3cm~0.5cm 뺀 후 스킬 바늘을 시계 방향 위쪽으로 2바퀴를 돌려준다.

⑨ 돌려준 후 왼손 검지로 중심부를 누르고 스킬 바늘을 좌측 위로 향하게 한다.

⑩ 고객의 모발을 스킬 바늘에 건 다음 오른쪽으로 나온 후 스킬 바늘을 중심부로 옮겨 텐션을 준다. 이때 텐션-매듭, 텐션-매듭 총 2번을 해준다.

⑪ 증모한 모발을 반으로 나눠서 마무리 텐션을 준다.

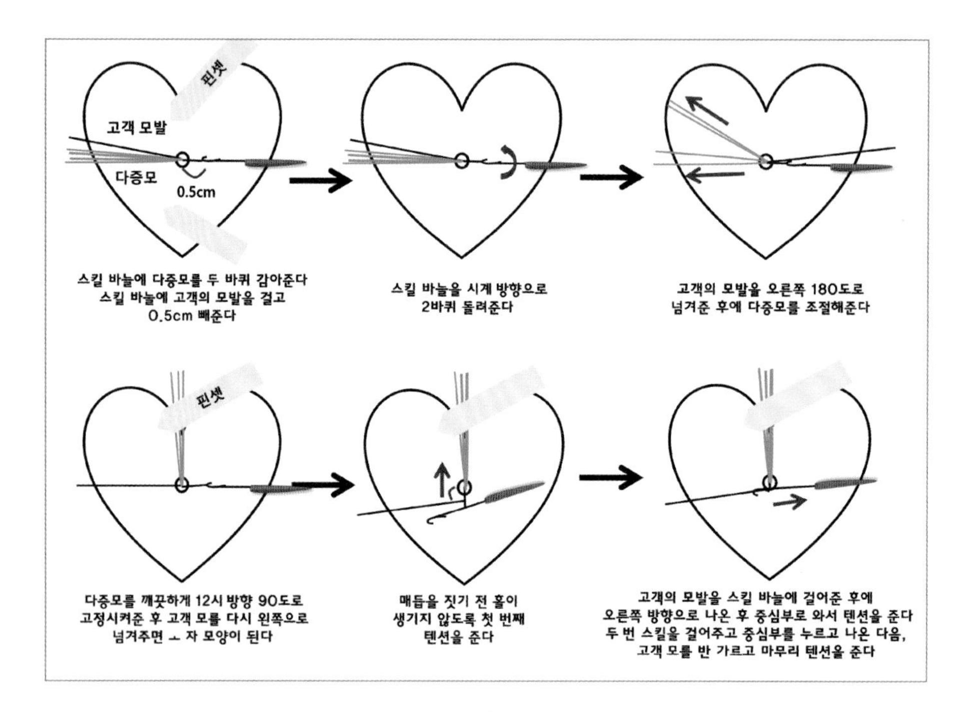

참고)

증모 재료 비교

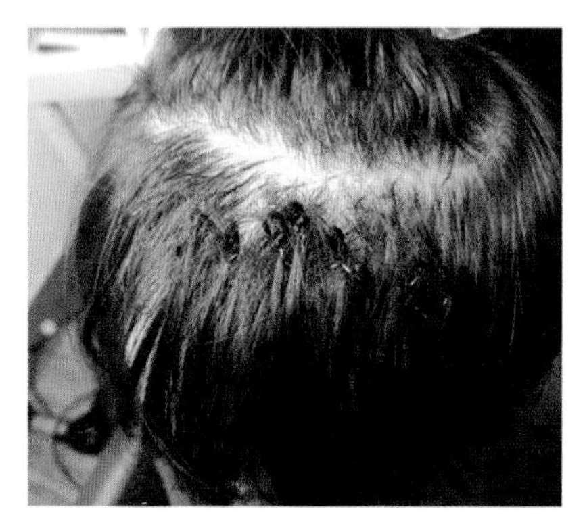

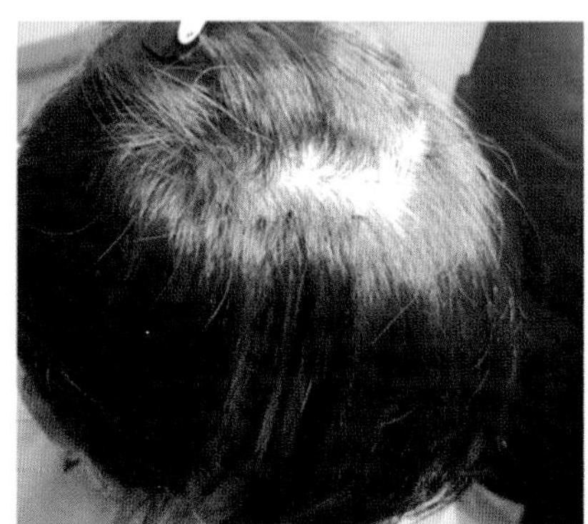

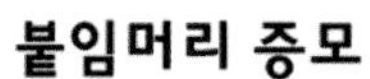

붙임머리 증모

다증모

증모술을 할 때는 매듭이 티가 나지 않고 자연스럽게 숱을 보강하면서 고객의 모발과 두피에 부담을 주지 않는 증모 기법을 선택하는 것이 중요하다.

6) 증모 후 관리 방법

① 증모 후 샴푸를 할 때는 건조한 상태의 증모 부위에 먼저 트리트먼트나 린스 등을 발라서 풀어준 다음 약산성 샴푸제를 사용한다.

② 샴푸를 양 손바닥에 골고루 묻히고, 손가락 지문 쪽을 사용해 두피와 모근 부분을 마사지하듯 샴푸하고, 샴푸 거품이 묻은 모발은 비비지 않고 한 방향으로 손으로 빗질하듯이 샴푸해준다.

③ 미지근한 물로 깨끗이 헹군 다음 트리트먼트나 린스를 한 다음 마무리한다. 이때 필요에 따라 한 방향으로 살살 빗질해준다.

④ 헹군 후 타올로 비비지 않고 톡톡 두들겨 물기를 제거한 후 젖은 상태에서 가발 유연제를 뿌리고 오일에센스를 발라준다.

⑤ 찬 바람으로 두피 위주로 말린 후 필요시 따뜻한 바람으로 스타일링한다.

※ 만약 모발이 많이 엉켰거나 손상된 상태인 경우, 증모 부위에 트리트먼트나 유연제 등을 뿌려서 풀어준 다음 샴푸해야 한다.

[관리 시 주의할 점]

- 타올 드라이할 때 증모 부위를 수건으로 비비듯이 말리면 증모한 모발의 큐티클이 역방향이기 때문에 머리카락이 엉킬 가능성이 높고, 매듭 부위가 망가질 수 있기 때문에 주의한다.
- 모발이 엉켰을 경우, 엉킨 부위에 컨디셔너(린스)나 헤어오일을 도포한 다음 뿌리 쪽의 다증모 매듭점을 눌러 잡고, 다른 손으로 엉킨 모발 끝부분부터 꼬리빗으로 빗질해 살살 풀어준다. 이때 엉킨 부분을 풀어주지 않고, 바로 빗질을 하는 경우 모발의 큐티클이 손상되므로 주의해야 한다.
- 모발이 심하게 엉켰으면 증모 부위에 가발 유연제를 뿌려서 모발 끝부분부터 살살 풀어준다.
- 드라이기를 사용할 때는 반드시 찬 바람을 주로 사용하도록 한다.

– 빗질, 롤 브러시 등을 사용할 때는 증모한 뿌리 쪽 매듭 부분은 조심하고, 롤브러시보다는 헤어롤을 사용하는 것이 좋다.
– 펌, 염색제 사용 시 약품으로 인한 모발 손상을 주의해야 한다.
– 증모의 머릿결 보호를 위해 단백질 제품(가발 유연제, 오일에센스 등) 사용을 권한다.
– 드라이로 스타일할 경우, 일반 롤브러시는 증모부위가 뜯길 가능성이 있으므로, 열전도율이 있는 가시가 짧은 롤브러시를 사용하는 것이 다.

■ 증모연장술

앞머리 연장술을 할 때는 다증모 재료나 일반 모 재료를 사용해 증모할 수 있다. 일반 모 재료를 사용해 앞머리 연장술을 할 때는 더블 스킬 기법을 활용하고, 다증모 재료를 사용해 앞머리 연장술을 할 경우, 1올 롱 다증모, 3올 롱 다증모를 사용해 스핀 2 기법으로 증모한다.

▣ 더블 스킬

일반 모를 사용해 더블 스킬할 때는 다음 순서로 진행한다.

① 고객 모발 3가닥~7가닥(일반 모 3가닥~7가닥)을 섹션을 뜬다.
② 5cm 지점에 일반 모발을 반 접어서 고객 모발 위로 올려서 잡는다.
③ 스킬 바늘을 하늘을 보게 하고, 고객 모와 일반 모 밑에서 함께 걸어 잡는다.
④ 한글 'ㅗ' 자가 되게 잡아준 후 시계 방향으로 한 바퀴 돌려준다.
⑤ 위로 올라가면서 네 번 돌려준다.
⑥ 'ㄱ' 자로 꺾으면서 한 번, 내려오면서 세 번 돌려준다. (총 9회 스핀)
⑦ 왼손에 잡고 있는 고객 모발과 일반 모발을 위에서 아래로 한 번 스킬에 걸어준다.
⑧ 위와 아래를 마주 잡고 마무리 텐션을 준다.

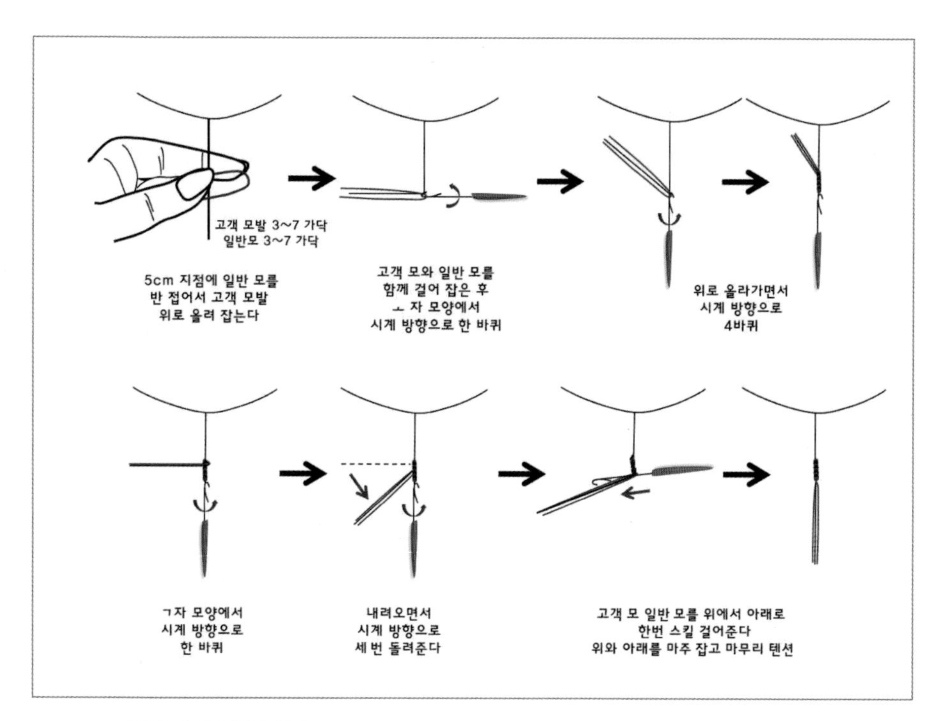

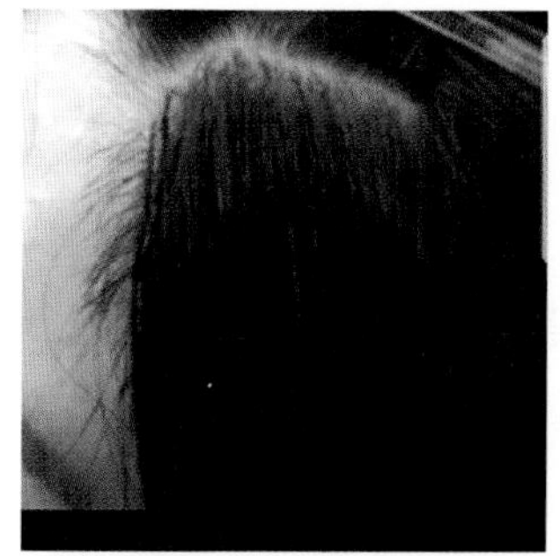

▣ 스핀 2

롱 다중모를 사용할 때는 매듭 크기가 작은 스핀 2 기법이 적합하다.

① 고객이 방문하면 상담을 한 후에 샴푸실에 가서 유분기를 없애는 딥클렌징 샴푸를 한다.

② 고객 모 7가닥~8가닥을 잡은 다음 하트 패널을 10시~11시 방향에 놓는다. 핀컬핀으로 잔머리가 들어오지 않게 하트 패널의 벌어진 부분을 닫고, 'ㄴ' 자가 되도록 핀컬핀을 꽂는다. 혹시 잔머리가 딸려 왔을 경우 패널의 벌어진 부분을 살짝 열어 빼낸다.

③ 고객님 모발도 충분한 수분이 있는 상태로 만들고, 다증모도 충분히 수분을 준 후 스킬을 걸 고정부에 잔머리나 다증모 모발이 딸려 오지 않게 엄지와 검지를 이용해 양쪽을 깨끗하게 정리한다.

④ 다증모를 엄지 검지와 중지 약지 사이에 두고 OK 모양이 되도록 잡는다.

⑤ 스킬 바늘을 고정부 오른쪽 바깥쪽에 두고 오른손 검지로 누른 후 2바퀴를 감아준다. 고정부 중간에 올 수 있도록 조절한다.

⑥ 오른손 새끼손가락으로 고객 모를 잡아서 왼손 검지 첫째 마디에 놓고 엄지로 잡는다. 이때 각도가 두상 각의 90°가 되도록 한다. 다증모는 중지로 따로 잡아준다.

⑦ 스킬 바늘을 고객 모에 거는데 이때 양손을 두상에 밀착시키고, 일직선이 되게 한다. 고객 모를 스킬 바늘에 걸고, 스킬 바늘을 두피에 밀착시킨 후에 세운 다음, 왼손이 좌측으로 이동 후, 고객의 모발은 텐션을, 다증모는 힘을 뺀 후 다증모를 오른손 검지로 밀어낸다. 밀어내는 순간 고객의 모발과 다증모를 같이 힘을 준다.

⑧ 고객 모발을 0.3cm~0.5cm 뺀 후 스킬 바늘을 시계 방향 위쪽으로 2바퀴를 돌려준다.

⑨ 돌려준 후 왼손 검지로 중심부를 누르고 스킬 바늘을 좌측 위로 향하게 한다.

⑩ 고객의 모발을 스킬 바늘에 건 다음 오른쪽으로 나온 후 스킬 바늘을 중심부로 옮겨 텐션을 준다. 이때 텐션-매듭, 텐션-매듭 총 2번을 해준다.

⑪ 증모한 모발을 반으로 나눠서 마무리 텐션을 준다.

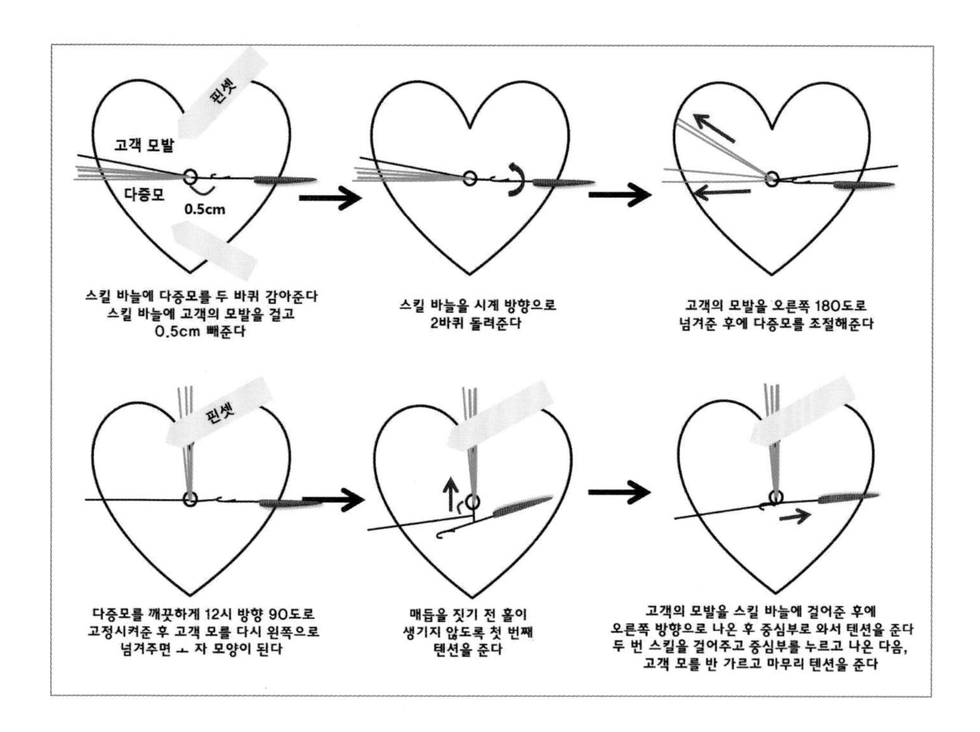

■ 붙임머리

붙임머리(Hair Extension)는 두피와 가까운 머리카락 부분에 길이가 긴 다른 가발 피스를 붙이거나 땋기를 하여 머리카락의 길이가 늘어난 것처럼 보이게 해주고, 숱을 풍성하게 만들어주는 기법이다.

고객이 붙임머리를 원하는 목적은 다음과 같다.

- 짧은 머리를 길게 하고자 할 때
- 잘못 커트해서 긴 머리를 복구하고자 할 때
- 숱이 없어서 풍성하게 숱 보강을 하기 위해
- 염색, 탈색 시술로 머리를 손상시키지 않고 멋을 내고 싶을 때
- 잦은 염색이나 탈색으로 모발이 끊어져서 머리 스타일이 나지 않을 때
- 항암 치료 끝난 후 모발이 조금 자랐을 때 스타일 내기 위해
- 머리 기르기가 힘드신 분
- 헤어스타일 변화를 주고 싶을 때

1. 붙임머리용 모발

붙임머리를 할 때 사용하는 모발은 인모, 혼합모, 합성모(고열사모)로 구분할 수 있다. 각자의 특징은 다음과 같다.

▣ 인모

인모는 가격이 다른 합성모나 혼합모에 비해 비싸고 장기간 착용하면 모발이 까칠까칠하고 부스스해진다. (큐티클 방향 역방향) 단, 펌, 염색이 자유롭고 스타일링이 자유롭고 붙임머리를 했을 때 내 모발과 같이 자연스럽다는 장점이 있다.

▣ 혼합모

혼합모는 인모와 합성모를 섞어서 만든 모발로서 인모보다 가격이 저렴하다. 인모와 유사하나 인모만큼 자연스럽지 못하고, 펌, 염색이 원하는 컬이나 컬러로 나오지 않으며, 인모인 부분만 컬, 염색된다는 특징이 있다.

▣ 합성모 (고열사모)

합성모(고열사)는 가격이 저렴하다는 장점이 있단, 단, 인모와 다르게 빛이 나서 부자연스럽고, 염색, 펌 등이 불가하다. 또한 드라이 외에 스타일링이 어렵고, 엉킴 현상이 생기면 사용할 수 없다.

2. 붙임머리 도해도

보통 붙임머리를 할 때는 바람이 불었을 때 묶은 매듭이 보이지 않게 하려고 헤어라인과 네이프 부분은 1.5cm에서 2cm 띄우고 시작한다.

또한 사이드 부위는 3단~4단 정도 붙임머리를 하는데, 4단을 할 때는 첫째 단과 넷째 단은 촘촘히 달고 가운데는 조금 느슨히 지그재그로 달아야 무게감도 적고, 자연스럽다.

뒤통수 쪽은 주로 4단~6단 정도 하는데 고객의 모발 길이에 따라 조절하면 된다.

단과 단 사이는 2cm~3cm 정도로 나눈다.
붙임머리를 위해 섹션을 뜰 때는 붙임머리 기법에 따라 섹션의 크기가 달라지는데, 스킬 바늘을 사용해 붙임머리할 경우 가로 0.7cm, 세로 0.5cm 정도로 섹션을 뜨고, 손으로 땋는 기법일 경우에는 가로 1cm, 세로 0.7cm 정도로 섹션을 뜨는 것이 적당하다. 이때, 섹션의 모양은 U자 모양 또는 V자 모양 중 시술자가 선택할 수 있다.

섹션간 간격도 붙임머리 기법에 따라 달라지는데, 스킬 바늘을 사용해 붙임머리를 할 때 스킬은 0.7cm 간격을 두고 진행해야 하고, 손으로 땋는 기법을 할 때는 간격을 띄우지 않고 땋기를 한다.
단, 단과 단 사이는 기법과 관계 없이 벽돌 쌓기 방식으로 아랫단과 겹치지 않게 섹션을 떠야 고객의 두피에 무리가 가지 않고 이질감이 적다.

네이프 두 단 정도의 간격과 맨 윗단의 간격은 촘촘히 붙임머리하고, 중간 부분은 간격을 중간중간 1.5cm씩 띄워 들어가도 무방하다. 이렇게 하면 원재료는 절감되고, 고객이 느끼는 무게감도 가벼워진다.
모든 부위의 각도는 15°로 한다. 붙임머리를 할 때는 이 각도가 매우 중요하다.

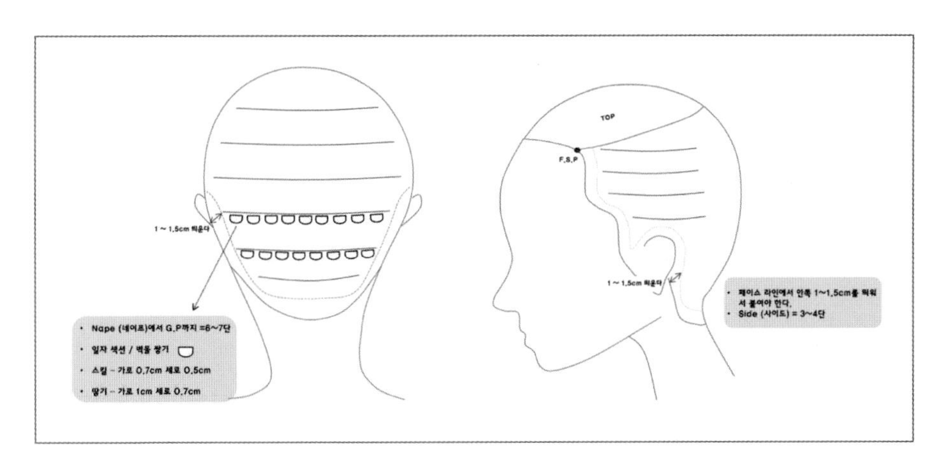

3. 고무줄 묶는 방법

모든 붙임머리 작업 후 고정 부위를 더욱 단단하게 하도록 매듭을 고무줄로 묶어주는 것이 좋다.

[고무줄 묶는 순서]

① 왼손 엄지와 검지로 매듭 밑을 잡아, 꾹 누르고, 중지, 약지, 새끼 손가락을 사용해 고객 모와 붙임머리를 감싼다.

② 왼손 약지와 새끼손가락을 펴서 고무줄을 잡고, 고무줄을 위로 당겨 왼손 엄지와 검지로 고무줄을 잡는다.

③ 왼손 엄지, 검지 위로 나온 고무줄을 오른손 엄지와 검지로 잡아, 왼쪽으로 넘겨준다.

④ 왼쪽으로 넘긴 고무줄을 왼손 중지로 눌러 잡고, 왼손을 오른쪽으로(시계 반대 방향으로) 돌리면 고무줄이 따라온다.

⑤ ③과 ④동작을 4회~5회 정도 반복하여 고무줄을 단단하게 감아준다.

⑥ 감아진 위쪽 고무줄은 오른손 엄지와 검지로 잡아당기고, 밑에 고무줄은 중지로 감아 텐션을 주어 당겨준다.

⑦ 오른손을 내 몸쪽으로(시계 반대 방향으로) 엎은 다음 고무줄 사이로 왼손 엄지와 검지를 넣어 오른손을 원위치로 돌려준다.

⑧ 오른손 엄지, 검지로 잡은 고무줄을 왼손 엄지와 검지로 잡아당겨 묶어준다.

⑨ ⑥~⑧ 동작을 3번 반복해서 고무줄을 단단히 묶어준다.

⑩ 남은 고무줄을 0.5cm 정도 남기고 자른다. 이때 너무 짧게 자르면 고무줄이 풀어질 수 있으니 주의한다.

4. 붙임머리 기법

지금부터는 스킬 바늘을 활용한 붙임머리 기법부터 손으로 땋는 붙임머리 기법까지 하나씩 순서를 알아본다.

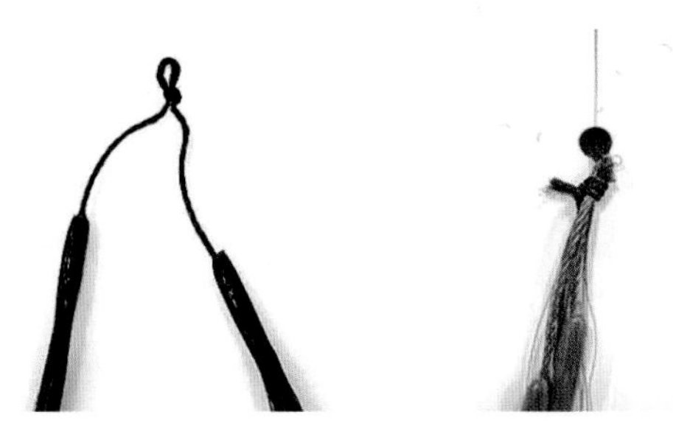

▣ 원 스핀 스킬법

[매듭만드는 방법]

팁을 왼손 엄지 검지 중지 약지로 잡고 스킬 바늘 뚜껑을 위로 향하게 하고 스킬 바늘 위에 있는 팁을 오른손 검지로 누른 후 한 바퀴 같이 돌려서 뚜껑 열고 엄지 검지에 있는 팁을 스킬 바늘에 넣고 그대로 빼준다.

[작업 순서]

① 섹션은 가로 0.7cm, 세로 0.5cm를 U자로 뜨고, 하트 패널로 고정한다.
② 왼손 엄지, 검지로 고객 모를 잡고, 나머지 손가락으로 고객 모와 붙임머리 모발을 함께 잡고 스킬 바늘에 고객 모를 건다.
③ 스킬 바늘 뚜껑 닫고 일자가 된 상태에서 스킬 바늘을 0.5cm 정도 빼준다.
④ 시계 방향으로 한 바퀴 돌린 후, 고객 모는 잡고, 붙임머리는 놓은 상태에서 왼손 검지로 중심부를 누른 후 스킬 바늘을 전진한다.
⑤ 고객 모만 위에서 아래로(고객 모를 그대로 올려) 스킬 바늘에 걸고 빼낸다.
⑥ 빼낸 고객 모와 팁 모두 텐션을 잡아준다.
⑦ 매듭 바로 밑에 고무 밴딩을 손목 텐션을 이용해서 3회~4회 정도 돌린 후 매듭 묶음 처리한다.

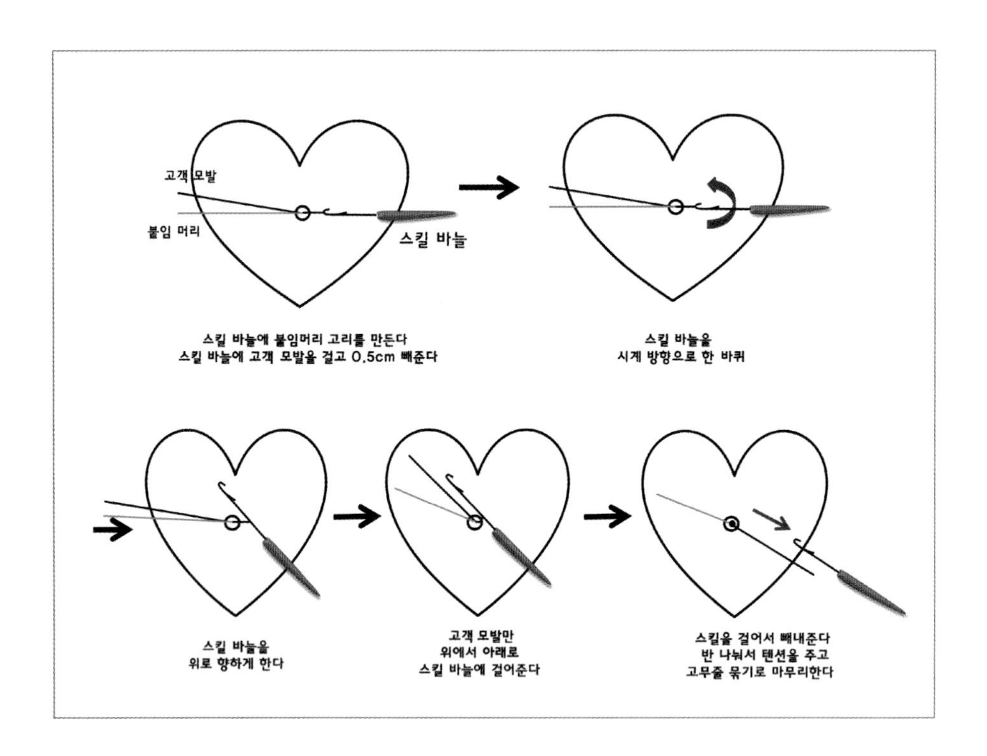

▣ 트위스트 (두 가닥 땋기)

[작업 순서]

① 섹션은 가로 1cm 세로 0.7cm로 뜨고 고객 모를 사선으로 나눈다.

② 고객 모를 왼손은 엄지 검지, 중지 약지로 잡고, 익스텐션은 오른손 중지 약지에 한쪽을 잡고, 나머지 한쪽은 왼손 중지 위에 올린다.

③ 오른손 엄지 검지로 왼손 중지 약지에 있던 고객 모발을 잡아 오고, 오른손 중지로 왼손 엄지 검지에 있던 고객 모를 반대쪽으로 보내 당겨 잡는다.

④ 고객 모와 팁을 X자로 교차시켜 당겨주면서 크로스를 만들어준다. 뿌리를 바짝

당겨주면 크로스가 완성된다.

⑤ 팁 X자로 교차시켜 양쪽으로 잡은 후 오른손 엄지로 중심부를 살짝 누른다.

⑥ 왼손 엄지 검지로 고객 모와 팁을 함께 잡고 꼬아준다. (엄지 검지로 꼬고, 중지 약지로 잡는 방법)

⑦ 왼쪽 꼬기가 다 되면 왼손 엄지로 중심부를 누른 후, 오른쪽도 마찬가지로 꼬아준다.

⑧ 양쪽 모두 딴딴하게 잘 꼬아졌으면 오른쪽 팁이 왼쪽으로, 왼쪽 팁이 오른쪽으로 오게 하여 두 가닥을 교차시켜가며 꽈배기 꼬듯이 3회~4회 꼬아 두 가닥 땋기를 한다.

⑨ 마지막으로 고무 밴딩 처리를 해준다.

※ 슬림 땋기는 트위스트 땋기보다 얇게 하는 방법으로, 섹션 가로 0.7cm 세로 0.5cm 모량 작게 잡는다.

모발이 얇거나 숱이 없으신 분, 두상이 커 보이지 않게 하고 싶으신 분에게 주로 사용한다.

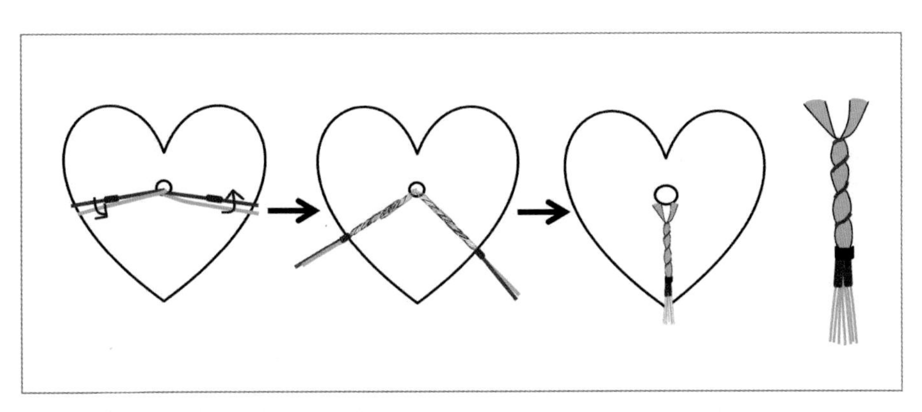

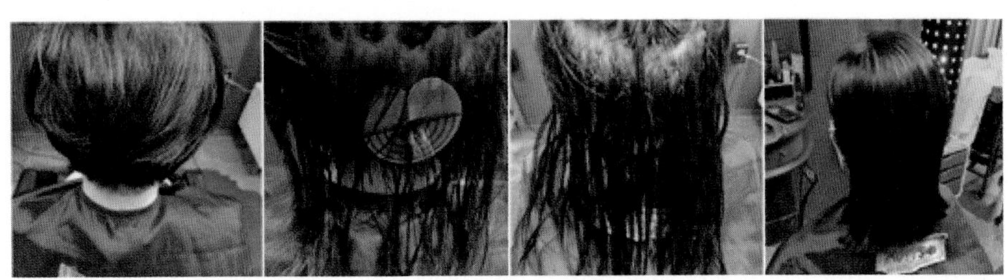

5. 붙임머리 후 관리 방법

1) 빗질

빗질할 때 굵은 쿠션 브러시로 머리카락 끝 부분부터 차츰차츰 위로 올라가면서 빗질한다.

두피 부분을 잡고 모발만 빗질해주면 두피도 자극이 없고, 붙임머리 고정부가 빠지거나 팁 부분이 빗에 걸리는 것을 방지할 수 있다.

2) 샴푸

- 붙임머리를 하면 끝부분이 가장 엉키기가 쉽다. 따라서 샴푸를 하기 전에 모발 끝부분을 미리 빗질한 다음 트리트먼트를 도포하고, 두피 쪽은 스켈프 샴푸한다.
- 붙임머리용 샴푸로는 손상모용 샴푸나 세정력이 강하지 않은 모이스처한 종류의 약산성 샴푸를 사용하는 것이 좋다.
- 샴푸를 할 때는 머리카락이 엉키는 것을 방지하기 위해서 선 자세로 머리를 감고, 모발의 위쪽에서 아래쪽으로 물을 적시는 것이 좋다.
- 공병에 샴푸와 물을 넣어 섞은 후 두피 사이사이에 거품을 도포해 두피 마사지를 해준다. 만약 공병이 없다면 손바닥에 샴푸를 덜어 거품을 충분히 내준 다음 모발보다는 두피 쪽을 깨끗하게 씻어준다.

3) 샴푸 후 관리

붙임머리용 모발은 보습을 충분히 해줘야 오래도록 좋은 결을 유지할 수 있다.

따라서 샴푸 후에는 린스나 트리트먼트를 사용해주는데, 이때 보습성이 좋은 트리트먼트를 모발에 충분히 도포한 다음 2분~3분 정도 방치한다. 기다리는 동안 모발 끝부분을 빗질해서 결을 정리해주면 말릴 때 빨리 마르고 드라이 시 엉킴이 훨씬 덜하다.

단, 두피에는 트리트먼트가 닿지 않게 조심하고, 트리트먼트를 헹굴 때 모발을 세게 문지르면 코팅이 벗겨져서 머릿결이 손상되기 때문에 결 방향에 따라 부드럽게 헹궈준다.
두피는 꼼꼼하게 모발은 부드럽게 헹궈준 다음에는 보습을 위해 오일에센스나 가발 유연제 발라 마무리한다.

4) 드라이

타올 드라이를 한 뒤 에센스나 유연제를 바르고 모발 끝부분부터 말려주면서 두피 쪽은 찬 바람으로 꼼꼼히 말려주는 것이 좋다. 붙임머리 피스는 뭉쳐 있어서 말리는 시간이 오래 걸린다. 철 쿠션 브러시로 위에서 아래로 빗질하면서 말려주면 빠르게 마른다.

5) 취침 시 관리

취침 시 뒤척거리다가 붙임머리한 모발이 엉킬 수 있기 때문에 자기 전 모발을 양 갈래로 느슨하게 땋아 묶고 자면 아침에 자연스러운 웨이브를 연출할 수도 있고 엉키지도 않는다. 샴푸 후에는 반드시 말린 후 잠자리에 들게 한다.

6) 리터치

붙임머리용 제품은 두 달에서 석 달에 한 번은 교체해야 한다.
리터치 기간이 넘어가면 모발의 엉킴 현상이 생기고 매듭이 보여 표가 많이 난다.
또한 고객 모발이 자라면서 붙임머리 고정부가 내려와 샴푸 시 손가락에 걸림 현상이 심해져 견인성 탈모가 생길 수 있으므로 기간을 넘기지 않고 리터치 받는 게 좋다.

■ 숱 보강 증모피스

1. 숱 보강 증모피스의 구조와 특징

- 숱 보강용 멀티 매직 피스는 두피 성장케어의 목적을 가진 피스이다.
- 방향성이 없어 360° 퍼짐성과 높은 볼륨감으로 스타일이 자유롭다.
- 두상의 한 곳에만 착용하는 것이 아니라 어느 부위에도 활용할 수 있다.

- 모류 방향이 동서남북으로 자유로워서 바람이 불어도 전혀 티가 나지 않는다.
- 비를 맞아도 가볍고 통풍이 잘 돼서 고객의 모발보다 빨리 드라이 되고, 헤어스타일 유지에 한층 자연스러움을 준다.

1) 망클립의 특징

- 클립과 망사가 하나의 '일체형'으로 만들어 클립 사용 후 바람이 불어 망사 따로, 클립 따로 보이는 단점을 보완했다.
- 착용 시 두피에 밀착이 되어서 전혀 클립 티가 나지 않는다.
- 클립이 파손되거나 손상되더라도, 포장된 망사가 한 번 더 보호해주는 역할을 해서 두피 손상을 최소화할 수 있다. 또한 부러진 클립을 빼내고 새로운 클립으로 교체할 수 있어 당일 클립 A/S가 가능하다.

2) 모발 비율의 특징

- 모발 길이가 6"~10"로 혼합 비율을 골고루 하여 뿌리 쪽에는 숱이 많고 모발 끝으로 갈수록 숱이 적어 뿌리 쪽은 받쳐주는 힘이 많고, 끝으로 갈수록 가벼우면서 볼륨이 많아지고, 헤어 스타일이 360° 자유로워진다.
- 모발 길이 비율로 인해 고객 모발과 뭉치지 않고 자연스럽게 일체감을 준다는 것이 특징이다.

3) 내피 없는 머신줄의 특징

- 머신줄의 단의 개수에 따라 숱 보강할 모발의 양이 많아지거나 적어진다.
- 줄 끊어짐의 A/S를 별도로 할 수 있다.
- 줄과 줄 (단과 단) 사이로 고객의 모발을 밖으로 빼내어 가모와 고객 모가 믹스 혼

합하여 바람이 불어도 함께 움직여 일체형으로 보이기 때문에 전혀 헤어피스의 티가 나지 않는 장점이 있다.

– 망사 클립과 마찬가지로 줄이 끊어지면 줄 끊어짐 A/S가 가능하고, 숱 추가를 원할 시에는 머신줄을 추가하는 수선이 가능하다.

2. 숱 보강 증모피스의 종류

탈모 부위별 사이즈에 따라 종류는 6cm 6단(스퀘어), 6cm 8단, 8cm 8단, 8cm 10단 등 총 4가지가 있다.

- 6cm 6단 – 스퀘어피스로 양쪽 클립 바깥쪽에 낫팅이 되어 있지 않아서 옆이 볼록 튀어나올 일이 없다. 이마뱅, 사이드 볼륨, 탑에 주로 사용한다.
- 6cm 8단 – 6cm 정도의 빈 공간에 숱을 보강하고자 할 때 사용하며 가르마, 이마라인, 이마와 탑 중간, 탑, 뒤통수 볼륨을 주고자 할 때 주로 사용한다.
- 8cm 8단 – 8cm 정도의 빈 공간에 숱을 보강하고자 할 때 사용하며, 가르마, 이마라인, 이마와 탑 중간, 뒤통수 볼륨을 주고자 할 때 주로 사용한다.
- 8cm 10단 – 가르마커버, 이마라인과 M자, 이마와 탑 중간, 탑 뒤통수 볼륨용으로 주로 사용하고, 가르마와 탑을 한 번에 해결하고자 할 때도 사용한다.

3. 숱 보강 증모피스 착용 방법

① 클립 한쪽을 부착할 부위 섹션은 지그재그로 나눠준다. 앞쪽 섹션 위로 0.5cm 걸고 섹션 반대편의 0.5cm 당기면서 앞뒤 모발이 맞물리도록 고정해야 단단하게 고정이 된다.

② 남은 클립을 착용할 방향인 가고자 하는 방향으로 고객의 모발 방향을 빗질해준다.

③ 남은 클립 끝 쪽의 모발을 잡고 두피에 밀착시킨 후에 모발을 빼내준다.
(이때 클립을 잡지 않고 끝 쪽의 모발을 잡는 이유는 잡고 있는 검지로 인해 두피에서 중간이 뜨는 현상이 생겨 각도가 생기기 때문이다)

④ 피스 줄 사이로 모발을 빼내 고객 모와 잘 섞어 정리한 후 남은 클립을 고정할

부위에 지그재그 섹션을 떠서 클립을 단단히 고정한다.

※ 증모피스를 착용할 부위에 섹션을 나눌 때는 왼손 검지와 중지로 사이를 벌리면 클립을 꽂을 때 쉽다.

▶ 상세 1) 증모피스 줄 사이로 고객 모발 빼는 방법

① 피스 줄 사이로 고객의 모발을 꼬리빗 끝을 사용해 조금씩 빼낸다.

② 꼬리빗을 90°로 세워서 줄 사이에 넣고 45°에서 15°로 눕히면서 반대쪽으로 모발이 빠져나가게끔 해준다. 이때 절대 양쪽의 클립을 채운 채로 모발을 빼내면 안 된다.

③ 피스의 줄과 줄 사이의 정확한 위치로 모발을 빼는 동작을 반복한다. 이때 줄과 줄 사이의 정확한 위치에서 모발을 빼내지 않으면 모발 뿌리가 옆쪽으로 향해서 눌림 현상이 생기고 볼륨감이 없으며, 바람이 불거나 피스 방향이 틀어지면 잘못 빼낸 곳이 벌어지면서 두상에서 일체감이 떨어지기 때문에 주의한다.

※ 피스 줄 사이로 모발을 빼낼 때 줄을 건드리게 되면 피스 줄이 늘어나거나 끊어질 수 있으므로 피스 줄을 건드리지 않도록 주의해야 한다.

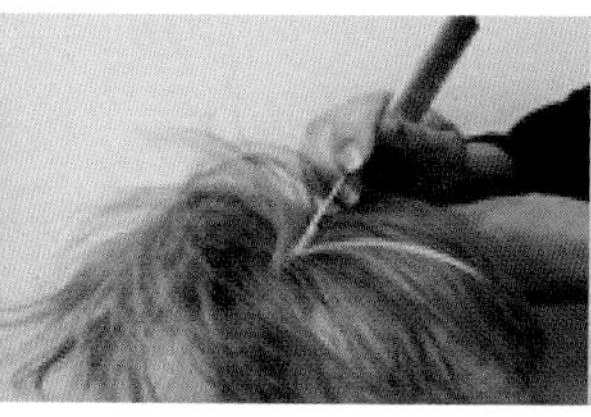
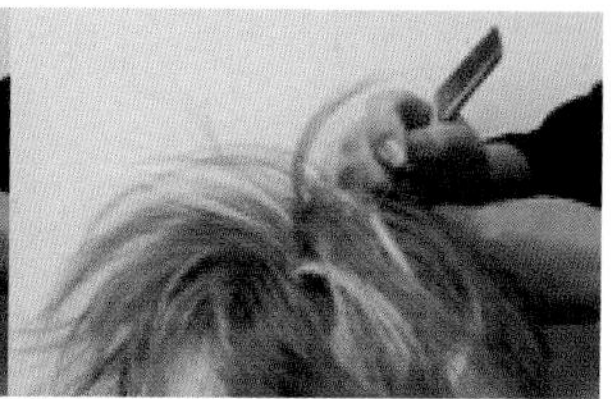

▶ 상세 2) 피스사이로 빼낸 모발 빗질하는 방법

① 정확하게 모발을 빼냈는지 확인하기 위해 꼬리빗살을 90°로 세워서 피스 줄 방향대로 피스 모발 앞쪽 끝부터 뒤쪽으로 빗질을 조금씩 이동하면서 두피 쪽의

모발을 깨끗하게 피스 밖으로 빼내준다.

② 반대 방향으로 다시 한 번 빗질해준다. 이때 빗질을 너무 세게 하면 피스 줄이 끊어질 수 있으므로 주의한다.

③ 전체 모발을 빼낸 후 만약에 뿌리 쪽에서 깨끗하게 나오지 않은 모발과 옆줄 단으로 뿌리가 넘어간 모발이 있으면 제자리에서 모발을 다시 빼내준 후 고객의 모발과 피스가 일체형이 되도록 스타일을 정리해준다. 이때 피스 줄이 두피에서 뜨지 않게 주의하고, 고객 모발 뿌리의 결 방향성 또한 잡아주어야 한다.

※ 빗질은 클립 줄 방향의 세로로만 해준다. 가로 빗질을 하면 끊어질 수가 있다. (양쪽으로 빗질 절대 금지)

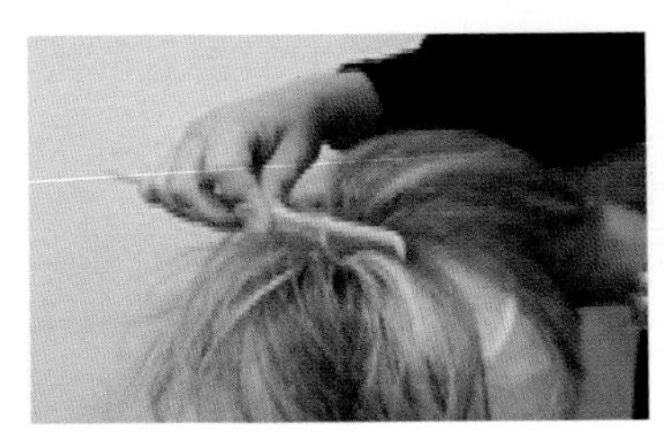
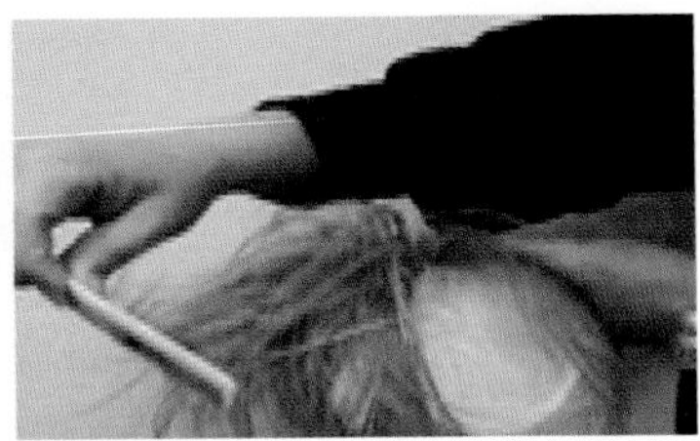

▶ 상세 3) 남은 클립 고정 방법

① 남은 클립을 양 집게손가락으로 끝을 잡고 약간 텐션을 준 뒤 클립을 열어 90°로 클립을 세운 뒤 회전하듯이 두피 가까이 안쪽의 모발에 집어넣어 클립을 채워준다.

② 클립이 단단히 고정되면 고객의 손가락으로 두피에 밀착이 되었는지 확인시켜 준 후 일체감이 있어 자연스러운 것이라고 설명해준다.

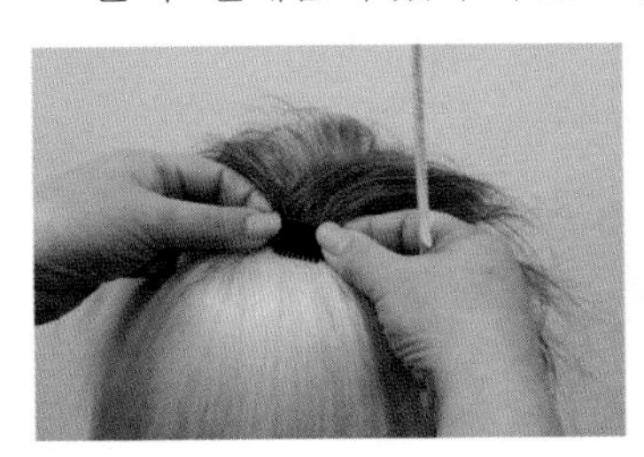
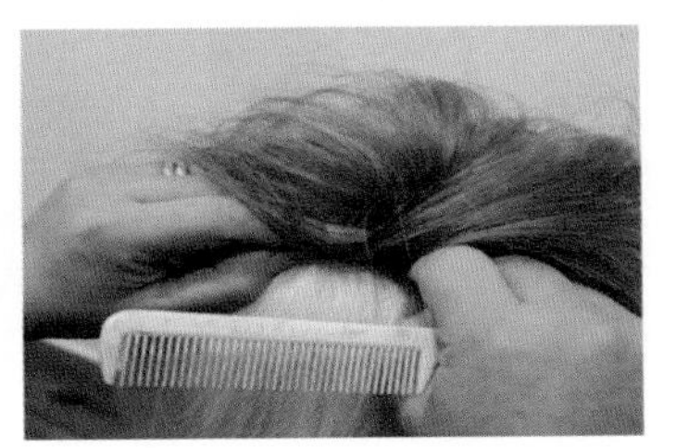

▶ 상세 4) 고정 후 스타일링 방법

찬 바람으로 건조 후 스타일링한다.

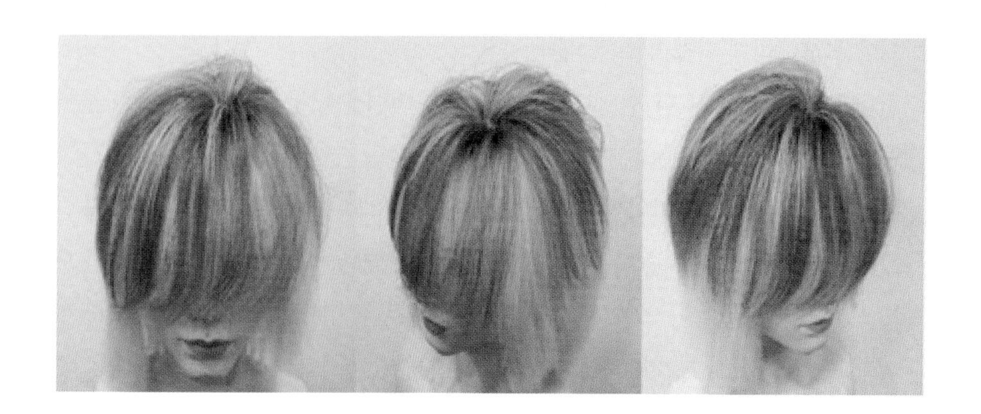

▶ **상세 5) 증모피스 제거 방법**

① 클립의 한쪽만 풀고 클립 부분의 모발이 끼어 있는 것을 뺀 후에 클립을 닫는다.

② 닫은 클립을 잡고 주먹을 쥐듯이 손등을 피스의 두피 쪽으로 살짝 누르면서 꼬리빗으로 아주 조금씩 조금씩 고객의 모발이 딸려 나오지 않게 천천히 빼낸다. 이때 물기가 있으면 고객 모발이 따라 나오기 때문에 조심한다.

③ 반대편도 클립을 열어 빼내고 클립에 끼어 있는 모발을 정리한 후 클립을 닫아준다.

[참고] 스퀘어 피스 – 앞머리 숱 보강

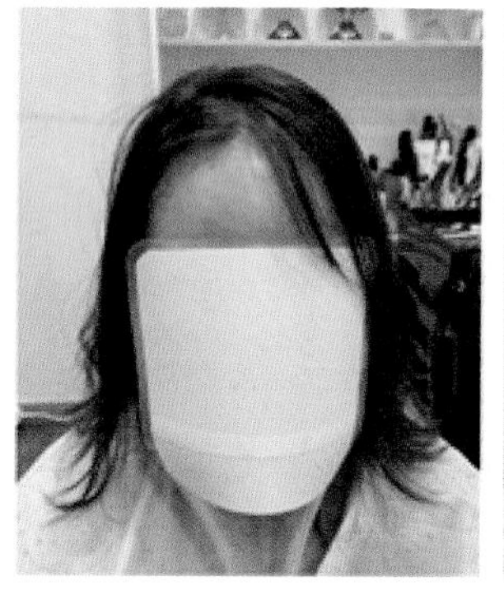

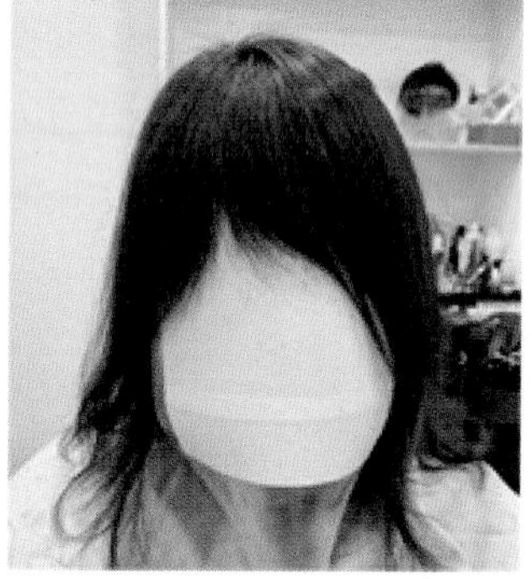

4. 숱 보강 증모피스 커트

증모피스를 커트할 때는 무홈 틴닝가위를 사용한다.

① 고객의 모발과 피스를 90° 각도로 들어서 고객 모발보다 1cm~1.5cm 아래에서 한 번 커트해준다.

② 고객의 모발과 동일한 길이에서 한 번 더 커트해준다.

③ 고객의 모발보다 1cm~1.5cm 길게 마지막 커트를 해준다.

※ 고객의 모발보다 피스를 1cm~1.5cm 더 길게 자르는 이유는 고객의 모발이 자라기 때문이다.

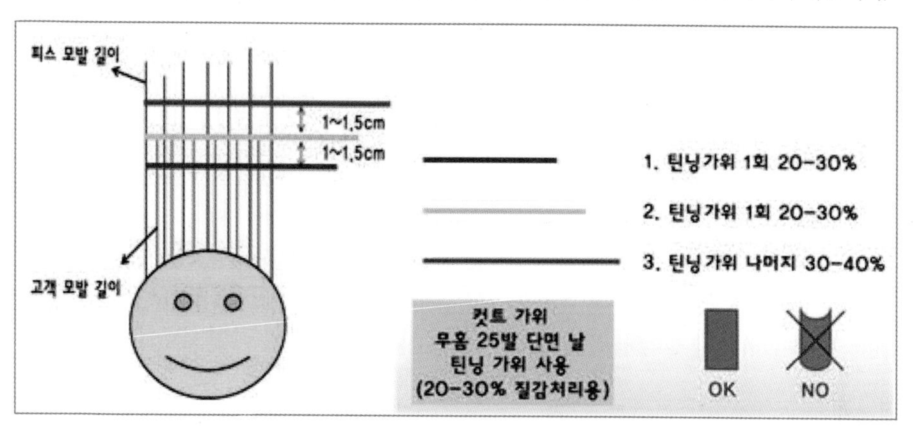

5. 숱 보강 증모피스 펌

숱 보강 증모피스에 있는 가모는 산 처리 모발이기 때문에 펌을 했을 때 늘어지는 경향이 있다. 따라서 고객모 펌 와인딩을 할 때 사용하는 롯드보다 2단계 작은 사이즈의 롯드를 선택한다.

그뿐만 아니라 고객 모발에 파마하는 시간과 증모피스 파마 시간이 다르기 때문에 고객 모와 증모피스는 각각 펌을 해야 한다.

숱 보강 증모피스 펌 작업 순서는 다음과 같다.

① 피스 모발에 전처리제를 도포한다. (열펌–PPT / 일반펌– LPP 약제를 사용한다)

② 뿌리에서 3cm 띄우고 멀티 펌제(1제)를 도포한다.

③ 원하는 롯드를 선정하여 와인딩한다. 와인딩 후 비닐캡을 씌운다.

④ 15분~20분 정도 자연 방치한다. 증모피스의 모발은 산 처리 된 모발이기 때문에 작업 시간이 길어지지 않게 주의한다.

⑤ 중간 린스 후 타올 드라이한다.

⑥ 5분간 과수로 중화한다. 중화 작업은 총 2회 실시한다.

⑦ 약산성 샴푸로 헹구고, 린스나 트리트먼트로 마무리한다.

⑧ 양쪽 클립은 지그재그를 떠서 바깥쪽은 롯드는 1¼ 각도는 15°로 끝은 모아서 와인딩 해준다.

⑨ 그 위에 클립 안쪽은 1 1/2로 45°~75°로 와인딩한다.

⑩ 안쪽 4개 롯드는 2½ 각도는 90°로 끝은 모아서 와인딩한다.

⑪ 가운데 두 개의 롯드는 마주 보고 와인딩을 해주어야 한다.

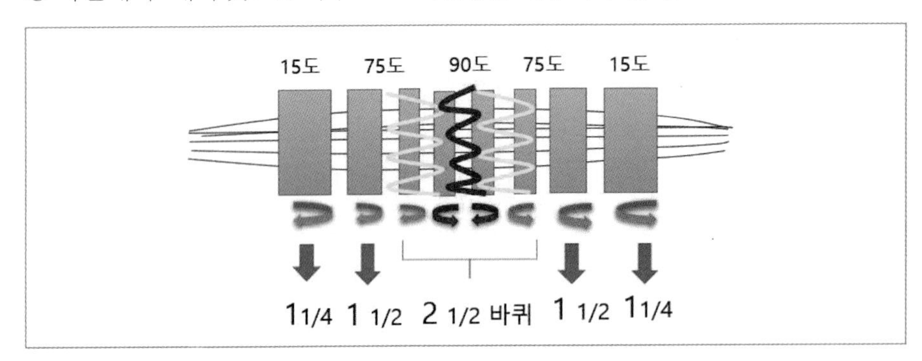

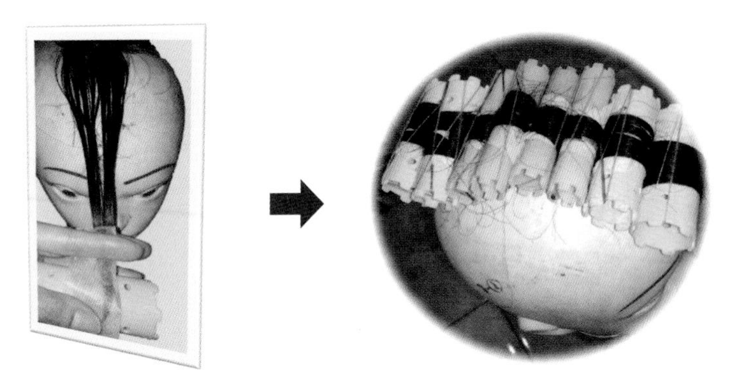

6. 숱 보강 증모피스 줄 낫팅 활용

고객의 취향에 따라 기성 헤어피스에 흰머리 또는 다양한 헤어 컬러를 믹스할 수 있고, 길이 연장도 가능하다.

숱 보강 증모피스 줄에 낫팅하는 작업 순서는 다음과 같다.

① 숱 보강할 피스를 민두 마네킹에 고정한다.

② 일반 모를 6:4 또는 7:3으로 접는다.

③ 일반 모를 접어 왼손 엄지 검지로 잡고, 낫팅하고자 하는 부위에 위치하게 놓는다

④ 스킬 바늘을 줄 아래에 넣어 일반 모 고리에 걸어준다.

⑤ 전체 한 번 매듭을 지은 후 텐션을 준다.

⑥ 다시 스킬 바늘을 위로 향해 올려준다.

⑦ 양쪽 한 번씩 매듭을 지어 텐션을 주며 마무리한다.

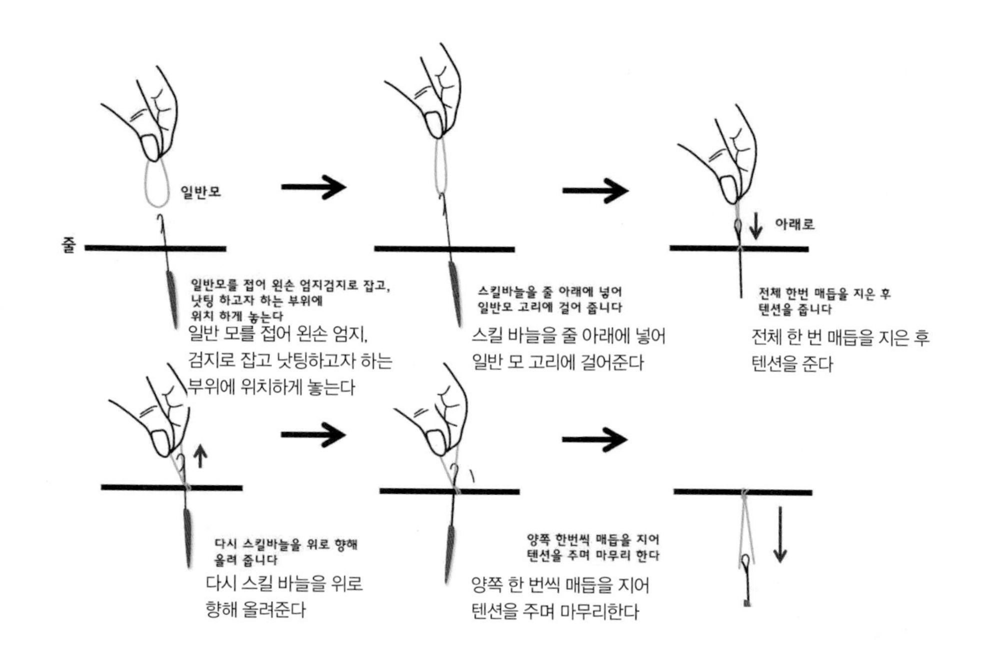

피스 줄 낫팅 법 (길이 연장, 흰머리, 하이라이트)

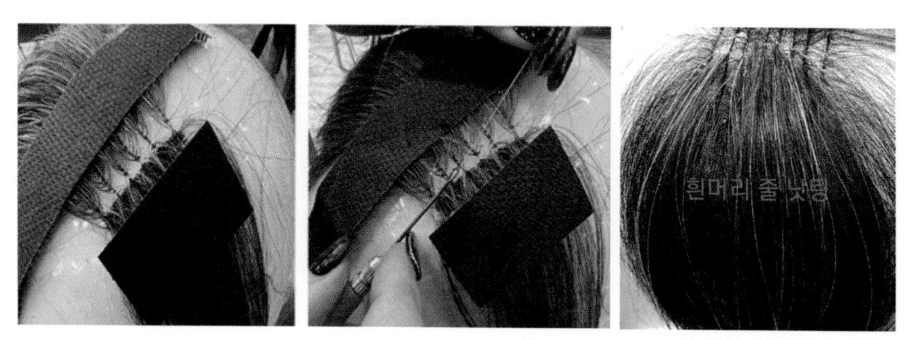

■ 누드증모술

누드증모술은 '아무것도 입지 않은 알몸'을 뜻하는 누드(Nude)에서 착안해 신체의 머리카락 또는 털이 있어야 하는 부위에 모발 또는 체모가 전혀 없는 경우, 필요한 모량을 완벽하게 복원시켜 콤플렉스 부분을 커버하는 증모술을 의미한다.

누드증모술은 M자 탈모, 원형 탈모, 이마 축소, 두피 흉터, 항암 탈모 등 두상뿐만 아니라 눈썹, 구레나룻, 턱수염, 겨드랑이, 무모증 등 신체 전반에 걸쳐 털이 필요한 자리에 모량을 완벽하게 복원시킬 수 있어서 다양하게 활용할 수 있다.

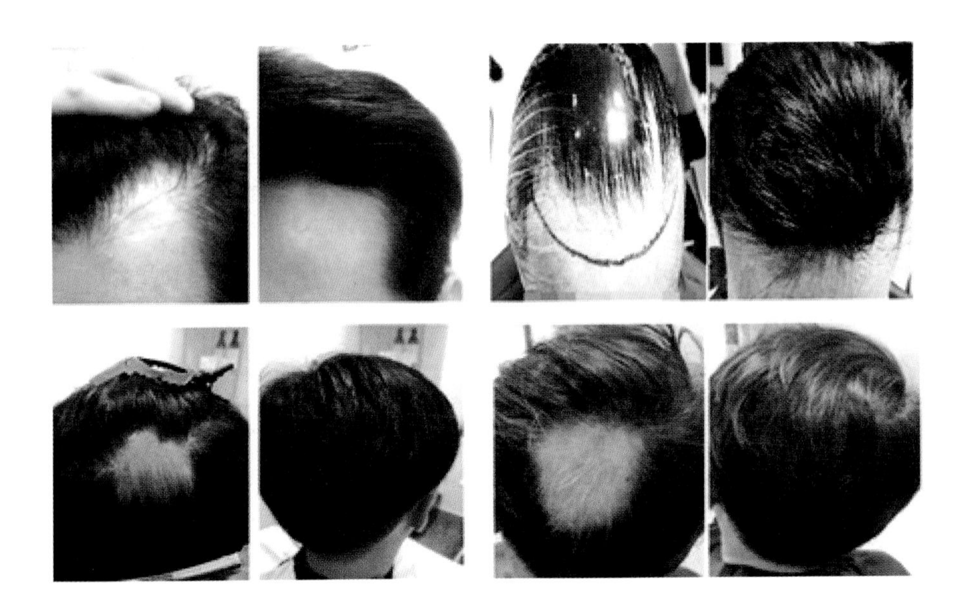

1. 누드증모술 재료

누드증모술에 사용하는 재료는 나노스킨(5×5, 5×18)과 올스킨, 수연망(5×5)이 있다.

▣ 나노스킨

나노스킨은 스킨에 모발을 싱글 낫팅 기법으로 모발을 심어놓은 제품으로 두피에서 모발이 올라오는 것처럼 보이고, 스킨의 두께는 0.03mm 과 0.06mm로 우레탄 PU로 얇고 섬세하여 티가 나지 않는 장점이 있다.

다만 스킨의 두께가 매우 얇아서 땀과 피지, 열이 많은 고객이 사용하면 스킨이 빨리 삭을 수 있으며, 강한 글루를 사용해 자주 탈부착할 경우 수명이 짧아진다.

▣ 올스킨

올스킨은 샤스킨에 모발을 심어놓은 제품이다. 나노스킨보다는 조금 두꺼운 단점이 있지만 내구성이 좋아서 가격이 부담스럽다든지 땀과 열이 많은 분에게도 용이하다. 또한 수명이 나노스킨보다 길다.

▣ 수염망

수염망은 P30 망에 싱글 낫팅 기법으로 모발을 심은 제품으로 두피가 시원하고 답답하지 않은 장점이 있고, 고객 모발과 가모는 링을 사용해 고정해준다.

나노증모술 제품은 사이즈에 따라 5가지로 분류한다.

① 나노스킨 小 (5cm×15cm)

② 나노스킨 大 (5cm×15cm), (5cm×18cm)

③ 스위스 수염망(5cm×15cm)

④ 나노스킨 음모패드(여성무모증용) 大, 中, 小

⑤ 누드증모 (맞춤: 나노스킨 & 망) 원형 탈모, 흉터 커버, 항암 탈모, 눈썹, 구레나룻, 콧수염, 턱수염 등

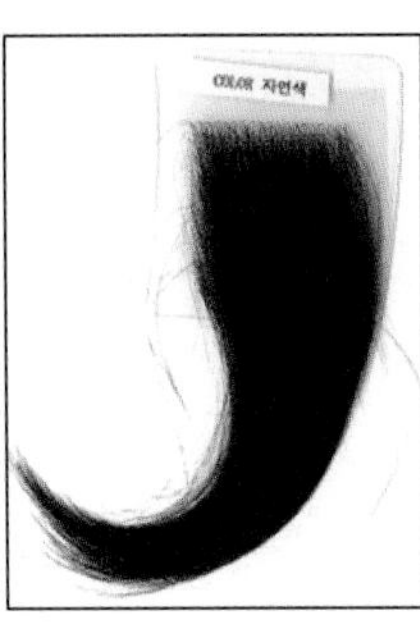
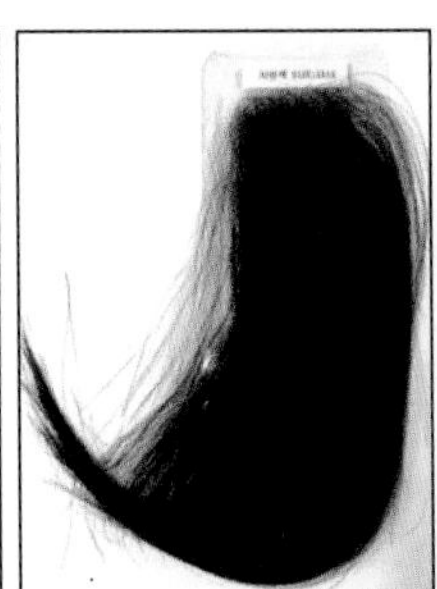
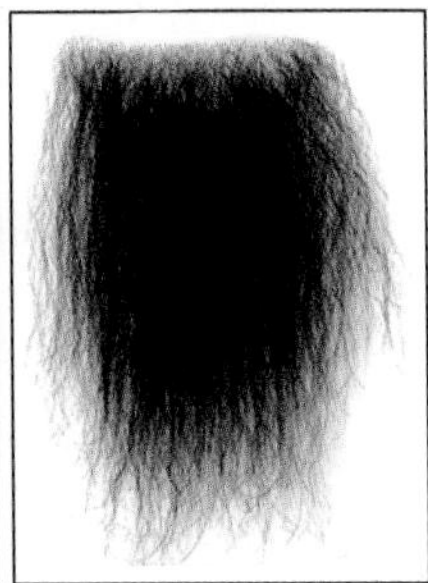

2. M자 탈모 커버

M자 탈모는 이마라인을 시작으로 점점 깊어지는 탈모 형태로 노출이 되는 민감한 부위이기 때문에 마치 내 두피에서 모발이 있는 듯한 느낌을 주기 위해 두피에 밀착시키는 방법인 본딩식이 가장 이상적이다.

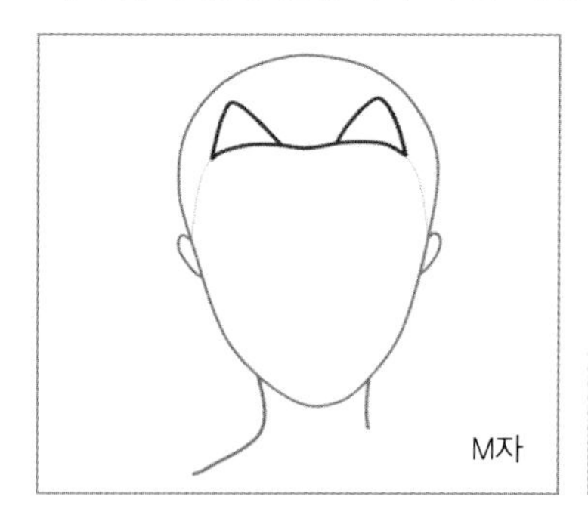

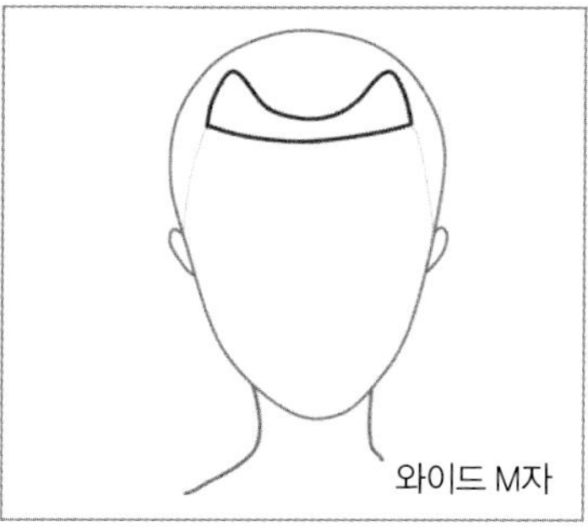

▣ M자 탈모 패턴 제작

① M자 탈모 부위를 위해 눈썹 면도기로 밀어서 모양을 만들어준 후 모발에 물이나 젤을 바르고 벨크로를 이용해 모발을 깨끗하게 붙여 준비한다.

② 비닐랩을 이용해 이마 M 부위에 랩이 밀착되도록 뒤통수에 묶는다. 이때 비닐랩이 울지 않게 깔끔하게 펴서 래핑하는 것이 중요하다.

③ 수성 펜으로 랩 위에 M자 부위를 그려서 패턴을 디자인한다.

- 남자일 경우: 남성스러움을 표현하게 위해 약간 스퀘어 느낌으로 그려준다.
- 여자일 경우: 여성스러움을 표현하기 위해 둥근 곡선 느낌으로 그려준다.

④ 좌우를 표시하고 수성펜이 번지지 않게 위에 테이프를 한 번 더 붙인다.

⑤ 디자인한 패턴을 떼어낸 후 민두 마네킹에 디자인한 패턴을 올려 고정한다.

⑥ 디자인 위에 양면테이프를 붙이고 누드증모패드를 준비한다.

⑦ 누드증모패드에 물을 분무하여 머리카락 낫팅한 모류 방향을 파악하고, 디자인한 랩 위에 얹어서 디자인 모양대로 컷팅한다. 패드를 자를 때는 쵸크가위나 도루코날을 이용하여 깔끔하게 잘라준다.

▣ M자 탈모 누드증모술 순서

① 거즈에 스켈프 프로텍터를 뿌려 고객 M자 부위를 닦는다. 스켈프 프로텍터는

고객 피부 유분기를 없애주면서 동시에 접착력을 강화하는 역할을 한다.

② 컷팅해 준비한 누드증모패드 바닥 쪽에 양면테이프를 깔고 노테입 글루로 바늘을 이용해서 골고루 얇게 펴 바른다. 이때 최대한 얇게 발라야 접착력 높일 수 있다.

③ 약 3분~5분 정도 냉풍 드라이 건조해주는데 글루가 손으로 만졌을 때 달라붙지 않을 때 M자 부위에 부착한다.

④ 누드증모를 부착할 때는 길고 단단한 바늘로 누드증모 중간을 눌러 고정한 후 안쪽에서 바깥쪽으로 밀어내듯 붙여서 패드 안에 공기가 최대한 없도록 해줘야 유지력이 오래간다.

⑤ 어느 정도 시간이 지난 후 접착이 잘 되었는지 확인하고 빗질하여 스타일링한다.

3. 누드증모술 관리 방법

누드증모술은 주로 M자 탈모 커버용으로 많이 활용한다. 누드증모술을 한 다음 세수를 할 때는 증모 부위인 이마 쪽은 가능한 비비지 말고 최대한 조심스럽게 톡톡 두드리는 정도로 세안하는 것이 좋다. 또한 샴푸를 한 다음에는 수건으로 누르듯 물기를 제거하고, 찬 바람 건조 후 손으로 빗어 스타일링 해야 한다.

누드증모술을 하고 일주일 정도는 사우나를 피하는 게 좋다. 사우나를 하면 열이나 땀으로 고정 부위가 손상되어 누드증모술의 라인이나 테두리 안쪽 부분이 떨어질 수 있기 때문이다. 관리 소홀로 모발이 엉켰을 때는 엉킨 모발의 끝부분에 오일을 바르고 꼬리빗 끝으로 터치하듯 한 올씩 풀어주고 클리닉과 코팅 처리한다.

또한 글루를 사용하여 부착하였을 경우 땀이나 피지로 인해 고정력이나 유지 기간이 달라지는데 이러한 부분에 대해 고객에게 충분히 고지하고, 특히 남성의 경우 열도 많고 땀이 많아서 생각보다 고정 기간이 짧을 수 있다는 안내를 미리 해주는 것이 좋다.

참고. 실전 증모술 교육 재료

교육 준비물

원터치 1팩, 오리지널 매직 다증모 1팩, 스킬 바늘대, 증모용 스킬 바늘, 링용 스킬 바늘, 한 올 롱 다증모 8매듭 1팩, 붙임머리용 고무줄, 달비 익스텐션 16"(반팩), 증모피스 6cm 6단(컬러), 증모피스 8cm 8단(컬러), 누드증모 5cm X 5cm, 보톡스증모술-다이아, 이식증모 3번, 2m 머신줄, 링, 일반 모 100g, 펜치, 벨크로테이프, 특허마네킹, NO 글루 접착제, 접착력 강화제, 글루 리무버, 흰모 고열사, 증모학 교재, 하트 패널, 핀클핀, 빨간색 패널

개인 준비물

분무기, 쪽가위, 랩, 스카치테이프, 구슬핀, 유수성펜 3가지, 아트칼, 막가위, 레저날, 핀셋 5개, 멀티펌제, 과수중화제, 민두 마네킹, 필기도구, 삼각대

- 고객 상담 카드
- 고객 서비스 동의서

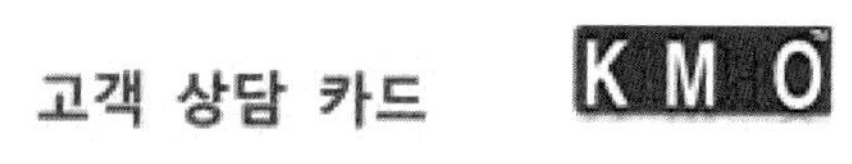

관리 번호		상담원		상담 일자	
성명		생년 월 일		이동 전화	
성별		연령대			
주소	자택 :			전화 :	
	주소 :			전화 :	
직장명		부서		직위	
방문 동기	광고(매체명:)	소개 (소개인:)			

두피, 모발 상태 진단표 – 해당문항에 체크해 주십시요.

기록해주신 소중한 정보는 고객님께 보다 나은 만족을 드리기 위한 자료로만 활용합니다.

1.머리카락의 굵기는 ?

@굵고 강함 @굵고 약함 @부드럽고 강함 @부드럽고 약함

2.머리카락의 곱슬 정도는?

@직모 @반곱슬 @곱슬 @심한 곱슬

3.두피의 지방 성분과 두피 상태는?

@많다(지성) @조금 있다 (중성) @거의 없다 (건성) / (염증) (뾰루지) (가려움증) (각질,비듬 건성) (아토피, 지루성) (없다)

4.비듬과 각질 상태는

@없다 @조금 있다 @많다 @최근에 많아졌다 @최근에 적어졌다

5.일상 생활에서 땀을 흘리는 정도는?

@흘리지 않는다 @조금 흘린다 @많이 흘린다 @아주 많이 흘린다

6.탈모 유전은 어느 쪽인가?

@부계 유전 @모계 유전 @ 부,모계 유전 @관계 없음

7.탈모 치료 경험과 주기는?

@발모제 @약물 치료 @발모 기구 @기타 (매일 집에서) (일주일 한번 정도) (샵에서 정기적으로 케어 한다)

8.펌과 염색 주기는? 9.스타일링제 사용 유, 무 Yes / No

@매달 정기적이다 @2-3개월 @4-5개월 @한적 없다

10.가발 사용 경험은? 11.수면 상태 및 시간 ( )

@없다 @있다 (회사명:)

12..제품 제작 시 특별히 고려할 사항은 ? @ 특이 사항 @홈 케어 어드바이스

13.숱 빠짐 90% 이상인가? 예 아니오

14.두피 탈모가 진행중인 사람인가? 예 아니오

15.두피나 스킨 민감한 알레르기 있는 사람 (두피 염증 , 두피 과다열)

16.임신 모 태아 출산 1 년 후인 사람? 예 아니오

17.항암 치료중인 사람? 예 아니오

18.모자나 가발을 오래 사용 하신 분? 예 아니오

19.모발이 빈모인 사람 ? 예 아니오

20.헤나, 코팅 (셀룰라이드 실리콘 베이스) 하신지 1 주일 지나지 않은 모발 ? 예 아니오

상담원 메모:

담당 디자이너: 휴무:

고객님의 시술 기록표

시술 날짜	서비스 시술 종목 내용	재 시술 날짜	금액	기타

@하루 전 예약은 필 수 입니다. @시술 후 AS 기간은 10일 입니다.

@제품 상태에 따라서 AS기간은 일주일 또는 1개월 입니다. 감사합니다.

고객 서비스 동의서

성명		연락처	
생년월일		주소	

위 본인은 아래 동의서 내용을 숙지하였으며, 아래 내용에 동의합니다.

고객 서비스 내용

본 계약은 김호증모가발에서 고객이 원하는 서비스를 받고자 하여, 가발 및 증모술 주문 내용에 대하여 계약을 하고자 선금을 지불하고, 주문 내용이 계약 즉시 발효되므로 위 내용에 대하여, 계약 후부터 어떠한 권한이 없음을 본인은 위 내용에 대해서 약속을 지킬 것을 계약합니다.

제품 구입 및 서비스 비용

합계 금액 :

선금 : 잔금 :

개인정보 수집 내용

[개인정보 수집 항목]
성명, 생년월일, 연락처, 주소
[개인정보 이용목적]
소비자 기본법 제 52조에 의거한 소비자 위한 정보 수집

202 년 월 일

[김호증모가발 대표]
성명: (인)

[고객]
성명: (인)

김호증모가발